IONOGRAPHIES DES GRANDES INDUSTR

VOLUME ANXE DU CATALOGUE GÉNÉRAL OFICIEL

OSITION UNIVERSELLE

VOLUME ANNEXE

DU

Catalogue
Général Officiel

AVIS

En cette première édition se sont forcément glissées des erreurs et des omissions.

L'édition définitive et ne varietur qui paraîtra le 1er juillet prochain contiendra, elle, toutes choses dûment vérifiées. De plus elle comprendra, ce qu'on n'a pu faire encore, une visite générale à travers les pavillons, avec les descriptions et vues photographiques des expositions les plus curieuses, les plus marquantes, les plus intéressantes.

LES ÉDITEURS

EXPOSITION INTERNATIONALE UNIVERSELLE DE 1900

MONOGRAPHIES DES GRANDES INDUSTRIES DU MONDE

VOLUME ANNEXE

DU

Catalogue

Général Officiel

IMPRIMERIES LEMERCIER — PARIS

L. DANEL — LILLE

M. E. LOUBET
Président de la République

LE CORTÈGE PRÉSIDENTIEL A L'INAUGURATION, LE 14 AVRIL 1900

LA PORTE MONUMENTALE

AVANT-PROPOS

« Parmi les difficultés à vaincre, la plus redoutable, peut-être, résulte
de ce que les diverses branches de la production artistique, agricole ou
industrielle, ont d'innombrables points de contact, s'entrelacent les unes
les autres, se mêlent, se confondent.

« Ni les classes, ni les groupes même ne sauraient avoir un domaine
absolument défini, souvent leurs frontières sont bien incertaines.

« Dans maints cas, les objets ont un caractère mixte qui éveille des

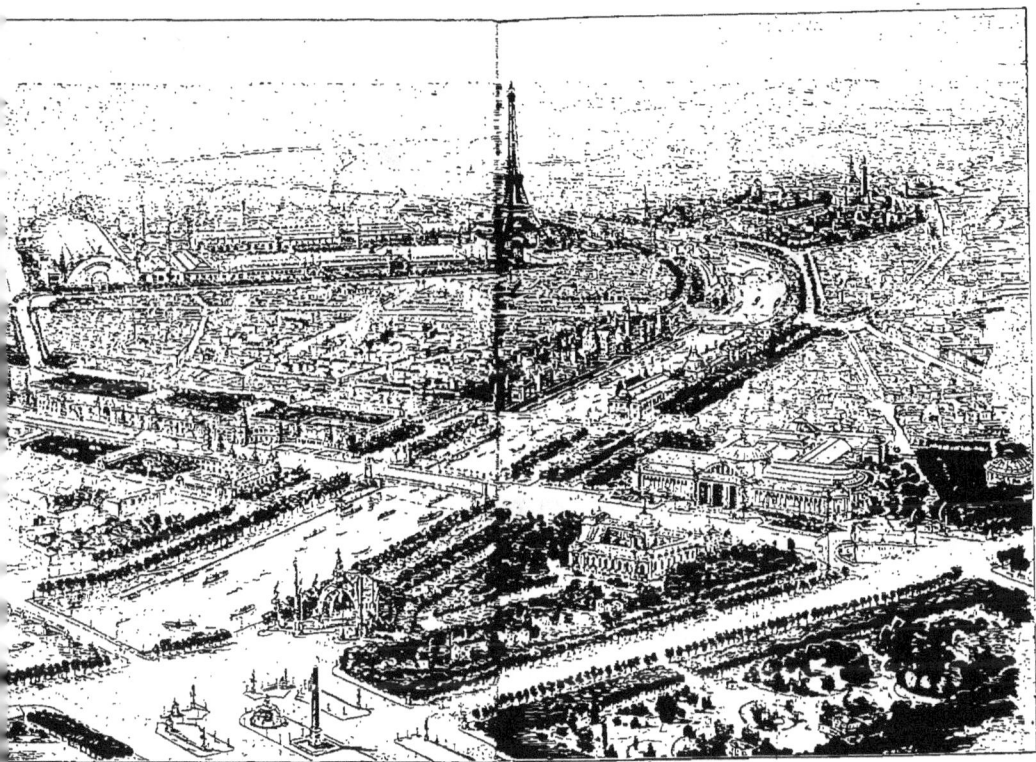

LA SALLE DES FÊTES

hésitations sur le choix de la catégorie à laquelle on les devra rattacher. Ils peuvent être appréciés, soit en raison de leurs qualités intrinsèques, soit en raison des usages dont ils sont susceptibles.

« Le nombre est grand de ceux qui changent de classe ou même de groupe par des élaborations successives : pour ne citer qu'un exemple, la laine, produit de l'élevage du mouton, devient la matière première qui sert au tissage des étoffes destinées aux vêtements, aux tentures, aux meubles. Or, le public et le jury éprouvent un égal embarras à prononcer un jugement raisonné quand ils n'ont pas sous les yeux tous les éléments d'appréciation.... On y pourvoit en se résignant aux doubles emplois, en rapprochant des classes qui sont unies par des liens étroits, en autorisant les jurys à se prêter de mutuels concours....

« Nous avons pris, comme point de départ de la classification actuelle, la classification de 1889, et nous l'avons remaniée en tenant compte des critiques légitimes dont elle avait été l'objet, ainsi que des enseignements fournis par les expositions étrangères. »

M. ALFRED PICARD

Commissaire général

Ainsi parle M. Alfred Picard, Commissaire général de l'Exposition de
1900, dans son remarquable rapport. On ne saurait mieux faire pour
débuter que de citer ces phrases claires et précises qui nous montrent
à la fois et le but de cette manifestation du travail, et les difficultés qu'il
a fallu vaincre pour la mener à bout, à bonne fin.

Phot. Pirou.

M. DELAUNAY-BELLEVILLE
Directeur général de l'Exploitation

Mais la France est le pays où l'on ne doute de rien, où la difficulté est
une incitation nouvelle, où la bonne volonté comme l'invention sont des
vertus inépuisables.

C'est pourquoi, à côté ou après tant d'admirables expositions étrangères, tant d'efforts couronnés de succès, tentés dans les capitales du
monde, les expositions de Paris en général, et celle-ci en particulier,
demeurent celles vers qui le monde tend les yeux, celles auxquelles le

monde accourt, en masse, exposants ou visiteurs, foule avide de cette suprême consécration ou de ce régal inouï, de cet enseignement fécond. C'est à ces heures qui reviennent périodiquement, de longtemps attendues, que notre pays retrouve, indiscutable, toute sa splendeur artistique et industrielle, et c'est pourquoi toute l'effroyable tension de tous nos

Phot. Piron.

M. STÉPHANE DERVILLÉ
Directeur général adjoint de l'Exploitation

êtres vers cette exposition est amplement justifiée par la grandeur du but atteint.

Chaque fois, il faut faire plus grand, plus beau; chaque fois, il faut s'élever plus haut, et malgré l'impossibilité apparente de la réussite le résultat est là pour dire que nous avons atteint le maximum inattendu Ce qu'on a tenté aujourd'hui et réalisé autant que faire se peut, c'est le groupement absolu des exposants. On a réparti les groupes et les classes

de façon qu'elles ne soient point isolées des attractions générales ou relé-
guées en des endroits écartés. Pour une heure d'étude, on aura la minute
de repos; pour une exposition aride, on aura une exhibition reposante.

Sur toute son étendue, l'Exposition a mêlé l'agréable et l'utile.

En 1889, nous avions un clou : la Tour Eiffel; en 1900, nous avons

Phot. Blanc

M. BOUVARD
Directeur des services d'Architecture

des clous, pour employer le terme usité, mais ils sont plantés adroi-
tement sur toute la surface, distribués harmonieusement et symétri-
quement, si bien que la décoration générale y trouve son compte, bien
loin de souffrir d'une attraction unique ou particulièrement puissante.

L'Exposition fit naître à peu près entièrement les bâtiments qui abritent les produits, elle a en outre créé une voie nouvelle, un pont nouveau et peut-être changé irrémédiablement l'une des plus anciennes

habitudes de Paris, la promenade classique des Champs-Élysées.

Les deux quadrilatères qui forment l'Exposition, celui qui comprend les deux Palais, le pont Alexandre, l'Esplanade des Invalides, et celui du Trocadéro que suivent une série de pavillons de la Salle des Fêtes jusqu'à l'École militaire, sont réunis par les deux rives de la Seine où les pavillons et les palais abondent également, et de la sorte s'est trouvé résolu

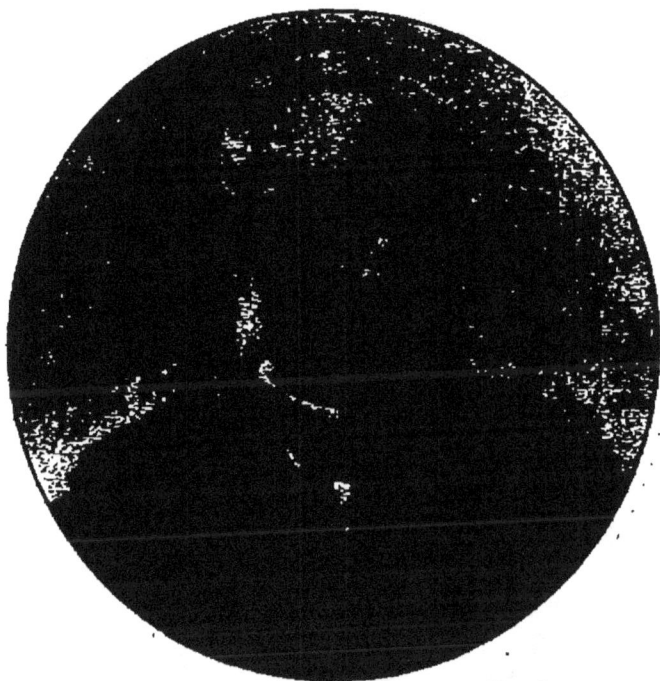

Phot. Boyer.

M. GRISON
Directeur des Finances

le problème ardu : trouver la place nécessaire, et donner aux emplacements occupés l'aspect d'un ensemble, alors qu'ils sont forcément disséminés, disjoints par les monuments, les rues, les maisons existant.

Parmi tant de choses qu'on ne saurait énumérer sans dépasser le cadre restreint d'un avant-propos, il sied de signaler particulièrement les deux Palais qui ont tant fait parler d'eux depuis le jour où leur création fut décidée, le fameux pont dont le Tsar posa la première pierre lors de son inoubliable visite à Paris, et la Porte monumentale destinée à donner accès aux visiteurs innombrables sur lesquels on compte avec juste raison.

Les deux Palais ont été désignés par deux adjectifs qui leur resteront désormais, consacrés qu'ils sont par l'usage.

Phot. Larger.

M. HENRI CHARDON
Secrétaire général

Le Grand Palais a sa façade principale, comme le Petit, sur l'avenue Nicolas II qui prolonge le pont Alexandre III.

Cette façade est de style romain, et les autres parties semblent inspirées par le château de Versailles.

L'ensemble est en forme de T, ainsi l'ont disposé les architectes, MM. Deglane, Thomas et Louvet, pour le mieux approprier aux diffé-

L'AVENUE NICOLAS II ET LES PALAIS DES BEAUX-ARTS

rents usages en vue desquels il fut érigé : exposition d'abord, puis
salons annuels, concours hippique et expositions spéciales, tout ce qui,
jadis, trouvait place au palais de l'Industrie démoli récemment.

Au point de vue ornemental le Grand Palais comporte une majestueuse
colonnade du style le plus pur, des bas-reliefs de pierre et, sur l'avenue
d'Antin, des bas-reliefs de MM. Barrias et Blanc en grès polychromés
d'une innovation heureuse.

Des statues de femmes personnifient les arts grec, romain, égyptien,
byzantin, et les quatre arts classiques : la peinture, la gravure, l'architecture, la sculpture.

Plus coquet peut-être, plus goûté, le Petit Palais, à droite, en arrivant
par la Porte monumentale, est dû à l'architecte Girault. Il se compose
essentiellement, sur l'avenue Nicolas II, d'un porche à plein cintre surmonté d'un dôme et accompagné de deux pavillons à fronton triangulaire.

Ces deux pavillons sont ornés de colonnes, encadrant les trois baies,
et sur les façades latérales des statues alternent avec les colonnes entre
les baies cintrées. Une légère balustrade domine les murs et leur donne
une élégance exquise. Ce Palais est consacré à l'Exposition rétrospective
des arts français, c'est dire qu'il abritera sous son élégante toiture les
pures merveilles de tous les styles.

Le pont Alexandre, lui, complète l'ensemble. Il était, dit-on, indispensable; en tous cas, il est parfait, puisqu'il vient apporter sa note à la
fois pittoresque et pratique.

Il est d'une seule arche qui ne mesure pas moins de 108 mètres d'ou-
verture et on a résolu en outre le problème ardu de le faire assez élevé
pour ne point gêner la batellerie et assez bas pour ne point détruire la
perspective des Champs-Élysées et de l'Esplanade des Invalides, c'est,
dit-on, un chef-d'œuvre du genre.

Sans nous arrêter aux palais de l'Esplanade, un mot encore sur la
porte monumentale.

M. René Binet, son architecte, a eu pour but principal l'accès facile à
la foule, sans stationnement, sans bousculade.

Trois grandes arches égales de 20 mètres d'écartement sont accolées

LE PONT ALEXANDRE

en triangle et supportent la coupole centrale. Sous cet hémicycle trente-six guichets d'accès sont disposés et, de la sorte, quarante-mille personnes pourront entrer par heure à l'Exposition.

L'électricité, dont la statue fera parler d'elle autant que celle de la Parisienne qui domine la porte, joue un rôle énorme, presque unique, dans l'ornementation de cette baie ouverte sur cette magistrale union de palais.

Et maintenant, il serait injuste de ne pas parler amplement de celui qui fut l'âme de cette grande œuvre, de M. Alfred Picard, Commissaire général de l'Exposition universelle de 1900.

M. Alfred Picard est né à Strasbourg, le 21 décembre 1844.

Après de fortes études littéraires, il s'orienta vers l'Ecole polytechnique et y fut admis en 1862.

Élève-ingénieur des ponts et chaussées en 1864, M. Picard fut chargé, trois ans plus tard, d'une mission en Orient et spécialement au canal maritime de Suez, dont les chantiers étaient alors en pleine activité.

Chargé, comme ingénieur, du canal des houillères de la Sarre et du canal des salines de Dieuze, avec la résidence de Metz, il resta dans cette ville pendant le siège de 1870 et prit part aux travaux de défense.

Après la reddition de la place, M. Picard s'échappa pour aller prendre du service à l'armée de la Loire.

Quand la paix eut été conclue, le Gouvernement l'envoya à Nancy où il joignit à ses fonctions civiles celles de commandant du génie pour la circonscription de Verdun, pendant l'occupation allemande.

A ce titre, il dut improviser en deux mois des casernes-baraquements dans les villes de Verdun, d'Étain et de Clermont-en-Argonne. Les travaux, dont la dépense atteignait un million, furent, malgré des difficultés sans nombre, terminés à l'heure dite.

En récompense de ce succès, M. Thiers décerna à M. Picard la croix de chevalier de la Légion d'honneur; le Conseil municipal de Verdun lui remit une adresse de remerciements et de félicitations.

De 1872 à 1879, M. Picard eut dans ses attributions le contrôle de l'exploitation des chemins de fer de l'Est, une partie du canal de la Marne

LE GRAND PALAIS DES BEAUX-ARTS

LE PALAIS DE L'ÉLECTRICITÉ ET LE CHATEAU D'EAU

au Rhin et du canal de l'Est, ainsi que les études du canal de Dombasle à Saint-Dié. Il prêta, en outre, son concours à l'autorité militaire pour l'alimentation en eau des forts de la nouvelle frontière.

Parmi les ouvrages remarquables sortis de ses mains, on cite le réservoir de Paroy, les machines élévatoires de Valcourt, de Pierre-la-Treiche et de Vacoir, un pont biais à 45 degrés en maçonnerie au col des Kœurs et un souterrain à têtes biaises, avec un appareil nouveau aussi intéressant au point de vue scientifique qu'au point de vue pratique.

Deux opérations d'une hardiesse américaine lui font également honneur : la reprise en sous-œuvre des piles d'un pont sur la Meurthe et le relèvement, d'un seul bloc, d'une arche en maçonnerie.

LES PAVILLONS ÉTRANGERS

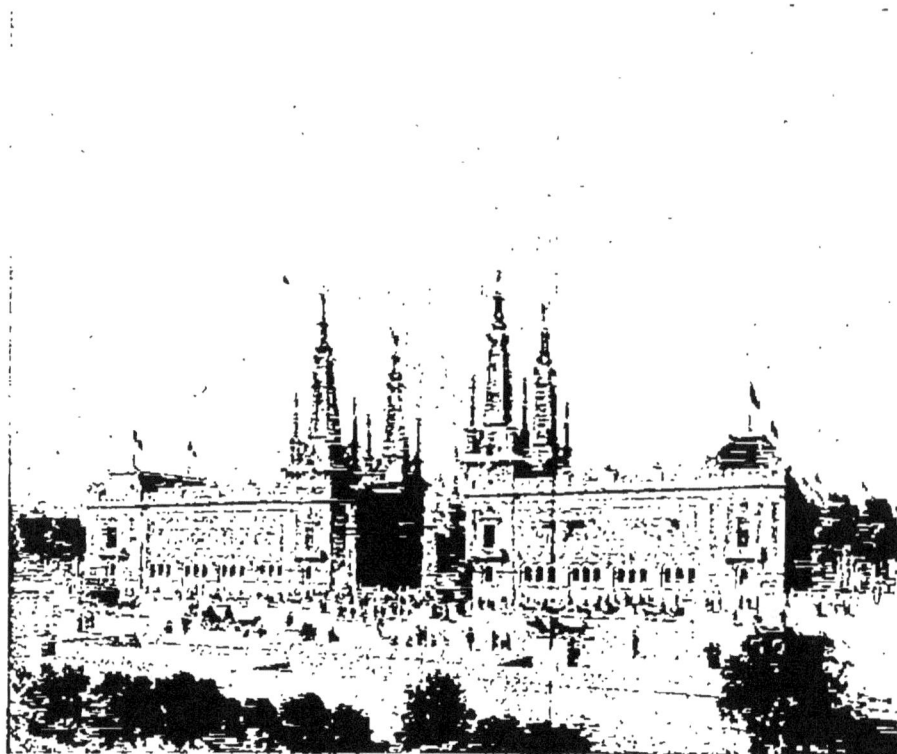

LES PALAIS LE L'ESPLANADE
Vue prise des Invalides

Appelé à l'Administration centrale des travaux publics au commencement de 1880, M. Picard y fut successivement directeur du cabinet et du personnel, directeur des routes, de la navigation et des mines, directeur des chemins de fer, directeur général des ponts et chaussées, des mines et des chemins de fer.

Conseiller d'État en service extraordinaire vers la fin de 1881, puis Conseiller d'État en service ordinaire un an plus tard, il est, depuis janvier 1886, président de la section des travaux publics, de l'agriculture, du commerce, de l'industrie, des postes et télégraphes au Conseil d'État.

Il préside également le Comité consultatif des chemins de fer, la Commission mixte des travaux publics, la Commission de vérification des comptes des chemins de fer, la Commission permanente des valeurs de douane, la Commission de contrôle de la circulation monétaire, et fait partie de divers autres comités ou conseils.

Lors de l'Exposition universelle de 1889, M. Picard a été président élu des comités et jurys de la classe des chemins de fer et du groupe de la mécanique, ainsi que du comité de l'Exposition rétrospective des moyens de transport. M. Tirard, alors président du Conseil, ministre du

PALAIS DES INDUSTRIES DIVERSES
(Esplanade des Invalides)

Commerce, de l'Industrie et des Colonies, l'a désigné comme rapporteur général de l'Exposition.

A la même époque, le Congrès international des chemins de fer l'élisait président de la session de Paris. Il y a six ans, il allait à Saint-Pétersbourg comme chef de la délégation française au congrès réuni dans cette capitale.

Ingénieur en chef des ponts et chaussées le 1ᵉʳ juin 1880, M. Picard était promu au grade d'inspecteur général de 2ᵐᵉ classe le 1ᵉʳ avril 1887, et au grade d'inspecteur général de 1ʳᵉ classe le 1ᵉʳ octobre 1891.

L'ESPLANADE DES INVALIDES

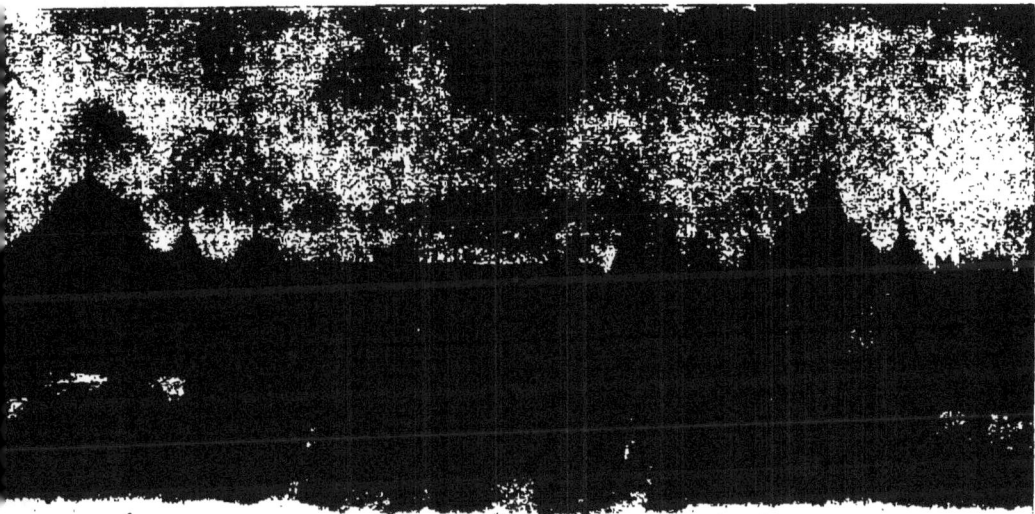

LE CHAMP DE MARS
Vue prise du pied de la Tour Eiffel

LES COLONIES FRANÇAISES AU TROCADÉRO
Le Dahomey

Un décret du 9 septembre 1893 l'a nommé commissaire général de l'Exposition universelle de 1900.

Officier de la Légion d'honneur en 1881, Commandeur en 1885, Grand-Officier en 1889, M. Picard vient d'être nommé Grand-Croix de la Légion d'honneur le jour de l'inauguration de l'Exposition de 1900, aux applaudissements de tous ses collaborateurs.

Nous devons malheureusement nous borner à la biographie de M. Alfred Picard, car la place nous est limitée, et comme le disait fort bien M. Millerand, dans son beau discours de l'inauguration de l'Exposition : « On ne saurait, sans commettre d'injustice, vouloir extraire des noms de la liste touffue d'artistes, d'ingénieurs, d'entrepreneurs, d'industriels, qui urent les artisans de ces merveilles. Je les louerai, et avec eux l'innombrable légion des travailleurs anonymes dont les mains ont édifié ces palais, en adressant l'hommage de la gratitude publique à leur chef, à l'ingénieur émérite, à l'administrateur hors pair, à l'homme de modestie, de labeur et de volonté qui les a conduits à la peine et à l'honneur. »

Terminons, en nous associant aux vœux formés par M. le Président de la République :

Puisse cette œuvre être une œuvre d'harmonie, de paix et de progrès, et si éphémère qu'en soit le décor, ne pas être œuvre vaine. Soyons convaincus, comme lui, que la rencontre pacifique des gouvernements du monde ne demeurera pas stérile et que, grâce à l'affirmation persévérante de certaines pensées généreuses dont le siècle finissant a retenti, le vingtième siècle verra luire un peu plus de fraternité sur moins de misères de tout ordre et que, bientôt peut-être, nous aurons franchi un stade important dans la lente évolution du travail vers le bonheur et de l'homme vers l'humanité.

LE PAVILLON DE L'ALGÉRIE

S. M. François-Joseph
Empereur d'Autriche, Roi de Hongrie.

Notice concernant la Hongrie

à l'Exposition Universelle de 1900

C'était il y a quatre ans, en 1896, que la Hongrie célébrait son millénaire et organisait à Budapest une exposition nationale des plus réussies pour se présenter au monde civilisé dans le rayonnement de ses mille années de gloire. Que faisait-elle dans le courant de ces dix longs siècles? quelle était la mission qu'elle avait à remplir dans le cercle des peuples européens? quel était le degré de sa civilisation intellectuelle et matérielle au moment où elle franchissait le seuil d'une nouvelle existence de mille ans? — en un mot quel était son passé et quel est son présent? Voilà ce que devait esquisser cette œuvre à grands traits caractéristiques.

Il nous semble que ce but a été alors honorablement atteint. Mais comme il n'y eut qu'un nombre restreint de visiteurs pour assister à ces fêtes inoubliables, à peine la France convoqua-t-elle toutes les nations des deux hémisphères à prendre part aux luttes pacifiques de 1900 ayant lieu à Paris, que déjà la Hongrie s'empressait d'accepter son hospitalière invitation une des premières. Retracer la physionomie du génie politique national, tel qu'il se reflète dans l'organisme de l'État, dans ses institutions constitutionnelles, dans sa vie publique; indiquer l'activité

Le Pavillon de la Hongrie.

féconde et variée de ses diverses couches sociales dans la littérature, les arts, l'enseignement, l'agriculture, l'industrie et le commerce; marquer les grandes étapes de la longue et pénible route parcourue; resserrer les liens internationaux qui règlent aujourd'hui la vie des peuples : tels sont les problèmes que le gouvernement hongrois a voulu résoudre par sa participation à l'Exposition universelle actuelle.

Aussi constitue-t-elle pour la Hongrie un événement d'une importance considérable, une date digne de figurer dans son histoire.

Pour comprendre la signification réelle de l'exposition hongroise il est nécessaire de retenir les données suivantes :

Prise dans son ensemble, la Hongrie est un pays continental, à l'exception d'une étroite bande de son territoire du côté du sud-ouest que baigne l'Adriatique. Elle est entourée à l'ouest, au nord et au nord-est par les provinces de l'Autriche, avec lesquelles elle forme la monarchie des Habsbourg. A l'est, elle a pour voisine la Roumanie et au sud la Serbie, la Bosnie-Herzégovine et la Dalmatie. C'est la nature qui se charge de sa défense sur presque toutes ses frontières, car on y rencontre des chaînes de montagnes considérables ou des rivières et des fleuves plus ou moins importants. Elle possède particulièrement, dans les Karpathes, un rempart incomparable qui, partant du point où le Danube entre dans le pays et le rejoignant à l'endroit où il en sort, décrit une courbe de roches immenses, dont la crête coïncide presque constamment avec les limites politiques de la Hongrie.

Ce territoire si merveilleusement arrondi par la nature s'est offert de tout temps à la formation d'un État facile à organiser ainsi qu'à défendre. Plusieurs peuples tentèrent de fonder cet État, mais un seul réussit à résoudre le problème d'une façon complète et durable : c'est celui qui en est maître aujourd'hui encore; le peuple hongrois. La superficie des pays, qu'à cause de son fondateur on appelle le royaume de Saint-Étienne, est de 322.310 kilomètres carrés, dont 43.531 reviennent à la Croatie-Slavonie.

Les recensements effectués depuis le milieu du XIXe siècle accusent une augmentation constante et sensible de la population, qui ne s'élevait en 1850 qu'à 13.191.553 habitants contre 17.463.791 en 1890 dont 2.201.927 pour la Croatie-Slavonie. Les résultats du recensement de 1900 ne seront connus qu'à la fin de l'année.

La constitution hongroise est le résultat d'un développement politique constant et l'édification de l'État s'acheva pierre par pierre; toutes les institutions constitutionnelles hongroises portent l'empreinte d'un travail graduel, les détails s'adaptant à l'époque où ils furent transformés, sans que les principes fondamentaux varient.

Ces principes sont ceux d'une monarchie constitutionnelle remontant bien loin dans l'histoire ; c'est pour eux et pour la défense de leur territoire que les Hongrois ont versé leur sang jusqu'à une date presque récente. La Croatie-Slavonie jouit d'une autonomie qui porte sur

M. At. de Hegedüs
Ministre du Commerce
Président de la Commission
supérieure.

M. Coloman de Széll
Président du Conseil des Ministres.

M. Jules de Wlassics
Ministre des Cultes et de l'Instruction Publique

M. Ignace de Daráy
Ministre de l'Agriculture

l'administration des affaires intérieures, la justice, les cultes et l'instruction publique.

L'année 1867 ouvre une ère nouvelle dans les annales de la nation hongroise. Ses revendications ayant abouti et sa constitution étant rétablie, l'essor de sa prospérité matérielle et intellectuelle reçut une impulsion formidable pour entreprendre avec une ardeur fiévreuse l'œuvre grandiose de la réorganisation de la vie nationale. Il y eut à combler de tous côtés des lacunes immenses causées par les malheurs séculaires, et la nation tout entière décidée à rejoindre les peuples qui l'avaient devancée prit un élan tel, qu'une trentaine d'années lui suffirent pour accomplir le travail d'un couple de siècles.

Ceux qui connurent la Hongrie d'il y a trente ans, ou même ceux qui se rappellent sa production en 1878, seront émerveillés des progrès effectués dans un laps de temps si court. On se consacra avidement au travail civilisateur, aux réformes destinées à favoriser le développement matériel et intellectuel; des milliers de kilomètres de chemins de fer et de routes y furent construits, des sommes énormes furent affectées à la régularisation des cours d'eau et la Hongrie acheva aux Portes-de-Fer tous les travaux qui lui avaient été confiés par le Congrès de Berlin. La politique commerciale suivie permit aux voies de communication d'être au service des intérêts nationaux et en conséquence l'exportation prit des proportions inespérées.

Cette politique pacifique et la prodigieuse activité réformatrice qu'elle favorise, est due au règne glorieux de François-Joseph Ier.

L'amour des Hongrois pour leur sol national et pour leur langue est légendaire. Le savant français O. Reclus ne dit-il pas : « Ils parlent une langue musicale, très riche en termes, très riche en formes : idiome tellement harmonique sans être trop lâche, tellement poétique sans être enfantin, qu'on se prend à regretter que le peuple aimable, honnête, sérieux, un peu triste, qui le parle, ait tellement reculé devant une race plus forte. »

La production agricole est la principale occupation des Hongrois, et l'exportation des céréales le point essentiel de leur vie économique. On évalue la valeur totale de la propriété en Hongrie à vingt milliards de couronnes.

Ses progrès dans l'industrie ne sont pas à dédaigner non plus. En effet, toutes les conditions nécessaires à sa prospérité se trouvent réunies dans le pays. Sa population intelligente peut facilement fournir une classe d'ouvriers industriels excellents. C'est en abondance et en bonne qualité qu'existent en Hongrie les métaux et la houille, ces instruments indispensables à l'industrie. Il en est de même des matières premières qui peuvent copieusement alimenter une industrie nationale.

Les industries les plus avancées sont — sans parler de l'extraction de la houille, — la minoterie, la distillerie des spiritueux, la fabrication du sucre, l'industrie du bois et la métallurgie.

M. de Lukáts
Commissaire général.

Le pavillon historique de la Hongrie à l'Exposition de 1900 est construit d'après les plans primés de MM. Zoltán Balint et Louis Jámbor, architectes à Budapest qui ont rassemblé les parties les plus remarquables des principaux monuments, églises et édifices anciens de la Hongrie.

De là tous les détails que contiennent les quatre façades du pavillon situé entre ceux de l'Angleterre et de la Bosnie. Dans celle donnant sur le quai d'Orsay, où c'est le style roman qui prédomine, on a employé le portail de l'église abbatiale de Jaák du xiiie siècle pour orner l'entrée. Le reste de la façade a été composé de motifs empruntés à cette même église, en y ajoutant toutefois la belle petite chapelle Renaissance de Gyulafehérvár (Transylvanie). On consacra le côté est aux monuments datant de la fin de la Renaissance; on y voit réunies les loggia et les fenêtres des Hôtels de Ville de Löcse et de Bártfa, ainsi que la décoration de l'Hôtel des Rákóczy

à Eperjes. Pour la compléter, on a juxtaposé à cette façade la chapelle de Saint-Michel de Kassa, appuyée contre le beffroi de Körmöcz. C'est lui qui constitue la partie la plus élevée du pavillon. Mais c'est sur la façade longeant la Seine que les auteurs du plan ont accumulé les reproductions des monuments les plus importants; ils y joignent à la façade de la salle des Chevaliers du Château de Vajda-Hunyad l'abside de la chapelle de Csütörtökhely. Pour compléter l'ensemble, les auteurs recourent à la façade ouest au style baroque, où le clocher de l'Église serbe de Budapest et l'Hôtel Klobusiczky du xviiie siècle, sis à Eperjes s'offrent tour à tour aux regards du spectateur.

A l'intérieur, les archéologues trouvent une non moins grande variété de reproductions exceptionnellement intéressantes. La salle la plus grande dédiée à l'histoire des Hussards, est ornée de deux grandes peintures, dues au pinceau de M. Paul Vágó, et de médaillons peints par différents jeunes artistes hongrois. Les portraits des plus illustres capitaines de Hussards hongrois et étrangers, la reproduction des exploits les plus remarquables des Hussards hongrois ou étrangers, le tableau de l'histoire de l'arme des Hussards en Hongrie et à l'étranger complètent la composition de cette salle.

Le Pavillon contient encore, outre quelques moulages remarquables de pierres tombales et de commémoration posées dans le vestibule, une collection d'objets d'art, de joyaux, d'armes anciens de toutes les parties de la Hongrie.

Il y a au rez-de-chaussée une collection organisée par M. Otto Hermann, des objets se rapportant aux occupations primitives, à la pêche, à la chasse et à l'élevage des bestiaux. On y a accumulé également une foule d'armes et d'armures, d'étendards de cavalerie légère, de vases sacrés, de vêtements sacerdotaux, d'ornements d'autel, d'objets servant au culte orthodoxe, de vaisselle pour usages domestiques en argent, en métal et en faïence ayant appartenu à des personnages historiques, de linges brodés, de portraits en costume national, d'ustensiles domestiques, de documents, de monnaies, de chartes, d'imprimés, de reliures, de cartes, de gravures, datant du XIIIᵉ au XVIIIᵉ siècle.

Les sous-sols sur la berge de la Seine contiennent une salle pour la dégustation des vins de Hongrie et un restaurant hongrois.

La section de l'Exposition hongroise s'étend sur tous les Groupes, celui des colonies excepté.

Signalons dans le Groupe I la « Chambre de Jôkai », où sont réunies les œuvres complètes du romancier hongrois, qui dépassent cent volumes grand in-octavo dans l'original, et qui, traduites dans toutes les langues du monde, représentent une véritable bibliothèque.

Comme aperçu sommaire il suffit d'indiquer :

Aux Groupes I et III : l'état complet de l'enseignement en Hongrie, travaux des écoles professionnelles, photographie, instruments de musique, etc.;

Aux Groupes IV et V : les machines à force motrice-électrogène, grande pompe à vapeur, etc.;

M. E de Miklós
Commissaire général adjoint.

Au Groupe VI : les modèles du nouveau pont sur le Danube à Budapest, les dioramas des travaux aux Portes-de-Fer: de Fiume. etc.; (l'exposition principale se trouve à Vincennes).

Aux Groupes VII à X: les céréales, les vins, les denrées alimentaires. les machines agricoles, l'industrie meunière, une des plus florissantes en Europe, l'industrie sucrière. les brasseries et distilleries, etc.;

Au Groupe IX : les produits forestiers. la chasse, la pêche, etc.;

Au Groupe XI : l'Exposition collective de la métallurgie;

Aux Groupes XII et XV : les intérieurs du Château royal de Bude, du nouveau Parlement, de l'Hôtel de Ville de Budapest, faïences, argenterie;

Au Groupe XIII · les grandes industries textiles;

Au Groupe XIV : les grandes industries chimiques;

Au Groupe XVIII : les fournitures de l'armée.

L'art décoratif hongrois a des branches dont les traditions remontent très loin; la forme dans laquelle il se présente à l'Exposition Universelle de 1900 est cependant toute récente. Il y a à peine dix ans qu'il s'est émancipé de l'influence étrangère et surtout de l'influence viennoise et qu'il s'est engagé hardiment dans la voie que lui assignent les principes de l'art moderne.

Un des traits caractéristiques de l'art décoratif hongrois est la tendance de nationaliser.

Les différents Groupes de l'Exposition de la Hongrie se font remarquer par la grande originalité des ornements de leur installation.

L'esprit dans lequel MM. les architectes Camille Fittler, Zoltán Bálint, Louis Jámbor et Alexandre Sessler les ont conçus, s'inspire des motifs nationaux tout en exprimant le caractère dominant des différents Groupes.

Avec ses 3.600 exposants, dont 400 pour l'Exposition rétrospective, la Hongrie ne vient pas pour rivaliser avec les nations qui étaient de tout temps à la tête de la civilisation et dont les moyens d'action sont conséquemment beaucoup plus puissants que les siens. Elle poursuit un but tout autre : démontrer, par sa participation à cette lutte pacifique du monde civilisé, qu'elle possède toutes les ressources, toutes les qualités qu'exige l'existence d'un État moderne.

Le règne glorieux de François-Joseph. que son peuple entoure d'une vénération sans égale et les hommes d'Etat hongrois dont le dévouement et la sagesse le secondent si puissamment dans son œuvre réparatrice et féconde, ne s'épargnent aucun effort quand il s'agit de la grandeur de leur pays et de la prospérité de la nation hongroise.

Aussi le monarque s'intéresse-t-il vivement aux travaux de l'Exposition et un prince de la Maison impériale et royale, l'archiduc François-Ferdinand. héritier de la Couronne. a daigné accepter le protectorat de la Section hongroise.

C'est à un politicien zélé, à tous les points de vue digne de sa confiance, que le Gouvernement hongrois a confié la direction du Commissariat général royal de Hongrie.

MM. Coloman de Széll. président du Conseil des ministres, Alexandre de Hegedus, ministre du Commerce et président de la Commission nationale pour l'Exposition, Ignace de Darányi, ministre de l'Agriculture, Jules de Wlassics. ministre des Cultes et de l'Instruction publique. Ladislas de Lukáts. ministre des Finances et le comte Khuen Hédervàry ban de Croatie-Slavonie. hommes de haute intelligence et d'initiative, ont tous effectivement encouragé l'activité du Commissaire général royal. M. Béla de Lukáts, dans lequel ils ont trouvé un organisateur exceptionnel, un patriote avide de mettre en pleine lumière les richesses du sol hongrois, les produits du génie national.

Secondé par le Commissaire général adjoint M. Edmond de Miklós. entouré d'un état-major d'élite et soutenu par des Comités spéciaux où les meilleurs du pays tenaient à honneur de collaborer, il a rempli sa tâche avec autant de modestie que de succès, n'ambitionnant que la satisfaction des visiteurs de la Section hongroise.

Les décorations de A. Mucha.

Notice concernant la Bosnie-Herzégovine.

à l'Exposition Universelle de 1900

Tous les grands spectacles offerts par la Nature ou par le génie humain appellent l'analyse et la méditation. Devant les Rubens, les Vélasquez ou les Vinci du Louvre, comme en face de la majesté imposante de l'Océan, ou au milieu des ruines de l'Acropole ou du Parthénon, le regard cherche d'instinct quelque coin propice à la contemplation et au recueillement. Le public trouvera-t-il un de ces « coins » dans notre Exposition où tant de choses s'offrent à son admiration?

Beaucoup de ceux qui désirent emporter de leurs promenades à travers cette cité de rêve autre chose que des impressions superficielles ou fugitives, ont dû se poser cette question avant nous; et sans doute leur appréhension a été grande.

M. Moser, Commissaire général de Bosnie-Herzégovine.

Ce n'est pas en tous cas au quai d'Orsay, dans cette prodigieuse rue des Nations où la civilisation des peuples se révèle sous tant d'aspects magnifiques et divers que l'on se serait attendu à trouver l'oasis de fraîcheur et de repos si nécessaire après la fatigue des émerveillements, des cohues et des enthousiasmes.

Cette oasis existe cependant au centre même du plus extraordinaire quartier de palais qu'aient jamais édifié le travail et le génie humains, au moins dans les temps modernes. En pleine rue des Nations, entre l'opulente élégance moderne du Palais autrichien et l'austérité imposante des donjons magyares, le Pavillon de Bosnie-Herzégovine met une note délicieuse de verdure et de gaîté relevée et comme ennoblie par l'architecture tour à tour agreste, majestueuse ou sévère, de l'édifice. Certes, l'admiration, déjà exténuée par les magnificences environnantes ne peut espérer trouver ici un instant de répit absolu, car des curiosités et des attractions séduisent à nouveau le visiteur, avant même son entrée dans le Pavillon. Mais quelque chose de doux et de reposant émane de ce décor pittoresque, et le charme en est comme enveloppé de fraîcheur et de poésie.

Nous venons de dire que l'architecture du Pavillon présente extérieurement une physionomie capricieuse et complexe, qui n'est d'ailleurs dénuée ni d'harmonie, ni d'élégance. C'est que le Gouvernement de Bosnie-Herzégovine, afin de donner une idée aussi complète que possible des constructions du pays, a réuni dans ce seul édifice des spécimens d'architecture empruntés à des constructions de catégories très diverses, et qui sont reproduits avec la plus grande exactitude.

Le donjon du Seigneur féodal est représenté par la haute tour massive qui flanque le côté gauche du bâtiment. Les loggias encombrées de marchands et d'ouvriers en costumes pittoresques ont été reproduites d'après celles d'une des principales mosquées de *Saraïewo*, la capitale du Gouvernement. Ailleurs, c'est l'habitation bosniaque moderne avec ses sculptures et sa décoration où l'art local s'est inspiré des styles turcs et arabes, en les modifiant avec la plus heureuse originalité.

Tout cela s'harmonise et se fond dans une parure de ramilles grimpantes, lierre et vigne vierge, et cette végétation ravissante, qui donne un cachet tout spécial au Pavillon Bosniaque, se continue jusque sur les terrasses qui s'étendent devant celui-ci.

De ces terrasses, par un perron de quelques marches, on accède à l'entrée principale, surmontée du moucharabie saillant des vieilles constructions bosniaques; et, sitôt le seuil franchi, l'œuvre accumulée par une Renaissance qui date à peine de vingt années s'offre tout entière aux regards du visiteur.

M. Henri Moser, commissaire général du gouvernement de Bosnie-Herzégovine, à qui incombait l'organisation complète de cette Exposition, doit être doublement loué pour l'attrait pittoresque qu'il a su lui donner, à côté de son caractère exceptionnellement documentaire et

Le Pavillon de Bosnie-Herzégovine.

sérieux. M. Henri Moser a compris admirablement le rôle des Expositions, qui se résume si bien par cette formule vulgaire : « Instruire en
amusant ». Familiarisé par ses voyages et ses explorations avec toutes
les créations de l'art décoratif oriental, et doué de connaissances approfondies en ce qui concerne la situation commerciale et industrielle des
provinces de Bosnie et d'Herzégovine, M. Moser est en outre un Parisien de vieille date, mêlé depuis longtemps à notre vie de chaque jour,
dont il a su observer avec beaucup de tact et d'habileté toutes les tendances et toutes les aspirations. Grâce à tout cela il a pu, en rompant
avec toutes les vieilles traditions, réunir et présenter une Exposition
très complète et très intéressante, très documentaire et très instructive
et il l'a placée dans un cadre attrayant et d'un véritable charme, où elle
parle d'autant mieux aux regards qu'elle est originale, pleine de vie et
de mouvement.

La tâche n'était pas minime qui consistait à résumer sous les yeux
des visiteurs l'œuvre de ces deux provinces dont les arts et l'industrie
sont, comme nous le disions tout à l'heure, en plein état de Renaissance.

La Bosnie et l'Herzégovine, naguère encore ruinées par les troubles
et les révolutions qui armaient l'une contre l'autre les différentes castes
de la population, sont entrées dans une ère de relèvement et de prospérité depuis que le traité de Berlin (1878) en les plaçant sous la sage
administration de l'Autriche-Hongrie, y a introduit l'ordre et la paix.

L'œuvre de civilisation et de réorganisation accomplie dans les vingt
dernières années honorera à jamais le nom du grand homme de bien
auquel fut confiée la régénération de ces malheureuses provinces,
M. Benjamin de Kallay, ministre des finances de l'Empire Austro-
Hongrois.

Cette œuvre ne s'est pas bornée à la prospérité financière. Elle a visé
avant tout le relèvement intellectuel et moral des populations, par l'éducation et l'enseignement. Puis, des institutions agricoles et commerciales, des routes, des chemins de fer, sont venus favoriser le développement de l'agriculture et du commerce, et le pays est ainsi entré peu à
peu dans une période de relèvement qui l'a amené à sa prospérité
actuelle. De celle-ci, l'Exposition, réunie tout entière dans le Pavillon
du Gouvernement, permet de juger, au moins d'une manière superficielle. Nous nous bornerons donc à décrire sommairement l'intérieur du
charmant édifice bosniaque, comme nous l'avons fait pour l'extérieur.

L'entrée principale s'ouvre sur un luxueux vestibule décoré au moyen
des broderies et des étoffes somptueuses fabriquées dans les ateliers du
gouvernement. Un portique monumental donne accès au hall principal
mesurant 25^m × 25^m, et dont les proportions paraissent encore développées dans une mesure considérable par un artifice des plus ingénieux
constituant à lui seul une intéressante attraction. A l'extrémité du hall
opposé au portique d'entrée, un portique analogue s'ouvre sur le magni-

fique panorama de Saraïewo. capitale du gouvernement et véritable bijou des Balkans. Deux autres dioramas moins importants : les chutes de la Pliva à Jaïcé. et les sources de la Bouna, comportant toutes deux l'utilisation de l'eau courante, permettent aux visiteurs d'admirer deux des plus beaux sites des Balkans, et donnent à l'intérieur de l'édifice une sensation de fraîcheur délicieuse.

Le hall, éclairé par le haut au moyen de larges baies à vitres de couleur. est entouré de colonnades d'un effet décoratif très puissant; une galerie élégante, placée à la hauteur du premier étage, en parcourt toute la périphérie. Le peintre slave au talent si remarquable et si délicat, Mucha, a orné les frises de fresques magistrales, symbolisant les principales phases de l histoire de la Bosnie depuis l'âge de pierre jusqu'à l'époque moderne.

La décoration du hall est complétée par quatre statues colossales encadrant le panorama de *Saraïewo :* « *le Travail* », « *l'Art domestique* », et deux statues équestres de guerriers bosniaques.

Les bas-côtés sont occupés par l'exposition des produits artistiques et industriels des provinces de Bosnie-Herzégovine et par l'exposition archéologique sous la direction du conservateur général du musée de *Saraïewo*. Les voyages, la touristique, l'ethnographie ont aussi une large place dans cette exposition. conçue, comme on le voit, en vue d'offrir aux visiteurs la plus grande somme possible de renseignements pratiques et immédiatement utilisables.

On remarque notamment les magnifiques produits des ateliers de l'Etat, consistant en broderies. tissus de laine et de soie, passementeries. tapis noués et tapisseries, dont la réputation a depuis longtemps pénétré en France. Des ouvriers et des ouvrières, travaillant sous les yeux du public, augmentent l'attrait de cette exposition en lui donnant un caractère tout particulier de vie et de mouvement.

L'Ecole artistique de *Saraïewo*. la seule au monde qui ait repris et qui continue les traditions originales de l'art musulman, est représentée dans le hall par une délégation d'élèves et d'artistes exécutant de remarquables travaux d'incrustation de métaux précieux sur acier et sur bois, de ciselage et de repoussage, qui font l'admiration des amateurs. Un certain nombre d'artistes et de maisons artistiques de France exposent dans cette partie des travaux exécutés en collaboration avec les spécialistes des Ateliers du Gouvernement bosniaque. Citons, entre autres, les maisons Krieger, Barbedienne, Christofle, Clément Massier, le sculpteur Kautsch, etc.

Bien des choses intéressantes restent encore à mentionner : l'Exposition de l'agriculture, des travaux publics, des chemins de fer et des institutions d'enseignement de l'Etat. installée sur les galeries du premier étage; celle des Forêts, de la Chasse et des Mines au sous-sol; les reconstitutions d'un haremlick et d'un intérieur bosniaque moderne. qui encadrent l'entrée, à gauche et à droite du vestibule, etc., etc. Mais la

place nous fait défaut. Au sous-sol encore, dans un délicieux c
d'ombre et de verdure, un café-restaurant initie les visiteurs aux secr
de la gastronomie bosniaque. On y déguste des écrevisses et les poisse
célèbres des cours d'eau du pays, et pendant la chaleur de ces terrib
après-midi d'été, il y a de délicieux instants à passer là, devant le me
veilleux panorama des bords de la Seine, sous le charme des vieux a
joués par un orchestre indigène. Ajoutons encore que ce restaurant e
dirigé par l'ancien chef d'un des principaux hôtels de Paris, ce qui e
assez dire que la cuisine française y est tout particulièrement soignée,
nous aurons résumé en trop peu de place, à la hâte et très imparfai
ment, l'œuvre énorme, curieuse, intéressante, documentée, pittoresq
et, par-dessus tout, charmante, de M. Henri Moser.

Grâce à l'activité de l'éminent commissaire général, qui s'est rév
dans cette circonstance un metteur en scène vraiment génial, l'Expos
tion de la Bosnie-Herzégovine montre nettement l'effort considérab
accompli depuis vingt ans par les deux provinces, et l'heureuse prosp
rité ainsi conquise. Tout le rôle et toute l'utilité des expositions
résument dans ce résultat, et il faut féliciter M. Henri Moser d'en av
fait profiter son pays, tout en intéressant des millions de visiteurs.

EM. SEDEYN.

Panneau de A. Mucha.

Notice concernant l'Empire d'Allemagne

A l'Exposition Universelle de 1900

C'est la première fois, depuis 1867, que l'Allemagne prend part à une des grandes Expositions universelles de Paris. La tâche qui s'imposait, était de présenter aux yeux des peuples affluant vers Paris, à l'occasion de cette grande manifestation de la paix, l'essor qu'a pris l'Allemagne pendant la seconde moitié du siècle passé, dans tous les domaines de la vie économique, en particulier dans son agriculture, son industrie, son art industriel, son commerce et sa navigation.

Il est dans la nature des choses qu'une nation, en sa qualité d'hôte d'une autre, [ne peut présenter qu'une idée partielle et sommaire des progrès et de l'état de son développement et de sa civilisation nationale, et que, par conséquent, les sections allemandes ne pourront rendre qu'une image approximative de ce qui a été atteint, grâce à une longue époque de paix.

Les efforts du Commissaire général tendaient à symboliser la force et l'union de l'Empire d'Allemagne par la grandeur et la splendeur du Pavillon officiel: à démontrer, dans la section des machines, qui contient les plus grandes et les plus puissantes machines figurant à l'Exposition Universelle, le développement en Allemagne de la construction mécanique: à représenter dans la section des arts industriels, comment, sur la base d'une ancienne culture et d'une conception intelligente mais particulière des chefs-d'œuvre d'autres pays, a pris naissance un style national allemand: à montrer, dans la section de l'Agriculture, l'exploitation avantageuse du sol, la culture augmentée, la grande étendue de l'élevage des bestiaux en Allemagne et dans les Expositions du Groupe XVI, à faire voir ce que l'Allemagne a créé dans le domaine de l'économie sociale et de la prévoyance pour les classes ouvrières.

Afin d'atteindre le but proposé, les associations industrielles, qui ont été l'objet d'un développement si extraordinaire en Allemagne, ont été consultées, et c'est ainsi qu'il a été possible de former les Expositions d'ensemble de la librairie et de la photographie, de la mécanique et de l'optique, des instruments de chirurgie, de l'industrie électrique, dont l'évolution est principalement due à des savants allemands; des industries alimentaires ainsi que les mesures pour le contrôle des aliments; du génie civil et des moyens de transports, notamment des chemins de

S. M. I. et R. Guillaume II.
Roi de Prusse. Empereur d'Allemagne.

fer et de la navigation marchande, de la grande industrie chimique si éminente et étendue, et enfin de l'industrie des tissus et des soies.

Les Comités d'organisation ont été portés du désir d'entourer d'un cadre approprié les produits exposés et ont cherché à offrir au visiteur par l'application de formes allemandes de décoration, et par l'uniformité des arrangements, une image nette et compréhensible.

L'Allemagne compte à l'Exposition Universelle environ 3.500 exposants. L'exiguïté des emplacements n'a pas permis de faire figurer certaines branches de l'industrie qui appartiennent aux plus grandes et aux plus florissantes de l'Allemagne, telles que la grande industrie de la métallurgie et des industries minières. C'est pour cette raison que des maisons de renommée universelle telles que Frédéric Krupp de Essen, Stumm, Nunkirchen et autres ne sont pas représentées à l'Exposition. Il apparaît d'une façon d'autant plus claire que la grandeur de l'industrie allemande ne se borne nullement à quelques maisons gigantesques, mais qu'elle est basée sur son état prospère en général, et le visiteur attentif ne manquera pas de constater que toutes les parties de l'Allemagne ont pris une égale part à son développement. C'est ainsi que des quatre machines à vapeur qui fournissent l'énergie pour la production du courant électrique, trois machines proviennent de l'Allemagne du Sud.

En participant ardemment à la lutte pacifique internationale à Paris, tout en faisant des sacrifices, comme jamais encore il n'en fut fait pour une Exposition Universelle, l'industrie allemande, l'art et l'art industriel allemands déclarent suivre volontairement les idées du chef suprême de la nation, de Sa Majesté l'Empereur d'Allemagne qui voit en cette Exposition Universelle une preuve de conciliation et de progrès pacifiques, et qui a prêté son puissant intérêt à toutes les manifestations qui ont pu contribuer à la glorification et la grandeur de cette Exposition.

A peine l'Empire d'Allemagne avait-il accepté l'invitation de la République Française de participer à l'Exposition Universelle de 1900, à Paris, que M. le docteur Max Richter, conseiller supérieur intime, fut nommé Commissaire général et M. le Conseiller intime Th. Lewald, Commissaire général adjoint de l'Allemagne.

M. le Conseiller supérieur intime Dr Richter est né à Kœnigsberg (Prusse Orientale) le 26 décembre 1856. Après avoir subi avec succès, vers la fin de 1875, les épreuves du baccalauréat, il se voua a l'étude du droit. Reçu avocat en 1879, il passa, en 1886, l'examen de l'assessorat et fut, immédiatement après, attaché au gouvernement de la province de Posen; puis, en 1887, à la présidence supérieure de cette province où son activité eut à s'étendre successivement sur toutes les branches de l'administration. En 1891, il fut appelé au ministère impérial de l'Intérieur. C'est là qu'il fut, dans les années suivantes, officiellement confirmé dans sa charge, avec la qualité de Conseiller du gouvernement. Il

reçut, en 1895, sa nomination de Conseiller intime du gouvernement et
de Conseiller rapporteur; en 1898, celle de Conseiller intime supérieur.

M. le docteur Max Richter,
Commissaire Général de l'Empire d'Allemagne

Pendant toute la durée de ses fonctions dans ce département du gouvernement impérial, le Dr Richter a eu à s'occuper d'Expositions : aussi
l'occasion ne lui a-t-elle pas manqué d'acquérir dans ce domaine une

Le Pavillon impérial allemand.

grande expérience. A l'Exposition de Chicago particulièrement, le Commissaire Dᵣ Richter a collaboré, en qualité de Commissaire adjoint, à l'organisation de la section allemande dans toutes les phases de son développement. De juillet 1893 jusqu'après la terminaison des travaux d'enlèvement des objets exposés, en février 1894, il a eu sous sa direction immédiate les affaires du Commissariat général allemand.

M. le Conseiller intime Th. Lewald, né le 18 août 1860 à Berlin, étudia les sciences politiques et administratives aux Universités de Berlin, de Heidelberg et de Leipsick. Reçu avocat en 1882, il entra, en 1885, dans le service de l'administration prussienne au gouvernement à Cassel et fut attaché, en 1888, après avoir passé l'examen de l'assessorat, à la présidence supérieure de la province de Brandebourg et de la ville de Berlin. Appelé en 1891, simultanément avec M. Richter, Commissaire général de l'Allemagne, à l'Office impérial de l'intérieur, il appartint, en 1893, au Commissariat impérial pour l'Exposition Universelle de Chicago, et fut nommé conseiller du gouvernement en 1894, conseiller intime et conseiller rapporteur en 1898.

Parmi les membres du Commissariat général de l'Allemagne nous citerons les suivants : M. le professeur Hoffacker qui a dirigé l'installation des groupes suivants : La section des arts décoratifs à l'Esplanade des Invalides, la section de l'agriculture (Groupes VII et X) l'Exposition allemande à la Cour d'honneur d'électricité, ainsi que les Expositions d'ensemble de la parfumerie et de la fabrication des papiers.

M. Radke, architecte, constructeur du Pavillon Impérial qui, en outre, a effectué l'installation des Groupes VI, XI et XIII.

M. le professeur Emanuel Seidl, de Munich, qui a exécuté les décorations intérieures de la section allemande au Palais des Beaux-Arts.

M. le professeur Otto Rieth à qui est due la décoration des Groupes I et III. M. l'architecte Bruno Mœhring, de Berlin, qui a dressé les projets pour la décoration du sous-sol du Pavillon Impérial, du Groupe XVIII (armées de mer et de terre) et de la galerie des Palais de la mécanique.

M. Hartmann, ingénieur en chef des installations mécaniques, professeur à l'École technique supérieure de Berlin, et son adjoint, M. Gentsch, membre auxiliaire de l'Office impérial des brevets.

M. Georges Franke, secrétaire général, s'occupa de la direction des travaux de bureau fort difficiles et volumineux.

Les édifices principaux érigés par les soins de l'Empire d'Allemagne sont les suivants :

Le pavillon impérial allemand

Est construit dans le style de la jeune renaissance allemande, d'après les plans de M. Johannes Radke, architecte supérieur de l'office impérial des postes, par la maison Holzmann et Cⁱᵉ. de Francfort-sur-le-Mein. Sa tour, mesurée depuis le bas-quai de la Seine, s'élève à une hauteur de 80 mètres. Le sous-sol contient l'exposition d'ensemble de la viticulture allemande et le restaurant de vin allemand. À l'étage principal, c'est-à-dire au rez-de-chaussée, situé au niveau du quai supérieur, se trouve le grand hall de 16 mètres de hauteur, décoré de fresques de plafond et de murs exécutées par les peintres Wittich, de Berlin, et le professeur Gussmann, de Dresde. Le bâtiment contient les expositions de la librairie allemande, en particulier de l'imprimerie impériale de Berlin et de la photographie. Une salle spéciale, artistiquement décorée, est affectée à l'exposition de l'assistance publique et de l'économie sociale. Cependant l'attraction principale du bâtiment consiste dans l'installation des salles du premier étage situées vers la Seine, lesquelles, par ordre de Sa Majesté l'Empereur, sont décorées d'œuvres d'art et de meubles appartenant à la maison royale prussienne. On y voit la « Collection Frédéric le Grand », les chefs-d'œuvre de Watteau, Lancret, Chardin et les meubles somptueux des Palais de Berlin et de Potsdam.

Pavillon de la marine marchande

Est érigé par la maison Boswau et Knauer, de Berlin, d'après les plans de M. Georges Thielen, architecte, de Hambourg. Le phare qui indique déjà la destination et la nature du bâtiment, est une imitation du phare bien connu « Rothesand » du Weser et atteint une hauteur de 40 mètres. Il est surmonté d'un réflecteur électrique fourni par la Société anonyme d'électricité ci-devant Schuckert et Cⁱᵉ, de Nuremberg. L'intérieur de l'édifice, qui possède trois étages et qui rappelle par sa disposition les vieilles maisons des côtes allemandes, comprend l'exposition des grandes sociétés de navigation allemande, notamment de la ligne Hambourg-Amérique et du « Norddeutscher Lloyd » à Brême, ainsi que celles des plus importants chantiers allemands à Danzig (Schichau), à Stettin (Volcan), à Hambourg (Blohm et Voss), et une série d'autres chantiers. Dans la première galerie, le Sénat de la ville libre de Hambourg a exposé un modèle du port de Hambourg.

La halle aux machines allemandes

Qui a 60 mètres de longueur, 20 mètres de largeur et 19 mètres de hauteur, est construite d'après un projet de M. Fivaz, architecte à Paris.

Elle se compose de deux étages et contient principalement les produits de l'industrie allemande des machines-outils, pour l'exposition desquels les emplacements concédés dans la galerie du Champ de Mars n'ont pu suffire. Le milieu du bâtiment, à travers les deux étages, est occupé par la grande machine dynamo de 3.000 H P de la Société générale d'électricité de Berlin, la plus puissante qui a été construite jusqu'à cette époque.

M. Th. Lewald, Commissaire général adjoint.

.PÉROU.

Notice concernant la République du Pérou

A l'Exposition Universelle de 1900.

M. TORIBIO SANZ
Commissaire général de la République du Pérou

Liste des membres de la Commission

M. MANUEL MARIA DEL VALLE
Commissaire des Belles-Lettres.

M. ANTERO ASPILLAGA
Sénateur et ancien Ministre d'Etat,
Commissaire de la Section officielle
et Président de l'Institut technique de Lima.

M. FRANCISCO PAZ SOLDAN
Ingénieur. Commissaire technique.

M. DANIEL FERNANDEZ
Commissaire des Beaux-Arts.

M. J. A. DE ZIUE
Commissaire industriel.

Après les cruels désastres de toutes sortes que la Providence avait réservés au Pérou, il est survenu une longue période de bien-être et de progrès qui lui a permis de développer ses multiples éléments de richesse et, grâce à la paix intérieure, de se consacrer au travail et aux féconds essors du commerce et de l'industrie.

Sous des auspices aussi favorables, le Pérou accueillit avec empressement l'invitation du gouvernement français pour prendre part à l'Exposition Universelle de 1900 qui doit, sans contredit, laisser pleine évidence du développement indéfini du progrès humain.

M. Nicolas de Piérola.
Ancien Président de la République du Pérou.

L'éminent homme d'Etat, M. Nicolas de Piérola, étant alors président de la République, crut devoir saisir cette occasion pour faire connaître au monde entier les nombreux produits du Pérou, fort inconnus en Europe, vu la grande distance qui le sépare des grands centres européens. Le gouvernement de M. Piérola a été la résurrection de son pays, dans lequel il a ramené l'ordre le plus parfait et son administration a été été si ferme que de nombreux capitalistes étrangers ont apporté leur concours en contribuant à établir des usines et des fabriques de toutes sortes.

C'est dans ces circonstances heureuses que M. Eduardo Lopez de Romana, actuellement président de la République, a pris les rênes du gouvernement et, comme habile ingénieur et ancien fonctionnaire, il se dévoue de tout cœur au bien-être de son pays, n'omettant aucun effort pour le maintenir dans la voie du progrès et l'aider au développement du commerce et de l'industrie, qui sont les principaux facteurs de la richesse d'une nation. M. Eduardo Lopez de Romana, ainsi que M. Nicolas de Piérola se sont dès le commencement vivement intéressés à la Grande Exposition Universelle de 1900 pour que le Pérou soit dignement représenté sous tous rapports.

Ce labeur de grande responsabilité a été confié à M. Toribio Sanz, qui a mérité la confiance pleine et entière de son gouvernement pour diriger tous les travaux de l'Exposition Péruvienne et dont les résultats jusqu'à ce jour ont été couronnés du meilleur succès.

Le Commissaire général du Pérou est le fils de feu M. Toribio Sanz. Ancien plénipotentiaire et agent financier du Pérou en France il avait fait preuve de remarquables qualités comme secrétaire et chargé d'affaires auprès de sa Majesté Britannique. Comme Commissaire général il se dévoue tout à fait à son pays, et il espère obtenir de son gouvernement l'approbation des médailles commémoratives qu'il a demandées pour être distribuées pendant ou à la fin de l'Exposition. Le nom de M. Sanz est attaché au souvenir de la terrible catastrophe du Bazar de la Charité et son dévouement lui a valu les témoignages les plus flatteurs de reconnaissance.

Parmi les membres de la Commission du Pérou figurent comme Commissaire des Belles-Lettres, M. Manuel Maria del Valle, ancien plénipotentiaire et président de la Chambre des députés; M. Antero Aspillaga, sénateur et ancien ministre d'Etat, Commissaire de la section officielle et président de l'Institut technique à Lima; M. Francisco Paz Soldan, ingénieur, Commissaire technique; M. Daniel Fernandez, Commissaire chargé de la section des Beaux-Arts et M. J. A. de Zeuc, Commissaire industriel.

Pour compléter la représentation du Pérou figurent aussi M. Pedro Juan Sanz, Commissaire adjoint; M. Carlos Van der Heyde, secrétaire de la Légation en France, délégué; colonel Augusto Althaus, attaché militaire des Légations en France et en Italie, délégué; M. Pedro

Eduardo Lopez de Romana.
Président actuel de la République du Pérou.

E. Paulet. délégué; et M. Ernesto Diaz, ingénieur, secrétaire du Commissariat.

La surface réservée au Pérou par l'administration est d'environ 320 mètres et se trouve située sur le quai d'Orsay. entre le pont des Invalides et le pont de l'Alma. Il a comme voisin le Portugal d'un côté et de l'autre la Perse; un square de 25 mètres le sépare de cette dernière.

Sur cet emplacement s'élèvent deux constructions bien distinctes. Le Pavillon principal. couvrant 250 mètres, est construit dans le style du pays, qui tient à la Renaissance espagnole, et de telle sorte que l'on puisse le démonter afin de le transporter et le réédifier à Lima après l'Exposition.

A cet effet, il est composé d'une carcasse tout en fer épousant toutes les saillies et formes de la façade. Toutes ces différentes pièces principales sont reliées entre elles par des fers servant de contreventements, mais aussi destinées à recevoir l'habillage du vêtement.

Sur cette carcasse en fer viennent s'agrafer. à l'aide de boulons et de liens en fer. des blocs en pierre factice, en sorte que le démontage et le remontage de la construction se trouvent énormément facilités.

L'emploi de la pierre factice donne l'avantage, sur des produits analogues, d'avoir des matériaux capables de présenter une solidité de durée aussi grande que la pierre véritable. Grâce à ce procédé, le pavillon du Pérou reproduit toute la richesse que comporte le style du pays et dont chaque ligne d'architecture est couronnée d'un brillant motif de sculptures.

Ce pavillon, élevé de deux étages, est flanqué de deux minarets avec un revêtement de faïence. auxquels on accède à l'aide d'escaliers dissimulés dans des tourelles donnant lieu à un motif de loggia soutenu par deux grandes consoles.

Une coupole vitrée surmonte la partie centrale de l'édifice.

Dans ce bâtiment toute l'Exposition des produits est représentée.

Le rez-de-chaussée est spécialement réservé aux matières premières et le premier étage contient les objets précieux et les minerais qui certainement nous attirent par leur importance, le Pérou ayant été de tout temps reconnu comme le pays de l'or.

La deuxième construction, beaucoup moins importante, ne constitue qu'un kiosque construit comme la plupart des pavillons environnants, c'est-à-dire d'une façon provisoire.

Ce kiosque est spécialement destiné à la dégustation des boissons. vins. cafés, liqueurs, fruits, tabacs. ainsi qu'à la vente des menus objets de fabrication péruvienne.

Ce kiosque, ainsi que le pavillon. est entouré d'un parterre composé de fleurs et de plantes du pays, susceptibles d'être facilement acclimatées en France et qui, tout en servant d'exposition, accompagne l'ensemble d'architecture et lui donne une note souriante.

M. Toribio Sanz,
Commissaire général du Pérou.

Le Pavillon du Pérou offrira à ses visiteurs tous les éléments nécessaires pour étudier le pays sous toutes ses phases : on y trouvera des plans, des cartes géographiques, des vues et études de ses divers chemins et principaux monuments.

L'exploitation minière du Pérou, qui a reçu dans ces derniers temps un développement extraordinaire, pourra être dûment étudiée et appréciée à l'aide de la carte géologique minière ; les études sur les divers minerais ; les plans et vues photographiques des nombreux gîtes miniers,

Pavillon du Pérou

ainsi que les échantillons d'or, argent, cuivre, fer, malachite, etc., parmi lesquels on y remarquera une pépite d'or du poids de 171 grammes.

Citons encore en première ligne, le pétrole, dont la production pourvoit non seulement à la consommation du pays, mais est aussi l'objet d'une vaste exportation ; le salpêtre, le soufre, le charbon, le zinc, le plomb, etc.

Parmi les produits nationaux, il faut faire remarquer le sucre, le café, caoutchouc, cacao, riz, coton, coca, laines et bois de diverses variétés ; la gomme, le sel, tabac, etc.

Le développement de l'industrie se présente sous diverses formes : vins, eaux-de-vie, liqueurs et bières, eaux gazeuses, minérales et thermales ; marbres travaillés, mosaïques, cigares et cigarettes, allumettes, etc.

On y verra également des étoffes en laine et en coton. surtout celles fabriquées avec les laines d'alpaga et de vigogne; des broderies et dentelles. chapeaux de toutes sortes, chemises, chemisettes. chaussettes et chaussures; des articles de fantaisie en or, argent, ivoire, bois; des produits médicinaux et de la parfumerie. etc.

M. Alejandro Garland, directeur-secrétaire de l'Institut technique était chargé à Lima de réunir et d'envoyer tous les produits qui doivent figurer dans le Pavillon et, grâce à son initiative, il est parvenu à réunir plus de 350 exposants, répartis entre les divers groupes et classes, nombre plus que considérable si l'on tient compte de la distance qui nous sépare de ce grand pays et des frais énormes qui s'ensuivent.

Notice concernant la Belgique

à l'Exposition Universelle de 1900

Le commissariat général du gouvernement belge a reproduit l'Hôtel de Ville d'Audenaerde pour le Palais de Belgique à l'Exposition de Paris de 1900.

Ce beau monument du commencement du xvie siècle convenait particulièrement tant par ses dimensions que par sa beauté architecturale : il donne bien la caractéristique des anciens édifices communaux de la Belgique. Le commissariat général belge en faisant ce choix répondait à un désir exprimé par la direction générale de l'Exposition : reproduire, pour le Palais National, une construction ayant le caractère architectural du pays représenté. Le plan de l'Hôtel de Ville d'Audenaerde est adapté à sa destination pour l'Exposition.

Le rez-de-chaussée comporte trois salles dont deux sont séparées par un vaste couloir donnant accès au grand escalier.

Une des salles sera affectée au service de la Presse, et servira en même temps de cabinet de lecture et de correspondance.

Les deux autres salles sont affectées à l'Exposition.

Le premier étage comporte des salles de réception.

Au niveau des berges, sous le Palais de Belgique, une collectivité de brasseurs belges a installé un cabaret flamand, construit dans le style de l'édifice; on y débite les bières nationales.

La charpente est exécutée pour la majeure partie en béton armé d'après le système Hennebique.

Les façades sont entièrement réalisées en staff. Ce travail remarquable par sa finesse et sa fidélité a été exécuté à Bruxelles. — Le Palais belge est incontestablement l'un des joyaux de la riante rive gauche de la Seine, comme la section belge que nous allons passer rapidement ne

Cliché Russell & Sons.

Léopold II
Roi des Belges.

revue est une des sections les plus intéressantes. — Son organisation fait le plus grand honneur à MM. Vercruysse. commissaire général. et Emile Robert. commissaire adjoint.

Groupe I

''Classe I. A remarquer l'exposition de l'Administration centrale de l'enseignement primaire qui met en évidence, outre l'organisation et la situation de l'enseignement primaire :

1° Les tendances utilitaires professionnelles de l'école populaire belge — dessin travail manuel — agriculture — économie domestique.

2° Le développement des œuvres — d'ordre moral et social — anti-alcoolisme — épargne scolaire — mutualité de retraite.

Classe II. — A remarquer l'exposition de l'Administration centrale de l'enseignement moyen qui montre l'organisation de cet enseignement au point de vue économique et social.

Classe III. — L'exposition des quatre universités de Bruxelles, Gand. Liège et Louvain. qui montre le développement de ces institutions sous le régime de la liberté d'enseignement : Gand et Liège sont des univer-sités de l'Etat: Bruxelles et Louvain sont des universités libres.

Classe V. — A remarquer la collectivité des écoles ménagères. agri-coles. et celle des écoles régionales agricoles sous le haut patronage du Ministre de l'Agriculture.

A signaler également. dans le Groupe VII. l'enseignement agricole. primaire. moyen et supérieur qui a fait de la Belgique un des premiers pays agricoles du monde.

Classe VI — A remarquer le grand développement de l'enseignement technique de Belgique. grâce aux écoles commerciales. aux écoles indus-trielles. aux écoles professionnelles. aux ateliers d'apprentissage. aux écoles et aux classes ménagères.

Groupe III

Classe XI. — A remarquer combien les publications des principaux éditeurs belges témoignent de leurs préoccupations artistiques. Il semble qu'il y ait entre eux saine et louable rivalité pour faire revivre les tradi-tions luxueuses des impressions plantiniennes et elzéviriennes.

Classe XII. — A remarquer le développement et la fabrication des appareils. plaques sèches et des papiers photographiques. les nombreuses applications de la phototypie. ainsi que les admirables reproductions obtenues par les photographes belges.

Classe XV. — Les exposants d'instruments de précision ne sont pas nombreux, mais le fini, l'exécution délicate et la précision parfaite de leur fabrication sont à signaler.

CLASSE XVI. — A remarquer l'exposition de la Maternité Sainte-Anne qui montre dans un charmant pavillon des couveuses d'enfants et les appareils médicaux utilisés dans cette institution qui fait le plus grand bien.

CLASSE XVII. — A signaler des pianos ne le cédant en rien, ni comme sonorité, ni comme élégance, à ceux des autres pays.

Groupe IV

CLASSE XIII. — A signaler les batteries de chaudières multitubulaires qui fournissent la vapeur aux moteurs et qui se trouvent installées dans les usines de Suffren et de La Bourdonnais ; les chaudières à tube Galloway qui s'exportent en grande quantité.

A remarquer les groupes électrogènes de 1.000 chevaux par unité.

En voyant cette vaste installation, le visiteur n'oubliera pas que la Belgique est un des plus petits pays du monde.

A remarquer le bel aspect et le fini des moteurs belges qui se vendent avec des garanties de consommation de vapeur très réduite. Les différents organes sont exécutés suivant un calibrage absolu et une interchangeabilité complète. L'étanchéité des soupapes et des pistons est soignée spécialement.

A signaler l'éclectisme des appareils de détente, les perfectionnements d'ordre thermique et les moteurs à grande vitesse.

A signaler les moteurs à gaz et à pétrole, et surtout les moteurs à gaz de grande puissance pour l'utilisation des gaz des hauts fourneaux, qui constituent une véritable révolution au point de vue économique.

A remarquer les courroies en cuir et en coton, industrie d'une grande importance.

A remarquer les machines-outils, très bien finies et solidement construites.

Groupe V

Outre les électrogènes de 1.000 chevaux et les dynamos installés directement sur les moteurs à grande vitesse, nous devons signaler les installations électriques pour le transport de force motrice, la traction de tramways, le halage des bateaux et l'éclairage.

A remarquer l'exposition de l'administration des télégraphes et de

Le Palais Belge.

téléphones. la construction des téléphones et des appareils électriques.

A signaler encore les applications de l'électricité aux industries chimiques, notamment la production de la soude par les procédés électrolytiques.

Groupe VI

A remarquer la transformation du type des locomotives des chemins de fer de l'État Belge qui. pour augmenter la vitesse. vient d'adopter le foyer profond. On sait que la Belgique a le réseau des chemins de fer le plus serré du monde.

A signaler l'extension considérable des chemins de fer vicinaux, qui relient les communes entre elles et aux chemins de fer à grande section.

Les grands travaux des ports belges. l'agrandissement des ports d'Anvers, d'Ostende et de Gand. la création des ports d'escale de Bruges. Heyst. la création du port de cabotage de Bruxelles maritime.

Les restaurations des monuments anciens. notamment la reconstitution de l'abbaye de Villers. le grand développement de l'industrie des chaux hydrauliques et des ciments qui s'exportent dans le monde entier.

Le cachet des voitures. le fini et l'élégance des automobiles et des cycles ;

L'exposition de la Compagnie des wagons-lits et des grands express qui a doté l'ancien continent de moyens de communication rapides et confortables.

Groupe VII

L'agriculture a dû. pour pouvoir se maintenir en Belgique. pays libre-échangiste. transformer complètement ses procédés et ses moyens d'action. C'est ce qui ressort de son exposition ou l'on peut remarquer

1° Le très grand rôle que joue l'enseignement agricole pour propager les méthodes nouvelles (la Belgique récolte jusqu'à 4.000 kilos de froment à l'hectare);

2° L'importance des syndicats agricoles d'élevage, pour l'achat. pour la vente etc. Dans les concours spéciaux on pourra voir l'essor qu'a pris l'élevage en Belgique;

3° L'extension et l'emploi des machines pour produire mieux et à meilleur marché ;

4° La propagation des écrémeurs et les grands progrès réalisés dans la laiterie.

Un chalet spécial. la Campagnarde, montre que la Belgique, pays importateur de beurre. deviendra bientôt pays exportateur.

5° Le développement de l'apiculture.

Cliché Delattre, Gand.

M. Vercruysse
Commissaire général de Belgique.

Groupe IX

Les fabricants d'armes de Liège ont réuni dans un pavillon spécial une exposition des plus remarquables. On sait que nulle part la fabrication des armes n'a atteint plus de prix et plus de perfection, grâce à l'habileté des ouvriers liégeois. D'autre part, les essais au banc d'épreuve sont une garantie de bonne construction et une sécurité absolue.

Groupe X

A signaler, les machines frigorifiques belges, très simples et bien finies.

Très belle exposition des fabriques d'amidon et de riz, industrie très importante en Belgique et qui exporte dans le monde entier.

Les conserves et légumes, industrie qui est de création récente, mais qui a pris la plus grande extension.

Les extraits de viande obtenus par des procédés nouveaux.

La remarquable collectivité des brasseurs qui fabriquent l'excellente boisson nationale belge. Un débit dans la collectivité même, un débit dans les sous-sols du Palais de Belgique.

La très intéressante exposition des écoles de brasserie avec les produits de leur brasserie expérimentale, leurs cultures de levures et leurs analyses.

La Belgique est un pays qui, quoique ne produisant pas de vin, consomme beaucoup de vin de luxe, à signaler la collectivité des marchands de vins.

Groupe XI

La Belgique, riche en carrières et en charbonnages a une industrie métallurgique très importante. Elle expose ses pierres de taille, son calcaire cristalloïde, plus connu sous le nom de petit granit, ses marbres, ses pavés de porphyre, sa chaux hydraulique et ses ciments qui s'exportent dans le monde entier.

Les charbonnages ont une collectivité des plus intéressantes où l'on peut voir les méthodes ingénieuses d'exploitation, les coupes des gisements et les détails des installations.

On sait que les Belges exploitent à de très grandes profondeurs et ont à la surface des installations de trainage et de triage modèles.

L'industrie du coke a acquis une très grande importance, et remarquables sont les fours qui le produisent avec ou sans récupération des produits de la distillation.

À signaler la carte géologique de la Belgique, à signaler les produits des hauts fourneaux; fontes de toute composition. ceux des laminoirs; fers et aciers marchands de toute dimension. gros ronds jusqu'à 200 millimètres de diamètre, enfin les produits des fonderies. tuyaux en fonte de puissant diamètre et coulés debout. La métallurgie belge est d'autant plus intéressante qu'elle a fondé un grand nombre d'usines filiales. à l'étranger, a tourné la difficulté de l'épuisement de ses minières ou des tarifs douaniers prohibitifs en rémunérant les capitaux belges par des usines créées dans les autres pays.

À remarquer les produits réfractaires.

Signalons encore les puissantes machines se rapportant à ce groupe : les machines d'épuisement souterraines, les machines soufflantes. les moteurs de 500 chevaux utilisant les gaz autrefois perdus des hauts fourneaux. les perforatrices électriques ou à air comprimé.

Groupe XII

La décoration des habitations en Belgique a subi une transformation complète. grâce à la création des écoles d'art décoratif et des encouragements du public. au choix judicieux des matériaux, aux progrès de la menuiserie. du travail des marbres et de la ferronnerie.

À remarquer les vitraux destinés aux maisons particulières, conçus dans leur véritable rôle décoratif avec une mise en plomb aux formes et colorations harmonieuses. ne cherchant plus à produire l'effet d'un tableau.

À signaler le fini et le bon marché des meubles belges en général, et tout particulièrement les meubles style moderne. objet des recherches d'un grand nombre d'artistes, d'architectes et de dessinateurs de talent.

À signaler les tapis a nœuds. dits tapis des Flandres, imitation des tapis de Smyrne et les étoffes d'ameublements.

Très belle exposition de céramique : les pâtes sont pures et fines. les couleurs et les émaux variés. riches et brillants.

La céramique est employée beaucoup aux aménagements intérieurs et à la construction.

La Belgique produit 35.000.000 de mètres carrés de verres à vitre par an Les fours à bassin la mettent à même d'exporter dans le monde entier.

Les glaces ne sont pas moins célèbres.

Groupe XIII

La laine à Verviers — le coton a Gand — le lin dans les Flandres sont travaillés dans des usines très importantes, qui exportent leurs produits dans le monde entier.

Cette exposition forme un ensemble des plus harmonieux. On y voit tous les produits fins, en même temps que les machines qui les travaillent

La construction de ces machines spéciales a fait de grands progrès et rivalise avec celle des autres pays, par la simplicité et la solidité des organes en même temps que l'ajustage et le fini.

Signalons encore les magnifiques dentelles qui de tout temps ont été une des spécialités de la Belgique (1) les broderies et les corsets, objets importants de l'exportation.

Groupe XIV

L'industrie chimique est très bien représentée : En tout premier lieu, l'industrie de la soude a un pavillon superbe ; on sait que les Belges ont établi des usines pour cette fabrication dans le monde entier, cette soude est plus pure et meilleur marché que celle obtenue par les procédés concurrents.

Puis la collectivité des fabricants de produits et d'engrais chimiques L'agriculture belge, qui est à un niveau très élevé, consomme énormément d'engrais chimiques, et a donné à cette industrie une extension énorme

La production de l'aluminium est une question qui intéresse beaucoup les Belges et se trouve représentée.

Le port d'Anvers a attiré en Belgique des industries qui exploitent des produits exotiques : tels que le soufre, les bois à extraits tannants, etc.

La fabrication des gélatines et des colles, celle de la poudre à canon et de la dynamite sont à mentionner.

A remarquer la collectivité des négociants des tabacs : la Belgique produit du tabac et en importe beaucoup : la fabrication des cigares est très importante.

A remarquer la collectivité des tanneurs, exposition très intéressante, tant au point de vue de la variété et de la qualité des produits et des progrès du procédé que de l'importance du chiffre d'affaires traitées annuellement par les exposants.

A remarquer l'exposition du papier : la Belgique consomme beaucoup de papier et en exporte beaucoup.

Notons l'intéressante exposition de toutes·les machines qui servent a fabriquer le papier et la pâte à papier,

Les Belges construisent également un matériel très apprécié pour la fabrication du papier.

(1) Les célèbres dentelles de Bruxelles, de Malines, de Bruges Lierre etc qui contribuent à la splendeur des costumes féminins du monde entier, constituent une véritable richesse pour la Belgique où cette industrie très artistique a fait depuis des siècles de constants progrès.

Groupe XV

A signaler la bijouterie, la joaillerie, l'argenterie artistique.

L'horlogerie monumentale et l'école d'horlogerie. Cette école a une influence des plus heureuses sur la formation des mécaniciens de précision.

Les bronzes et la ferronnerie. Celle-ci a pris un essor des plus remarquables dans la patrie de Quentin Metsys. Nombreuses sont les applications du fer forgé dans les constructions belges modernes.

On peut en voir de beaux spécimens dans l'installation du Groupe XI.

Les objets en caoutchouc. La Belgique importe beaucoup de caoutchouc brut. Son travail est devenu une industrie très importante.

La vannerie fine et la brosserie méritent également l'attention.

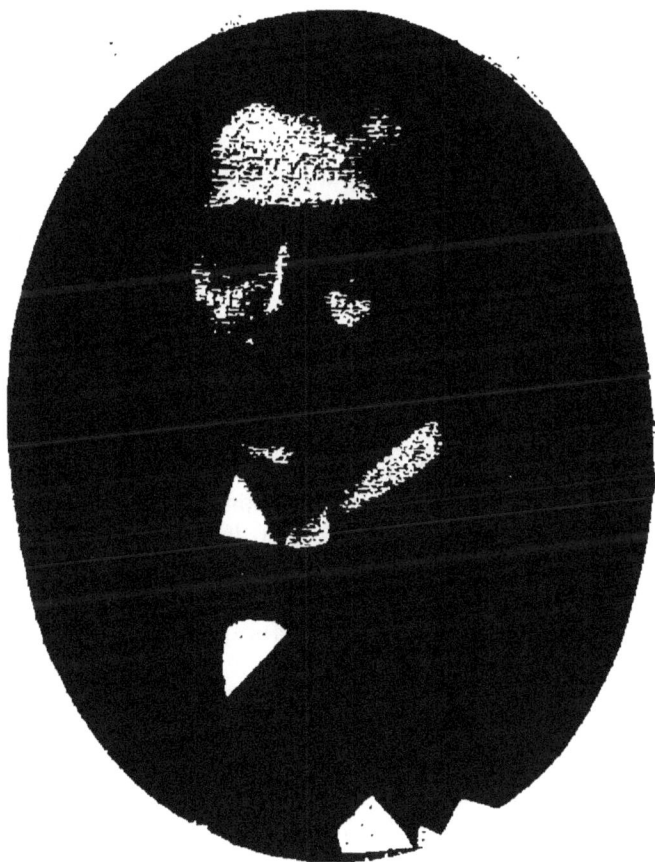

Cliché Pirou.

M. Émile Robert
Commissaire général adjoint de Belgique.

JAPON.

Notice concernant l'Empire du Japon

A l'Exposition Universelle de 1900

Le Japon, en portant son concours à l'Exposition Universelle de 1900, n'a eu d'autre pensée que de se représenter de la façon digne de l'entreprise glorieuse et de l'œuvre de civilisation dont la France a pris l'initiative.

Dès le début, M. Soné, notre Ministre de l'Agriculture et de Commerce et président de la Commission impériale pour l'Exposition Universelle de 1900, alors ministre plénipotentiaire à Paris, s'est préoccupé de la question pour instruire le gouvernement, qui a nommé une Commission spéciale d'organisation.

Du côté des exposants, l'enthousiasme fut tellement grand, que plus de trois mille demandes d'admission nous sont arrivées. Il fallut procéder à une première élimination et deux mille cinq cents noms furent gardés.

Les emplacements dans les classes furent demandés à l'administration française en proportion des demandes, mais quand ils nous furent distribués, leur surface était loin de ce que nous avions attendu. Il ne fallait pas songer à les augmenter. Tout était disposé. C'était à nous à nous tirer d'affaire.

Lorsque nous avons arrêté notre projet d'installations, l'insuffisance d'emplacements devint encore plus frappante.

Nous nous sommes alors décidés à diminuer de nouveau le nombre d'exposants. Nous avons fait grouper les produits de même nature en associations des exposants. Nous avons fait renoncer bien des participants ardents à prendre part, et nous sommes arrivés au nombre de dix-huit cents exposants.

De plus nous avons dû réduire la quantité de produits à être exposés.

Il en résultait à n'admettre que des échantillons ou des spécimens, dans plusieurs classes.

Aussi la quantité minime de certains produits envoyés par un exposant ou une association ne saurait-elle nullement amoindrir l'importance de sa participation.

L'exposition japonaise se divise en deux catégories bien distinctes.

L'exposition principale est celle des produits modernes qui se fait

M. Soné

Ministre de l'Agriculture et du Commerce, président de la Commission impériale du Japon.

d'après la classification officielle, dans les Palais du Champ de Mars, des Invalides, des Champs-Élysées et des quais.

La seconde, complémentaire, est l'exposition des arts rétrospectifs, organisée sur la demande expresse du gouvernement français désireux de voir, à Paris même, nos trésors artistiques qui, sans cette occasion, auraient pu rester longtemps encore inconnus.

A ce but nous avons construit, dans le jardin du Trocadéro, un bâtiment spécial du style de nos temples bouddhiques. On l'a baptisé le « Palais japonais ». Ce Palais n'a donc pas uniquement le but décoratif.

Les œuvres que renferme ce Palais sont tout ce qu'il y a de plus précieux à l'histoire de l'art. Elles proviennent des collections de la Maison impériale, des Musées, des temples et des grandes familles. Il a fallu une autorisation exceptionnelle pour les laisser sortir du pays.

En ce qui regarde l'Exposition moderne, le but que nous avons poursuivi était de montrer le Japon tel qu'il est en 1900 au point de vue des sciences, des arts et des industries. Nous avons écarté toute idée de prétention et de faux éclat.

Au Groupe I, Éducation et Enseignement, l'Exposition du Ministère de l'Instruction publique et des Institutions Scientifiques peut donner nettement une idée générale de l'état actuel de l'instruction au Japon.

Dans le Palais des Beaux-Arts aux Champs-Élysées, Groupe II, en dehors de la peinture sur soie de l'école proprement japonaise, nous exposons la peinture à l'huile de l'école européenne au Japon. Celle-ci n'est qu'un embryon

M. Hayashi
Commissaire général du Japon.

d'une nouvelle école qui se formera par la force du mouvement. Nous avons cru utile de signaler son existence en 1900 et nous espérons ainsi avoir le bon conseil des maîtres.

Au Groupe III, la Direction du Commerce fait un rapport sur l'état de l'industrie et du commerce, la Société de la Science Géographique fait dresser les cartes, et les exposants envoient les impressions et les photographies.

Nous avons cru sage de nous abstenir de nous montrer dans les Groupes IV, V et VI, Mécanique, Électricité et Génie Civil qui font la gloire de l'Europe et de l'Amérique. Toutefois le Ministère des Communications a cru intéressant d'envoyer les documents sur ses travaux. Il y a en outre quelques produits qui se rattachent par classification à ces Groupes, tels que les ciments, etc., qui forment aujourd'hui une grande industrie.

Dans le Groupe VII, Agriculture, nous exposons les principaux produits qui font notre richesse, accompagnés des statistiques et des cartes afin qu'on puisse se rendre compte de nos ressources.

Au Groupe VIII, les plantes et les fleurs seront exposées dans le Palais de l'Horticulture et dans le Jardin japonais du Trocadéro, les unes en permanence et les autres à l'époque de leur floraison. Notre Exposition d'Horticulture se terminera à l'automne par la variété de chrysanthèmes, dont une ayant des centaines de boutons sur un seul arbre.

Au Groupe XI, Forêts et Pêche, la Direction des Forêts, en dehors des collections de bois et des cartes topographiques, envoie un ouvrage de 88 planches en couleurs, reproduisant d'après nature les arbres originaires du Japon avec leurs feuilles, fruits, écorces et sections. La Direction des Produits aquatiques fait une illustration des procédés de la pêche du Japon, avec engins, instruments, produits et dessins, à côté des huiles, des colles, des fanons de baleines envoyés par les exposants.

Le Groupe X, Aliments, est abondant des produits farineux, des conserves de poissons et de légumes. On y verra aussi le Saké (vin de riz) et le Shôyu (sauce japonaise) qui commencent à être goûtés en Europe.

Dans le Groupe XI, Mines et Métallurgie, nous avons tout d'abord à montrer le cuivre, l'argent, le charbon, qui sont en grande exploitation. En dehors des échantillons de métaux envoyés par les exposants, la Direction des Mines et la Station Géologique ont formé les collections complètes de nos minerais, roches et pierres, appuyées par les statistiques et les cartes géologiques.

Dans le Groupe XII, Mobilier, qui renferme la céramique, nous avons près de 250 exposants. On y verra nos vases, nos paravents, nos étagères, nos tapis, nos nattes, nos stores.

NOTA. — Faute d'emplacement dans notre section du Palais des Invalides où se trouve ce groupe, nous avons transféré dans notre section de Tissus au Champ de Mars, les tentures, les rideaux, et les paravents en soie et en broderie, qui continuent tout de même à garder leur classification respective dans le Groupe XII.

Dans le Groupe XIII, Fils et Tissus, nous avons groupé toutes les branches de l'industrie textile au Japon, depuis le chanvre, la ramie et les soies grèges jusqu'aux brocards et tapisseries.

Le Groupe XIV, Industries Chimiques, est dominé principalement par le papier japonais de toutes sortes, mais les cuirs et autres produits ont autant d'intérêt.

Au Groupe XV, Industries diverses, nous avons 530 exposants qu'il fallait loger également dans notre Section des Invalides. Il y a là, la papeterie, l'orfèvrerie, les émaux, les cloisonnés, les bronzes, les incrustations, les ivoires et les laques qui sont la caractéristique de notre industrie.

Dans chaque branche d'industrie que nous représentons, il y en a toujours qui sont dignes d'attention. Mais je ne veux pas entrer ici dans ce détail, afin de les laisser librement apprécier par le Jury et par le Public.

LE COMMISSAIRE GÉNÉRAL DU JAPON.

Le Pavillon du Japon.

Notice concernant la Suisse

A l'Exposition Universelle de 1900

SON COMMERCE ET SES INDUSTRIES.

Renseignements généraux

La Suisse est située entre le 45° 49′ et le 47° 49′ de latitude nord, et entre le 3° 37′ et le 8° 9′ de longitude est du méridien de Paris.

Les villes principales sont à une distance de 4 à 500 kilomètres de Paris La Suisse est limitée au nord par l'empire d'Allemagne, à l'est par l'Autriche et la Principauté de Lichtenstein, au sud par l'Italie, à l'ouest par la France. Sa superficie totale est de 41.424 kilomètres carrés. Le 72 o/o de cette surface est formé de terrains susceptibles de cultures diverses, le 28 o/o, soit plus du quart, n'est pas cultivable. A l'Exposition Universelle, la Suisse occupe avec ses divers groupes environ 13.000 mètres carrés non compris les salles réservées aux Beaux-Arts ; les exposants suisses seront au nombre de 750 à peu près.

Institutions politiques

La Confédération Suisse est une fédération républicaine composée de 22 cantons et demi cantons qui sont les suivants : Zurich, Berne, Lucerne, Uri, Schwytz, Unterwald (le haut et le bas), Glaris, Zoug-Fribourg, Soleure, Bâle (ville et campagne), Schaffhouse, Appenzell (Rhodes Extérieures et Rhodes Intérieures), Saint-Gall, Grisons, Argovie, Thurgovie, Tessin, Vaud, Valais, Neuchâtel et Genève.

Le siège des pouvoirs fédéraux est à Berne; l'assemblée fédérale, composée du Conseil national et du Conseil des Etats, constitue le pouvoir législatif; elle nomme le Conseil fédéral composé de 7 membres qui forme le pouvoir exécutif, elle désigne au sein du Conseil fédéral le Président de la Confédération par ordre alternatif annuel; enfin le pou-

f

voir judiciaire fédéral est représenté par le Tribunal fédéral   siège
est à Lausanne, et par le Procureur général de la Con   ou.

Population

(Chiffres du recensement de   .) La population totale de la Suisse
était en 1888 de 2.917.75 habitants, en 1860 elle était de 2.510.404 ; ce
chiffre comprend environ 230.000 étrangers. Les principales villes de la
Suisse sont : Zurich (163.000 h.), Bâle (104.000), Genève (92.000),
Berne (56.000), Lausanne (45.000), Saint-Gall (36.000), Chaux-de-Fonds
(33.000).

Les trois langues officielles sont l'allemand, le français et l'italien.

Le 59 o/o de la population appartient à la religion protestante et le
41 o/o environ à la religion catholique.

Instruction publique

La Suisse comprend 3.617 communes scolaires qui possèdent
5.834 écoles du degré inférieur où l'*instruction primaire* est donnée. L'instruction primaire est obligatoire et gratuite. *L'enseignement secondaire*
est donné dans un très grand nombre de collèges ou gymnases, d'écoles
supérieures de jeunes filles et d'écoles spéciales ou professionnelles ; il
existe en outre un grand nombre d'établissements d'éducation qui ne
dépendent pas de l'État.

L'enseignement supérieur est donné dans les Universités de Zurich,
de Genève, de Berne, de Lausanne, de Bâle, de Fribourg et à l'Académie de Neuchatel. Zurich est en outre le siège de l'École polytechnique
fédérale.

La Confédération et les cantons n'ont pas exposé dans le Groupe
(Education et Enseignement) ; celui-ci compte des expositions de laboratoires universitaires, de particuliers ; la seule qui ait des attaches avec
l'Etat est celle de l'Ecole des arts industriels de Genève ; cette école
forme des ouvriers d'art par des cours théoriques et pratiques ; elle
expose au Groupe I une salle à manger exécutée entièrement par ses
élèves.

Beaux-Arts

La Confédération ne possède pas d'Ecole fédérale des Beaux-Arts ; elle
consacre toutes les années une certaine somme à l'achat d'œuvres d'art
ou à la décoration de palais gouvernementaux.

Au Palais des Beaux-Arts, la Suisse occupe trois salles pour ses
peintures, sculptures, gravures, architectures, etc. Ses exposants du
Groupe II sont au nombre de 140 ; les plus connus sont : Mlle Breslau,
MM. Burnand, Giron, Bieler, Hodler, Sandreuter, Schwab, etc.;
MM. Reymond de Broutelles expose la maquette d'un monument qui a été
érigé en 1898 à Lausanne.

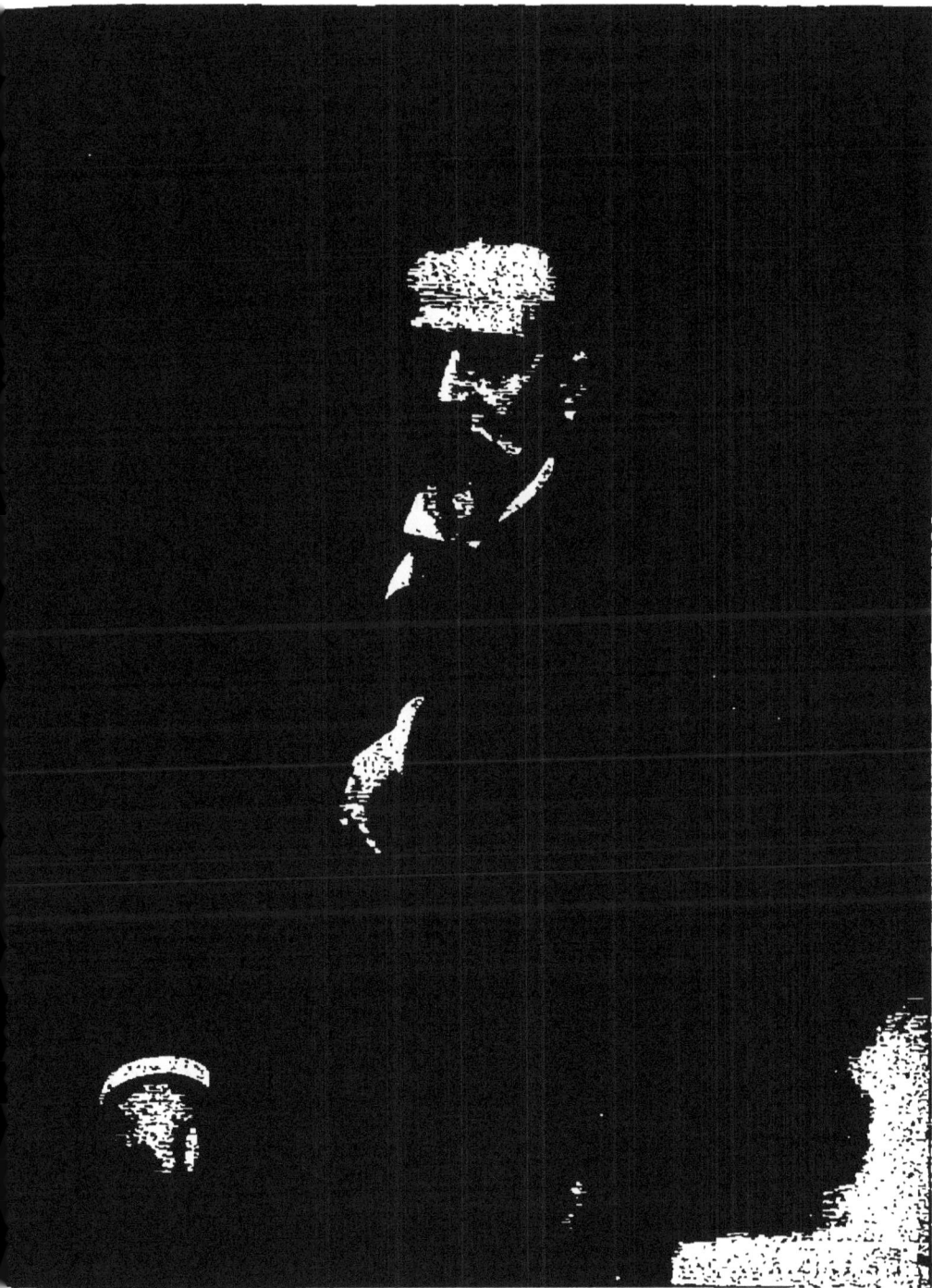

Cliché E. Pirou.

M. G. Ador
Commissaire général de la Suisse.

Industrie

Les deux principales industries de la Suisse sont l'industrie textile et l'industrie métallurgique, puis viennent les industries qui se rattachent soit à l'alimentation, soit à l'agriculture.

1° Les *industries textiles* comprennent en Suisse trois branches principales: l'industrie cotonnière (filature, tissage en blanc et en couleur teinture en blanc et impression), la broderie et l'industrie des soies (retordage, filature, tissus et rubans).

En 1898 l'industrie des cotons a importé pour 26 millions de francs de matières premières, et elle a exporté pour 17 millions de fils de coton et pour 29 millions de tissus de coton. Elle est peu représentée par des produits à l'Exposition de 1900 ou la Suisse envoie par contre dans le Groupe XIII un grand nombre des machines dont elle fait usage, telles que celles pour la filature et le retordage, des dévidoirs, trieuses machines à laver, à essorer, etc.

L'industrie de la broderie a exporté en 1898 pour 83 millions et demi de francs; son siège principal est dans les cantons de Saint-Gall et d'Appenzell. Elle expose d'une manière très brillante au premier étage du Palais du Groupe XIII où de grandes vitrines réunissent les principaux fabricants suisses. Au rez-de-chaussée de ce Palais se trouvent aussi des métiers à broder travaillant sous les yeux du public.

L'industrie des soies a importé en 1898 pour 121 millions de matières premières et elle a exporté pour 168 millions de produits fabriqués; on trouve au Groupe XIII soit des tissus, soit des spécimens des machines qui les ont produits. Les fabricants suisses de soieries ont organisé une exposition collective très importante.

2° L'*industrie métallurgique* comprend en Suisse la construction des machines, l'horlogerie, la bijouterie, les instruments de précision, les pièces à musique, etc., etc. Les produits de l'industrie métallurgique se rattachent à tous les Groupes industriels de l'Exposition de 1900 et rentrent dans l'un ou l'autre de ceux-ci.

La Suisse présente une exposition très complète des divers appareils qu'elle construit: on trouve aux Groupes IV et V des machines à vapeur, des dynamos, des turbines, des régulateurs, des pompes, des machines-outils, etc.: aux Groupes VII et X des machines agricoles, une grande machine à glace et d'autres appareils analogues; au Groupe VIII toutes les machines employées pour l'industrie textile.

Ne trouvant pas en Suisse le combustible nécessaire à ses usines, l'industrie suisse s'est attachée à tirer parti des forces naturelles produites par les cours d'eau; grâce aux progrès de l'électricité, ces énergies latentes et inutilisées jusqu'ici sont captées au moyen de puissantes turbines, soit dans le lit même des fleuves et des rivières, soit au fond des vallées escarpées où se trouvent les chutes d'eau; elles sont transformées en force motrice et envoyées par câble, souvent à de grandes distances, dans les usines et dans les centres industriels; dans certaines villes suisses on distribue actuellement la force motrice à domicile comme l'eau et le gaz.

Le Commissariat suisse a fait exécuter. grâce à l'habile collaboration de MM. les professeurs Prasil. Stodola et Wyssling, une exposition de ces stations centrales d'électricité; elle figurera au Salon d'honneur de l'électricité et consiste en plans, coupes. photographies, etc.

Dans l'annexe de Vincennes il y a une exposition intéressante de locomotives comprenant des locomotives à voie normale de très grandes dimensions et des locomotives à voie étroite pour les chemins de fer suisses de montagne, pour les tramways et pour les chemins de fer de l'Abyssinie.

Les principaux exposants de machines sont MM. Sulzer frères, Escher Wyss et C°. J.-J. Rieter, Mertz, Brown Boveri, les ateliers de construction d'Oerlikon. Bell. Burckhardt, etc.

L'*horlogerie* a exporté en 1898 pour 106 millions; ses principaux centres sont Genève, le canton de Neuchatel, quelques localités des cantons de Berne et de Vaud (Bienne, Saint-Imier, la vallée du lac de Joux, Sainte-Croix). L'exposition d'horlogerie au Groupe XV est la plus importante de celles auxquelles la Suisse participe; elle réunit une centaine de fabricants dans un salon décoré en style suisse où sont groupées les vitrines de cette classe, ainsi que celles de la bijouterie et de l'orfèvrerie.

Les instruments de précision, les pièces et boîtes à musique ou à automates méritent également une mention spéciale; tous deux figurent à l'exportation avec 3 millions. Chacune de ces industries a son salon spécial dans le Palais du Groupe III.

3° Les industries se rattachant à l'alimentation sont représentées en Suisse principalement par la fabrication des fromages, du lait condensé et de la farine lactée, des chocolats, des potages préparés, de la conserie, etc. Tous ces produits alimentaires sont exposés aux Groupes VII et X. à l'extrémité de l'ancienne galerie des machines; celle-ci a été décorée par une façade en bois dans le style des chalets suisses. Les produits alimentaires exposés sont mis en vente dans un chalet suisse qui s'élève au nord-est de la tour Eiffel et qui sert de bar de dégustation tout en représentant dans les jardins du Champ de Mars, l'architecture suisse et l'industrie des bois.

4° A côté de ces trois groupes d'industries on peut encore citer la fabrication des fils et tissus de laine. des pailles et du chanvre tressé, des produits chimiques, des couleurs d'aniline, des cuirs, puis celle des poteries et des articles en bois, notamment l'industrie des bois sculptés. Cette dernière figure dans le Palais de l'Esplanade des Invalides aux Groupes XII et XV; elle y expose un petit salon destiné au nouveau Palais fédéral à Berne.

Agriculture

La fortune immobilière totale de la population agricole est évaluée à 3 420 000 000 de francs dont 570 millions pour les bâtiments. Le rendement de la culture des céréales est évalué en moyenne à 3 millions de quintaux métriques, valant environ 70 millions de francs, et suffisant à peu près à la moitié de la consommation de la population indigène,

La vigne est cultivée principalement dans les cantons de Vaud, de Genève, du Valais, de Neuchâtel et du Tessin; il existe aussi de vignobles dans la Suisse septentrionale et orientale.

La production annuelle du lait est d'environ 15 millions d'hectolitres représentant environ 200 millions de francs; ce lait est employé soit par la consommation directe, soit par l'élevage, soit par la fabrication du fromage, du beurre et du lait condensé.

L'élevage du bétail est également une des branches importantes de l'agriculture suisse; la valeur totale des bestiaux existant en Suisse était évaluée en 1896 à 592 millions de francs. Les forêts couvrent 785 000 hectares, et sont évaluées à un capital de 1 440 000 000.

Au Groupe VII, Agriculture, la Suisse expose des moulins complets et en marche, des installations de fromageries, des outils agricoles, etc.

Commerce

Le commerce suisse est extrêmement actif, ses relations s'étendent sur le monde entier; sauf les Pays-Bas, aucun autre pays du globe ne présente un mouvement de marchandises proportionnel à sa population aussi considérable que celui de la Suisse; celle-ci doit tirer presque toutes ses matières premières de l'étranger et réexporte la majeure partie de ses produits fabriqués. Pendant les quatre dernières années évaluées par la statistique, le commerce spécial (les métaux précieux exceptés) s'est élevé aux sommes suivantes :

	1895	1896	1897	1898
	Francs	Francs	Francs	Francs
Importation.	915.856.000	993.859.000	1.031.220.000	1.065.305.000
Exportation.	663.360.000	688.096.000	693.173.000	723.826.000

Le commerce général, c'est-à-dire la totalité du mouvement des marchandises y compris le commerce d'entrepôt et de transit, se monte aux chiffres suivants :

	1895	1896	1897	1898
	Francs	Francs	Francs	Francs
Importation	1.309.224.000	1.439.077.000	1.496.618.000	1.558.676.000
Exportation	1.134.915.000	1.133.632.000	1.155.905.000	1.208.784.000

Armée

L'armée suisse est une armée de milices; le service militaire est obligatoire; tous les citoyens suisses y sont soumis de 20 à 44 ans. L'armée se compose de l'élite comprenant les hommes âgés de 20 à 32 ans. de la landwehr où passent jusqu'à 44 ans les soldats qui sortent de l'élite, et du landsturm comprenant les hommes de 17 à 50 ans non incorporés dans l'élite ou la landwehr. En 1899 l'état effectif de l'élite indiquait environ 150.000 hommes, celui de la landwehr 85.000 hommes et celui du landsturm 271.000 hommes.

La Suisse n'expose pas dans le Groupe XVIII.

Industrie des hôtels

La Suisse est très probablement le pays du monde le plus visité par les voyageurs et touristes. Les hôtels sont au nombre d'environ 5.000, une bonne partie d'entre eux ne sont ouverts qu'en été, d'autres sont fréquentés surtout en hiver; on en trouve jusqu'à une altitude de 2.000 mètres et plus. Le mouvement des étrangers oscille actuellement entre 2 et 3 millions de voyageurs, c'est en juillet et en août qu'il est le plus actif. Diverses stations climatériques suisses, notamment celles du canton des Grisons. de Montreux et de Leysin, exposent dans la Classe 111 (hygiène) des vues et des plans de leurs établissements.

Moyens de communication

La Suisse possède un réseau de routes soigneusement entretenues qui ont une importance particulière dans les cols non encore traversés par des chemins de fer. On peut citer parmi les plus connues celles qui franchissent le Brünig, le Grimsel, la Furca, le Simplon, le Gothard, le Splugen, le Bernardin, la Bernina, etc. Le Saint-Gothard est percé depuis 1882 par un tunnel, le Brunig est franchi par une voie ferrée, on travaille activement au percement du Simplon; l'entreprise de ce tunnel montre au Groupe VI une exposition très intéressante de la nature des roches et des perforatrices en activité.

Les chemins de fer suisses sont des entreprises privées concessionnées par la Confédération: celle-ci a fait usage du droit de rachat qu'elle s'était réservé et les lignes à voie normale passeront entre ses mains en 1903. En 1897 la longueur totale des lignes suisses de chemins de fer était de 3,824 kilomètres, occupant un personnel d'environ 27,000 employés et ayant transporté 53 millions de voyageurs avec 13 millions de tonnes de marchandises. Les locomotives suisses se trouvent à l'annexe de Vincennes ; on remarque particulièrement celles destinées aux chemin de fer de montagne.

La navigation est très active sur les lacs suisses qui sont sillonné par un grand nombre de bateaux à vapeur servant au transport de voyageurs ; on y voit en outre une foule de petites embarcations e plaisance à vapeur, à voile et à rames, tandis que de grandes barque font le transport des marchandises.

L'exploitation des postes, télégraphe et téléphone, est un droit réga lien de la confédération ; en 1898 il y avait en Suisse 3.485 bureaux d poste. 2.039 bureaux de télégraphe et 35.536 stations téléphonique

Divers

Poids et mesures, Monnaie

La Suisse a adopté entièrement le système métrique. Au point de vue monétaire, elle fait partie de l'Union latine qui comprend avec elle la France, l'Italie. la Belgique et la Grèce.

Banques

La Confédération suisse ne possède pas de Banque d'Etat ; une loi fédérale réglemente l'émission des billets de banque, dont le remboursement est garanti par une encaisse métallique. Ces billets sont émi par des banques cantonales ou par des banques privées.

La surveillance des *Sociétés d'assurances* appartient à la Confédération, qui a promulgué en 1885 une loi sur cette matière. En 1897, il y avait en Suisse 33 Compagnies d'assurances sur la vie. suisses ou étrangères, autorisées à opérer en Suisse, 18 sociétés d'assurance contre les incendies et 13 sociétés d'assurances contre les accident

Une loi fédérale du 23 décembre 1886 a institué le *monopole de l'alcool*. La Confédération. en prenant cette industrie en main, a eu pour but de lutter contre l'alcoolisme et de protéger l'agriculture.

Les bénéfices de ce monopole se répartissent entre les cantons à titre de compensation de la suppression des octrois.

ÉQUATEUR

Notice concernant la République de l'Équateur

A l'Exposition Universelle de 1900

Le Gouvernement de la République de l'Equateur s'est empressé d'accepter l'invitation du Gouvernement de la République française à prendre part à la grande Exposition Universelle de 1900, et, dans ce but, 150.000 francs ont été votés pour la construction d'un pavillon démontable qui devra être transporté à Guayaquil où il servira de bibliothèque municipale.

Le Pavillon de l'Equateur occupe, à l'Exposition, au pied de la Tour Eiffel, une superficie de 150 mètres carrés dont la façade principale regarde la Seine. La construction, de style Louis XV, comporte deux étages surmontés d'une terrasse. A droite se trouve une tour terminée par une coupole dominant tout l'édifice. Au-dessus de la porte d'entrée en fer forgé, on voit un grand vitrail artistique qui contient une figure et un paysage allégoriques avec les armes de la République de l'Equateur. Ce vitrail est signé : H. Laumonnerie. De chaque côté, dans des niches aménagées à cet effet, ont été placés les bustes en bronze de deux génies des lettres équatoriennes : l'immortel poète Olmedo, champion de l'Indépendance de l'Equateur, dont il fut le premier législateur, et Montalvo, le plus grand des prosateurs de l'Amérique du Sud. Ces bustes sont l'œuvre de M. Firmin Michelet, ainsi que celui du général Alfaro. Président de la République de l'Equateur.

La construction se compose d'une charpente en fer et de murs en sciure de bois agglomérée recouverte de ciment poli qui lui donne l'aspect du marbre. Les sculptures extérieures sont exécutées par M. Henri Gayot. La hauteur de l'édifice est de 12 mètres : la tour en a 20. La lumière pénètre à flots dans l'édifice par sept larges baies et par un plafond vitré. Il y a une galerie centrale.

Le Pavillon est garni, à l'intérieur, de grandes vitrines et de meubles Louis XV rappelant son style extérieur.

A l'ombre de belles plantes tropicales, prennent place les principaux produits du riche sol de l'Equateur, ainsi qu'un certain nombre d'échantillons de ses industries. Parmi les premiers il faut citer : le cacao, le café, le caoutchouc, les céréales de l'intérieur, les plantes, racines et écorces médicinales, les quinquinas de Loja, les salsepareilles, coca, etc., le tabac d'Esmeraldas, le corozo ou ivoire végétal, les collections de minéraux de toute nature et les merveilleux bois de construction et d'ébénisterie dont la variété est incalculable et la qualité inappréciable, etc., etc. Parmi les seconds nous attirerons l'attention sur les tissus de fil, laine et coton, les tissus de fibres végétales, les confections, les dentelles et broderies renommées des femmes de l'Equateur, les jolis tapis, les commodes hamacs en fibres de palmier, les fameux chapeaux de *Jipijapa*, — injustement appelés chapeaux de Panama, finement tressés avec la fibre d'un palmier « toquilla », les harnachements et selles, de cuirs tannés; les ravissants petits oiseaux naturalisés au plumage étincelant ; les poteries, les jouets en corozo, la vannerie, les bois sculptés,

M. le Docteur Victor M. Rendon
Commissaire général de l'Equateur.

les bijoux, les meubles incrustés, les cigares et les cigarettes aussi appréciés que ceux de la Havane ; les fécules, farines, amidons, etc., etc. Dans les classes de l'alimentation : les pâtes, telles que vermicelle, maïcéna, etc., les biscuits secs, le chocolat, les liqueurs, élixirs et apéritifs, l'alcool, l'eau-de-vie de canne, la bière, le sucre des grandes sucreries du littoral. Nous mentionnerons encore les antiquités en or, argent, pierre, écorce, terre et bois ; les objets appartenant à la race aborigène, les peintures à l'huile, les aquarelles, lithographies, typographies, impressions, reliures, les préparations pharmaceutiques, les photographies et vues de l'Equateur, etc., etc.

Dans le hall du rez-de-chaussée se trouve installé un bar dont la concession a été accordée pour permettre d'y déguster le cacao de l'Équateur sous forme de chocolat, et son café.

Les plans du Pavillon sont dus à M. Jean-Baptiste Billa, Chilien. mais architecte français, qui habite la France depuis son jeune âge. C'est lui qui a dirigé l'exécution de l'édifice.

Le commissaire général de l'Équateur est M. le Dr Victor M. Rendon, ancien secrétaire de légation et consul général de la même république à Paris qu'il habite depuis longtemps. M. Julien Aspiazu a été nommé commissaire suppléant. Le secrétaire général du commissariat est M. Enrique Dorn y de Alsua, ancien consul de l'Équateur et secrétaire de la légation en France, chevalier de la Légion d'honneur. M. Miguel A. Carbo, actuellement consul général de l'Équateur à Paris, remplit les fonctions d'attaché-rapporteur.

L'Équateur a donné gracieusement l'hospitalité dans son pavillon à quelques exposants de l'Amérique centrale représentés par M. Crisanto Medina, ministre plénipotentiaire et commissaire général du Nicaragua.

L'Équateur a presque toujours pris part aux grandes expositions d'Europe et d'Amérique. Pour ne parler que des plus récentes, il a figuré à l'Exposition Universelle de 1889, à l'exposition du centenaire de Colomb. Madrid 1892, et à l'exposition de Chicago de 1894.

En 1889, la participation de l'Équateur eut lieu avec l'appui du gouvernement, mais avec les sommes données par les grands commerçants de Guayaquil. Le nombre des exposants fut de 46, dont 38 obtinrent 71 récompenses : 2 grands Prix, 5 médailles d'or, 24 médailles d'argent, 15 médailles de bronze et 25 mentions honorables. Un tel succès était dû autant à la qualité des objets exposés qu'aux sympathies que le commissaire général, M. Clemente Ballen. avait su conquérir en France dans l'exercice de ses fonctions de consul.

Le gouvernement de l'Équateur n'a pas épargné d'efforts aujourd'hui pour resserrer une fois de plus ses excellentes relations avec la France en donnant tout l'éclat possible à sa participation à l'Exposition Universelle de 1900. Le congrès réuni à Quito en 1899 s'est empressé de seconder les vues du président. le général Eloy Alfaro, et de voter le crédit demandé à ce sujet. Par les soins de M. J. Peralta, ministre des affaires étrangères, un comité central d'organisation pour. l'Exposition de 1900 a été créé à Quito sous la présidence de M. Carlos R. Tobar, directeur de l'Académie Equatorienne. Des sous-comités ont fonctionné dans les chefs-lieux des provinces. Une exposition préparatoire a eu lieu à Guayaquil en novembre 1899, à l'occasion du 25e anniversaire de la fondation de la Société Philanthropique. L'activité du gouvernement et l'enthousiasme des comités. ainsi que celui des nationaux poussés par leurs sympathies envers la France autant que

par leur patriotisme, ont permis de faire inscrire au catalogue génér
officiel 748 certificats d'admission répartis entre 70 classes, parr
lesquelles les classes 31, 39, 50, 52, 54, 59, 61, 62, 63, 80, 81, 82, 84, 8;
86, 91 et 99 présentent le plus vif intérêt. Un aussi grand nombre d'a
posants n'avait jamais été atteint encore dans les Expositions Interna
tionales précédentes.

Le gouvernement a donné l'ordre de faire frapper des médailles et d
faire graver des diplômes commémoratifs qui seront distribués à la fi
de l'Exposition.

L'Équateur sera représenté à la plupart des congrès qui se réuniron
à Paris en 1900.

Pavillon de l'Équateur.

Notice concernant le Pavillon Royal de la Serbie

A l'Exposition Universelle de 1900

Le Pavillon de la Serbie, au débouché du pont de l'Alma, ouvre sur le quai d'Orsay la série féerique des sections étrangères établies, sur une plate-forme à cinq mètres au-dessus de la voie du chemin de fer, comme une ville de rêves.

Isolé des autres Palais il est en communication, par un escalier à quadruple volée longeant son flanc gauche, avec la berge de la rive gauche et, par la passerelle métallique établie en amont du pont de l'Alma, avec le Cours-la-Reine sur la rive droite de la Seine.

La Serbie, fière de son développement économique, a tenu à se présenter dignement à cette grande et pacifique revue des nations : son Pavillon est inspiré des anciens sanctuaires tels que les couvents de Studenitza, de Jitza, de Gratchanitza et Kalenitz établis selon les antiques traditions du rite Grec.

Le plan, en forme de croix grecque, avec quatre piliers intérieurs,

Cliché Adèle.

S. M. le Roi Alexandre de Serbie

supporte entre des berceaux latéraux, un haut lanternon central contourné, en ses diagonales, de quatre coupoles basses appuyées sur des pendentifs.

Les façades sont éclairées par de larges baies demi-circulaires pratiquées au droit de la pénétration des berceaux et n'ont pour décora-

Le Pavillon royal de Serbie.

tion que des formerets ménagés sous les coupoles d'angles, ornés en leur refouillement de motifs empruntés à l'art Serbo-Byzantin, notamment au couvent de Kalenitz.

Cet ensemble austère est tempéré par l'adjonction, du côté de la façade principale, d'un très beau portique auquel on aboutit par un large emmarchement : à chacun des deux angles se trouve un kiosque fermé par des menuiseries vitrées.

Le kiosque de gauche est destiné à la fabrication des petites industries nationales. Il se dégage, par un escalier, sur une terrasse de plein pied avec le sol de l'avancée du pont de l'Alma.

Celui de droite, prolongé d'une annexe en charpente et menuiserie vitrées, renfermera un musée Ethnographique Serbe.

A la sortie du Musée une terrasse pourtournant le Palais, conduit à une légère Loggia qui abrite la sortie principale.

La grande salle du Pavillon, dont les kiosques ne sont que les annexes, est divisée en huit sections : la minéralogie, l'agriculture, l'instruction publique, les travaux de l'École militaire de Kragouévatz, l'industrie domestique, les costumes et broderies, les vins et les tabacs.

La Commission chargée à Belgrade de la préparation de l'Exposition Serbe a été composée des personnages les plus éminents : anciens ministres, membres du Conseil d'État, professeurs à l'école des Hautes Études, avocats, chefs de sections au ministère du Commerce.

Le Commissariat général de Serbie près l'Exposition a pris toutes ses dispositions en vue d'une installation pittoresque des produits et objets qui ont été groupés par la Commission royale : céréales, tabacs, vins et alcools, bois et métaux, minéraux d'or, de zinc et de plomb argentifère, produits mécaniques et travaux de l'École militaire, orfèvrerie, cartographie, meubles de style et mobilier rustique, tapis et broderies se présenteront à leur place rationnelle et attireront l'attention du public.

La surface occupée par les constructions, dont les plans ont été élaborés par M. Kapetanovitch, professeur d'architecture à l'École des Hautes Études de Belgrade, mesure 550 mètres carrés : les travaux ont été exécutés sous la direction de l'éminent architecte M. A. Baudry (qui a ajouté aux plans primitifs des décorations du plus gracieux effet) par les soins de la Compagnie française du Métal Déployé.

M. Tedeschi
Secrétaire général de Serbie.

Notice sur la section des Etats=Unis

A l'Exposition Universelle de 1900

Lorsque la République française fit transmettre à sa République sœur par delà les mers une invitation sollicitant son concours à l'Exposition internationale universelle qui devait être organisée à Paris en 1900, le peuple des États-Unis reçut et accepta la convocation avec la plus cordiale satisfaction. L'époque à laquelle sera célébrée cette solennisation est la limite la plus récente dans notre histoire ; car elle constitue le point de démarcation entre le siècle expirant, tout lumineux par les grands événements qui l'ont distingué, et le siècle naissant, plus attrayant encore par les merveilles qu'il nous promet. La nation qui s'est chargée de cette entreprise est, entre toutes, la nation la mieux douée par son génie, sa versatilité et son savoir-faire, pour mener l'affaire à un résultat triomphant. C'est l'omphalos de l'univers.

Pour le peuple des États-Unis, cette invitation constituait en même temps un défi. En effet, peu d'années auparavant seulement, sur la rive la plus écartée d'une mer intérieure lointaine, dont les sables avaient à peine perdu la trace des cerfs ou l'empreinte du mocassin, où les brises étaient encore chargées des parfums aromatiques du pin, du cèdre et du sapin, ce peuple avait conçu une Exposition grandiose dans ses contours et parfaite dans l'execution de ses détails, et qui surgit dans ce pays eloigné comme une exhalation, revelant à la fois la force des montagnes, l'ampleur d'un horizon de soleil couchant et le repos de la vraie grandeur teintée des reflets d'une aube naissante ou du vif éclat de l'aurore dans un ciel septentrional. Les Français ont contribué dignement et généreusement au succès de l'Exposition de cette cité Blanche, tant comme individuels que comme nation. Leur concours inestimable a été reçu cordialement par les Américains, qui leur en garderont toujours un souvenir bienveillant. Or donc, lorsque, poussée par un sentiment de rivalité non moins débonnaire que celui que montrèrent ses pères à nos pères lors de l'entrevue du camp du Drap d'Or, la France dit au peuple des États-Unis : « Venez, traversez l'Océan et laissez-nous vous montrer comment nous organisons une Exposition », les citoyens de l'Amérique ne pouvaient qu'agréer.

Mais ce n'est pas tout. Sans tenir compte de la ferme croyance qui règne dans l'esprit de la jeunesse instruite de l'Amérique que Paris et paradis ne diffèrent que dans l'orthographe et non en réalité, nul ne peut s'empêcher de constater le grand sentiment d'amitié qui entraine notre peuple vers celui de la France. Ce sentiment se trouve mêlé à toutes les traditions de la nation et se perpétue par l'instruction donnée même dans les écoles élémentaires. Tout écolier est au courant de l'assistance que nous prêta le roi de France au moment de la crise de nos efforts révolutionnaires; il connait les faits qu'ont illustrés La Fayette, de Grasse et Rochambeau, et l'histoire de la victoire de Yorktown. Il sait aussi que plus de la moitié du grand domaine continental des États-Unis était jadis française et connue sous le nom de Louisiane. Partout, sur les cartes des États-Unis, il rencontre des noms français d'explorateurs, de missionnaires, tels que Champlain et La Salle, Marquette et Hennequin, puis, plus loin, Illinois, Détroit, Saint-Louis et la Nouvelle-Orléans. Les enfants des États-Unis érigeront dans les jardins du Louvre, au cœur même de Paris, un monument commémoratif de leur grande affection pour la France, sous forme d'une statue qui devra immortaliser le nom bien-aimé de La Fayette.

En dehors de toutes les considérations que nous venons de proposer, il est certain que tout homme d'affaires d'esprit a reconnu que le moment était venu où les États-Unis de l'Amérique devaient s'appliquer à occuper le rang qui leur est dû entre les autres nations, à toutes les assemblées internationales. Que les sujets de dissertation de ces Congrès traitent des méthodes pratiques à appliquer en temps de guerre ou des moyens à employer pour assurer la paix, qu'ils se rapportent à des discussions scientifiques ou sociales ayant trait soit à l'éducation, soit au commerce, peu importe ; car les éléments constitutifs d'une grande puissance nationale se trouvent si amplement représentés aux États-Unis, aussi bien en raison de l'étendue du pays, du nombre de ses habitants, des richesses accumulées et du pouvoir d'accumulation que par l'intelligence de son peuple, son adresse, son énergie, son esprit d'hostilité et sa grande habileté productive et commerciale, que c'est un devoir qui s'impose à cette jeune

William Mc Kinley,

Président de la République des États-Unis.

nation que de proclamer le rang qu'elle doit occuper parmi les autres puissances, prendre part aux congrès internationaux et imposer sa voix dans toutes les délibérations qui peuvent concerner le bien-être du monde. Pendant plus d'un siècle l'attention des États-Unis s'est portée exclusivement sur la gestion des propres affaires du pays, mais, aujourd'hui, tout en maintenant cette attitude, la nation ne devra pas oublier que ses affaires sont intimement liées aux questions qui agitent une humanité commune.

Mais les responsabilités et les devoirs sont inséparables. Ce n'était pas seulement un privilège d'accepter l'invitation de la France à prendre part à l'Exposition de 1900, et ce n'était pas non plus simplement dans le but d'accepter le défi honorable d'un digne concurrent, ni même uniquement pour donner satisfaction aux sentiments bienveillants que portait son peuple aux Français, mais c'est aussi en réponse à une grande obligation internationale, reconnue de tous et hautement appréciée par le peuple américain, que la nation, répondant à l'invitation de la France par l'intermédiaire de ses représentants réunis en Congrès, s'est décidée à occuper la place qui lui était propre à l'Exposition de 1900.

« Nous venons, le cœur plein et les mains pleines », telle fut la réponse qui fut rendue aux avances des Français.

Des investigations préliminaires furent entreprises et un rapport dressé par le major Moses P. Handy, commissaire spécial, dont la mort, vivement regrettée de tous, survint peu après. Sa mission, à la fois difficile et délicate, était de transmettre aux autorités françaises la réponse des États-Unis à l'invitation qui leur était faite, et de présenter un rapport sur les conditions qu'imposaient les décrets au Congrès. Le Congrès, réuni le 1er juillet 1898, vota un décret autorisant la participation nationale à l'Exposition, ainsi que la nomination d'un commissaire général et d'autres délégués et l'appropriation des fonds nécessaires à la bonne exécution de ses décrets.

En conséquence de cette autorisation, le Président nomma M. Ferdinand W. Peck, de Chicago, commissaire général, M. B. D Woodward, de l'Université de Columbia, New-York, commissaire général adjoint, et M. Frederick Brackett, du Ministère des Finances à Washington, secrétaire. De plus, dans l'organisation développée plus tard, deux directions principales ont été créées, l'une pour les Expositions ayant à sa tête M. Frederick J.-V. Skiff, du Field Columbian Museum de Chicago, en qualité de directeur en chef des Expositions, et l'autre, le bureau des affaires à la tête duquel a été placé M. Paul Blackmar, également de Chicago, comme directeur des affaires. La classification arrêtée par les autorités françaises a donné lieu à la subdivision des Expositions en dix-huit groupes, lesquels, pour des raisons d'économie et de plus grande efficacité, ont été répartis entre dix fonctionnaires principaux, nommés directeurs. Dans certains cas, il se trouve que deux et même trois groupes ont été placés sous la gestion d'un seul directeur. Les bureaux résultant de cette répartition sont indiqués ci-dessous :

Bureaux :	Directeurs :
Éducation et économie sociale,	Howard J. ROGERS.
Beaux-arts,	John B. CAULDWELL.
Arts libéraux et industries chimiques,	A. S. CAPEHART.
Machines et électricité,	Frances E. DRAKE.
Transports, armées de terre et de mer,	Willard A. SMITH.
Agriculture, horticulture, aliments,	Charles Richard DODGE.
Forêts, pêche,	Tarleton H. BEAN.
Mines et métallurgie,	Frederick J. V. SKIFF.
Industries textiles,	John H. Mc GIBBONS.
Ameublements et industries diverses,	M. H. HULBERT.
Jury et Congrès,	James H. GORE.

Les bureaux ont été organisés : à Chicago, à l'Auditorium ; à New-York dans l' « Equitable Building » ; à Washington, dans le bâtiment du ministère de l'agriculture ; enfin, à Paris, 20, avenue Rapp.

Des négociations pour l'allocation d'emplacements ont été immédiatement engagées avec les autorités françaises qui, après certaines discussions, entraînant le plus haut talent diplomatique des deux pays, ont fini par accorder aux États-Unis, un espace aussi grand que le permettaient les conditions restreintes.

La superficie totale assignée aux sections des États-Unis couvre une surface de 31,474 mètres carrés, y compris les allées et les contre-allées.

En février 1900, le Président des États-Unis nomma les dix-huit commissaires désignés dans la liste suivante :

Commissaires des Etats-Unis :
Nommés par le Président.

Mme Potter PALMER (Illinois).
James ALLISON (Kansas).
Brutus J. CLAY (Kentucky).
Charles A. COLLIER (Georgie).
Michael H. DE YOUNG (Californie).
William L. ELKINS (Pensylvanie).
Ogden H. FETHERS (Wisconsin).
Peter JANSEN (Nebraska).
Calvin MANNING (Iowa).

Franklin MURPHY (New Jersey).
Henry A. PARR (Maryland).
Henry H. PUTNEY (New Hampshire).
Alvin H. SANDERS (Illinois).
Louis STERN (New-York).
William G. THOMPSON (Michigan).
William M. THORNTON (Virginie).
Arthur E. VALOIS (New-York).
Thomas F. WALSH (Colorado).

Un pavillon national mesurant 813 mètres de surface et 51^m,50 de hauteur a été construit au quai d'Orsay, dans un style pleinement digne de la noblesse et de la position de la nation qu'il doit représenter. D'autres bâtiments ont été érigés au quai d'Orsay, sur l'Esplanade des Invalides, sur l'avenue de Suffren et à Vincennes, selon qu'on en a vu la nécessité. De plus, plusieurs constructions ont été élevées à Vincennes par divers exposants américains.

Les emplacements réservés aux expositions, soit par les allocations dans les grands palais de l'Exposition, soit dans les édifices construits à cet effet, ont été remplis de matériel trié avec le soin qui s'imposait par suite de l'espace relativement restreint des surfaces concédées. Les expositions sont parfaitement caractéristiques de leurs diverses classes. D'après le catalogue ci-joint, le nombre total d'exposants de la section américaine présentant des expositions distinctes s'élève à 6,563. Si les participants aux expositions collectives étaient compris dans cette évaluation, le nombre total d'exposants dépasserait de beaucoup 7,000. On n'a pas encore réussi à déterminer le nombre exact des expositions distinctes présentées, puisque cette évaluation dépendrait beaucoup de la signification donnée au terme exposition. D'après les calculations conservatrices, le nombre d'expositions varierait entre 25,000 et 30,000.

Nous croyons fermement que nul citoyen des États-Unis n'éprouvera le moindre sentiment de désenchantement après avoir visité les expositions présentées par son pays. Sans nul doute une forte proportion des objets exposés méritera l'appréciation des autorités chargees de déterminer les mérites relatifs et comparatifs des expositions. Le commissaire général est tout confiant que les sections américaines présenteront une bonne part des expositions qui se distingueront par leur excellence et justifieront le progrès de la science et de l'invention. Il est néanmoins évident que les grands trésors de la production d'un pays, ceux qui contribuent le plus à sa gloire et l'élèvent parmi les autres nations, sont ceux qui ne se prêtent pas à être enchâssés dans les pavillons d'une exposition, à être étiquetés, numérotés et inscrits dans son catalogue. Quelques-uns de ces trésors sont visibles et tangibles, tels les trains et les voies et ponts de chemins de fer; tels les édifices en acier dont la cime atteint les nuages; tels les canaux de drainage de Chicago, le télescope Yerkes; telles les forêts et les plaines; tels les vastes champs de blé bordes par l'horizon; telles les plantations de coton d'un blanc d'ivoire sous les froids rayons de la lune; telles les immenses étendues ininterrompues couvertes de mais au doux bruissement et qu'un train volant côtoie pendant une heure; tels les profonds ravins et les cascades rugissantes; telles, enfin, les hauteurs écrasantes de ses pics neigeux.

L'exposition la plus importante que présente aujourd'hui la nation

Ferdinand W. Peck,
Commissaire général de la République des États-Unis.

américaine aux yeux de l'univers, c'est elle-même, c'est son peuple, avec ses institutions et les résultats qu'elle a obtenus. Cent vingt-quatre années se sont écoulées depuis le jour où treize colonies anglaises en Amérique déclarèrent leur indépendance; cent dix-sept années depuis le jour où la nation mère reconnut cette indépendance. Les ans qui se sont succédé entre ces événements et le commencement du XIXᵉ siècle ont été remplis d'efforts et riches en résultats qu'il ne faut pas estimer légèrement sans doute ; cependant, il n'en demeure pas moins vrai que les États-Unis, que nous contemplons à la fin du XIXᵉ siècle, se sont développés pour la plupart dans le courant de ces cent dernières années. Par voie de l'Exposition de 1900, il ne serait donc pas mal à propos de présenter avec la brièveté qu'impose la situation une Exposition rétrospective des États-Unis de l'Amérique.

En 1801, les États-Unis ne constituaient encore qu'un pays admis depuis peu de temps dans la grande famille des nations et à peine parvenu à sa majorité. Son héritage était plutôt en *posse* qu'en *esse*. Son capital, comme la richesse de bien des jeunes gens, consistait pour la plus grande partie en jeunesse, en vigueur, en espoir et en liberté. A son actif, une forêt vierge, traversée par-ci par-là d'un cours d'eau ou d'un sillage et peuplée par des tribus sauvages et hostiles. Une bande de territoire colonisée et cultivée s'avançait de l'intérieur du pays vers la mer sur une distance de 100 à 300 milles et longeait la côte sur une longueur de 1,000 milles. Quatre millions d'habitants environ étaient disséminés dans cette région ; c'étaient pour la plupart des fermiers luttant hardiment avec un sol bien rude pour se procurer une maigre subsistance. Peu de manufactures encore dans ces jours-là : les fermiers se voyaient forcés de pourvoir eux-mêmes à tous leurs besoins par les métiers les plus variés. On a même vu en un jour tondre le mouton dès l'aube, faire passer la laine par les différents procédés de filage, de tissage et de teinture, et, pour terminer l'exploit, découper, coudre et compléter, avant la fin de la même journée, un vêtement avec le drap ainsi obtenu.

Les villes étaient peu nombreuses : citons Philadelphie et New-York au centre, Boston dans le nord et Charleston au sud. Philadelphie, la ville la plus importante entre toutes, comptait à peine 81.000 âmes. Les distances étaient grandes et les voyages difficiles. Il fallait compter huit à quinze jours, selon la saison ou l'état des chemins pour faire en voiture le trajet de Boston à New-York. Le maître des postes portait lui-même le courrier dans une chaise à un cheval et mettait environ huit jours pour effectuer le service de Washington à New-York.

Les titres établissant les droits que les diverses colonies avaient sur les territoires qu'elles apportaient pour leur part aux États-Unis étaient généralement bien vaguement définis et souvent contradictoires. Dans certains cas, les claims s'étendaient ostensiblement jusqu'à l'océan Pacifique. Une fois le conflit avec la mère patrie réglé, les États-Unis se trouvèrent possesseurs d'un vaste pays bordé au nord en partie par les grands lacs et le Saint-Laurent, à l'est par l'Océan, au sud par les possessions espagnoles des Florides et à l'ouest par le Mississipi. Ce territoire mesurait 2,098,000 kilomètres carrés de superficie.

La première moitié du siècle surtout fut marquée, pour le nouveau pays, par une période d'expansion. Les Florides furent cédées par l'Espagne et la Louisiane achetée à la France; cette dernière comprenait tout le pays situé entre les bouches du Mississipi et de la Sabine sur la côte du golfe; elle s'avançait au nord le long du grand fleuve jusqu'au Canada et comprenait tout le territoire entre le Canada et le Mexique, s'étendant vers l'ouest jusqu'à la grande chaîne des montagnes rocheuses que l'on appelle aujourd'hui la Sierra-Névada. A l'ouest de cette chaîne de montagnes et au nord se trouvait l'Orégon qui fut réclamé à titre de découverte; au sud, la Californie, le pays aride du grand plateau central, et, à l'est, le Texas furent obtenus du Mexique grâce à une certaine combinaison d'influences dont la révolution, la conquête et l'achat formèrent les bases les plus ostensibles. Sans essayer de donner une énumeration exacte des limites et des frontières des Etats-Unis, il convient de faire remarquer ici qu'ils couvrent aujourd'hui une large bande de territoire qui traverse le continent de l'Amerique du Nord de part en part et mesure environ 3,000 milles d'un océan à l'autre et 1.200 milles du nord au sud. La superficie totale de sa masse centrale continentale couvre non loin de 9 millions de kilomètres carrés, sans compter les pays excentriques, l'Alaska et ses dépendances, les îles d'Hawaï et de Porto-Rico et les conquêtes récentes aux Philippines. Le territoire acquis par les Etats-Unis pendant la première moitié du XIXe siècle égale à peu près le double de l'étendue de pays occupée au début de cette même période.

Cependant cet agrandissement du territoire, tout en étant un élément nécessaire au développement subséquent du pays, n'est qu'un fait de moindre importance dans l'histoire du progrès atteint dans le courant du siècle. Une grande immigration de peuples, commencée à peu près avec le XIXe siècle, se perpétuant comme un flux sans cesse grandissant et qui, même aujourd'hui, ne laisse pas entrevoir de possibilités d'abaissement, a distribué des millions d'habitants par toute cette vaste contrée. Son mouvement a pris naissance dans les États limitrophes de l'est, et bientôt on vit des traînées d'émi-

grants venir s'y déverser de tous les différents pays de l'Europe. I
y venaient pour trouver la liberté, un sol fertile ou des richesses e
métaux précieux ; ils s'y rendaient pour rejoindre des amis ; ils s'aver
turaient pour échapper aux exigences imposées sur leur person;
par le service militaire obligatoire, ou sur leurs biens par de lour;
impôts ; ils accouraient dans l'espoir de secouer le joug accablar
de constitutions oppressives et se faire une position là où ils seraie;
libres de penser et de parler selon leurs convictions. Ce flot d'ém;
grants dégorgea sur les hauteurs de l'est, puis se répandit sur[
grand plateau central jusqu'au moment où il vint se heurter à la fo
midable chaîne de montagnes du continent américain. Mais rie
n'arrêta son courant débordant qui s'avança sans trêve, inondant[
versant occidental jusqu'aux rives mêmes de l'océan Pacifique
C'est ainsi que des millions d'arpents de terrain labourable sor
tombés entre les mains de plusieurs millions d'hommes, soit san
prix aucun, soit à des prix si minimes que le bénéfice réalisé pa
une seule moisson suffisait pour les libérer. Comme l'on peut bie
penser, les terrains les plus précieux sont actuellement occupés, mat
il reste encore néanmoins plusieurs millions d'arpents de terrain qu
méritent richement d'être acquis par ceux qui voudraient les explo
ter. Ces hommes donc, ces affamés de terre et de biens, n'on
formé que l'avant-garde de la multitude surgissante.

Ces premiers émigrants ont bientôt été suivis de ceux qui on
construit les chemins de fer, qui ont tracé les villes, fondé les grande
cités, qui se sont appliqués à construire des moulins, des hauts four
neaux, des manufactures et à produire tout ce qu'il était possibl
d'obtenir des métiers les plus divers et de l'habileté de leurs arti
sans. Ceux-ci ont bâti des demeures, ils ont planté des forêts, ils on
fait les grandes routes et construit des églises ; mais au centre de
chaque village leur œuvre la plus importante, l'édifice le plus coû
teux et le plus élégant, celui que l'on aperçoit de tous les points d
vue et qui frappe les premiers regards du voyageur, c'est la maiso;
d'école. Au milieu des fermes, près de chaque coteau, sur le site l
plus gai et le plus pittoresque et bien entourée d'arbres et décorée d
fleurs, s'élève partout l'école communale de la région.

Ce mouvement du peuple n'a pas été simplement suivi par le
chemins de fer ; au contraire ceux-ci l'ont précédé. La voie de fe
a été poussée activement en avant, traversant la prairie sauvag
encore inhabitée, et à peine les rails étaient-ils posés que les train
arrivaient chargés d'émigrants accompagnés de leur famille et ame
nant leurs bestiaux et leurs biens : si bien que cette grande étendu
inculte et déserte sur laquelle erraient encore les daims craintifs, l
loup et le bison et que caressait de temps à autre l'ombre d'un
migration d'oiseaux, devint petit à petit une superbe mosaïque em

Le Palais de la République des États-Unis.

bellie et enrichie de toutes parts par les demeures de travaille[
heureux et fortunés.

Il faut considérer la question pendant un moment avant de po[
voir apprécier justement la signification de cette grande migrat[
vers les États-Unis. D'après le recensement de 1880, on a cons[
que les deux cinquièmes au moins des habitants tenaient leur dr[
de cité d'autres pays, pour la plupart de quelque pays d'Euro[
leurs parents au moins étant nés dans un pays autre que les Eta[
Unis. Plus tard, un maire de Chicago s'est vanté que dans sa c[
se trouvaient réunis plus d'Irlandais qu'à Dublin, plus d'Allema[
qu'à Berlin, plus de Suédois qu'à Stockholm, plus de Grecs q[
Athènes, et ainsi de suite jusqu'à epuisement d'une liste très co[
sidérable de noms. Les citoyens nés aux États-Unis etaient donc[
minorite.

La plupart de ces immigrants, en changeant de nationalité, o[
fait de grands sacrifices qu'ils n'ont reconnus bien souvent que p[
tard au cours de leurs nombreuses expériences. Nous ne savo[
apprécier dans la vie combien est grande la portion de capital q[
nous vient véritablement en héritage de nos ancêtres, jusqu'au jo[
où, pour une cause ou pour une autre, nous perdons cet heritage[
nous quittons le pays natal pour aller fonder une nouvelle existen[
sous un ciel lointain. Les éléments intangibles du chez-soi, de[
famille, les liens sociaux, les habitudes et les affections d'une par[
et, d'autre part, les choses visibles, la vieille église entourée de so[
arpent de Dieu, le sommet des montagnes dore par les premièr[
lueurs de l'aurore radieuse et empourpré plus tard à la tombée de[
nuit, les champs tout silencieux sous les feux ardents du soleil[
midi, les vergers et les prés, les grandes routes et les haies, enfin,[
foyer paternel, tout humble qu'il a pu être, tout a disparu, et to[
doit être rétabli dans un nouveau pays. Les vieux entourages ne so[
plus et avec les nouvelles scènes, avec les nouveaux liens s'est dev[
loppee une conception nouvelle de la vie, du devoir, de la liberte[
même de la foi.

L'immigrant aux États-Unis a perdu beaucoup, mais en revanc[
il a trouvé beaucoup plus. En premier lieu, il a la liberté en matièr[
politiques, sociales et religieuses. Les rouages de la forme et d[
traditions ont été détendus, les entraves de la caste ont été ébranlée[
L'homme le plus humble est devenu un des facteurs de l'organis[
tion sociale et des forces qui dirigent l'administration locale e[
générale. Ceci ne veut pas dire qu'il ait agi sagement au début,[
même par la suite; mais, cependant, c'était déjà pour lui un gra[
progrès, et la faculté de pouvoir agir de son propre chef, quelle qu'[
soit la façon, a contribué au développement et à l'expansion de so[
âme tout entière. Il apprit bientôt que la liberté de son côté l[

imposait certaines contraintes, non pas que les restrictions lui venaient du dehors, mais au contraire elles lui venaient de lui-même, vu que, pour se reconnaître libre, il devait en premier lieu respecter et protéger les libertés des autres.

Avec la liberté, il trouva l'intelligence, un peu pour lui, mais beaucoup pour ses enfants; l'intelligence infuse par un système d'écoles publiques, partout évident, mais plus souvent remarquable par la propagation génereuse de ses facilités d'éducation élémentaire que pour l'extension ou la perfection de son instruction. Plus loin, l'intelligence propagee par une presse libre et active agrandit ses manières de voir et de comprendre et corrigea ses jugements.

Ensuite, il trouva la concorde, cette union intime qui forme peut-être le point caractéristique le plus remarquable de la nouvelle vie qu'ont bientôt pris sur eux ces divers éléments émigrés. Rien d'aussi extraordinaire dans toute l'histoire de l'agrandissement de la population des États-Unis par le rassemblement de peuples venant de tous les pays et de tous les climats, que la rapidité et le degré de perfection avec lesquels ces éléments si contradictoires se sont fondus en Américains et unis comme citoyens d'une même patrie. Par exemple, les parents d'une famille en Amérique peuvent être Allemands ou Polonais, Suédois, Suisses ou Irlandais, selon les circonstances, mais ils conservent naturellement et nécessairement beaucoup des signes distinctifs de leur pays natal; ils s'attachent à leur manière de vivre, de parler, à leurs habitudes et à leurs instincts, ce qui du reste est bien naturel. Demandez à l'un d'eux quelle est sa nationalité, et sa réponse se moulera sans doute sur le fait de sa naissance. Mais une seule génération suffit à amener une transformation complète. Les enfants sont Américains, plus ardents dans la sincérité de leurs sympathies, plus fiers du nom et du lieu de parenté, plus inquiets de voir reconnaître de tous leur droit à cette nationalité que ceux dont un héritage semblable a été transmis de génération en génération par une lignée d'ancêtres. Le fils d'un Irlandais, d'un Scandinave, d'un Allemand, d'un Bohémien est toujours prêt à reconnaître sa parenté, mais il est encore plus fier d'avoir vu le jour sous le drapeau étoilé des États-Unis, et il veut que personne ne l'ignore.

Est-ce le mélange de tant de types différents et fondus en un seul, est-ce le résultat d'influences nouvellement acquises et de l'élimination de celles que l'on croyait éventées ou nuisibles, ou sont-ce les forces d'attraction et de répulsion pleines d'ozone et chargées d'électricité qui ont opéré ce changement? Toujours est-il que l'Américain a développé un type de caractère qui lui est particulier. L'Américain, vu et connu de tous, admiré de beaucoup, redouté par d'autres, mais reconnu comme ayant une fonction positive parmi les forces actuellement en activité dans toutes les affaires du monde, l'Américain, car tel est le nom que s'applique généralement le citoyen de États-Unis, est decidé dans ses opinions, nerveux et vigoureux en les faisant connaître, aussi prompt à l'action qu'il est vif à l'appréhension, respectant l'avenir bien plus que le passé, confiant en lui même et fort de ses convictions. Il a du sang-froid, un esprit clair et réfléchi, et jamais il n'admet la défaite.

Le citoyen américain lui-même est bien l'élément le plus remarquable de l'Exposition rétrospective.

Qu'a-t-il fait ?

Comme nous l'avons déjà vu, il a conquis le désert, soit forêt, soit prairie, et l'a parsemé de fermes et de foyers sans nombre. Le premier devoir du colon a été de pourvoir à l'abri de sa famille, puis de civiliser le terrain qui de nature était rude et sauvage. Si ses terres étaient couvertes d'une forêt, il fallait l'abattre ; si c'était une prairie, il lui fallait deblayer le terrain, faire des haies, des routes, canaliser les marais, bâtir des demeures et d'autres constructions Une fois la ferme bien assujettie, on l'aménageait avec tous les accessoires et toutes les commodités nécessaires pour y rendre la vie, agréable et le travail lucratif. Sa valeur dépendait généralement de ce que le propriétaire y avait mis de patience et d'efforts persévérants. Le terrain n'était guère plus qu'une opportunité, utile seulement selon l'emploi qui en était fait.

En admettant que la superficie normale d'une ferme soit d'un quart de section de terrain, soit un demi-mille carré ou 800 mètres de long et de large, nous trouvons qu'à peu près neuf millions de fermes ont été établies dans le courant du siècle. Dans les premiers temps, le colon payait 100 dollars, soit 500 francs pour son quart de section ; plus tard, il en recevait les titres, francs de charges, s'il avait vécu sur ses terres et qu'il les avait cultivées pendant cinq ans. Pour arriver à donner une juste idée de la valeur des fermes existant actuellement aux États-Unis, il faudrait pouvoir s'entendre sur le prix coûtant exact de l'unité de surface, au sujet duquel les opinions sont assez contradictoires. En estimant le prix de l'arpent de terrain à 20 dollars, ce que nombre d'appréciateurs considéreront comme étant un prix très minime, la valeur totale des fermes des États-Unis s'elèverait à la somme de 576,000 millions de francs.

Nous n'entreprendrons pas de donner ici une évaluation complète de la richesse de production de ces terres. La grande variété du sol, de la température et du degré d'humidité que l'on rencontre dans les diverses parties d'une aussi vaste étendue de pays, pourvoit naturellement à une variété également considérable de produits possibles à cultiver. Trois denrées cependant sont particulièrement dignes de

Benjamin D. Woodward,
Commissaire général adjoint de la République des États-Unis.

mention, comme fournissant, soit directement, soit indirectement le
principaux articles que ce pays peut offrir au commerce dans ses ra;
ports avec les autres peuples. Ce sont : 1° le foin ; 2° les céréale
desquelles se détachent principalement le blé cultivé dans le Nord, e
le maïs cultivé dans les régions centrales ; 3° le coton. Le blé et le
coton s'exportent le plus souvent à leur état naturel, non manufac
turé ; le foin et le maïs sont employés comme fourrages et appara:
sent sur les divers marchés du monde, transformés en commodité
moins volumineuses, sous forme de produits alimentaires pour le
animaux. Quant au coton, il est partout admis que les États-Un
forment la source la plus importante de l'approvisionnement de coto.
du monde entier. Les grains et les viandes des États-Unis constituen
un fonds de réserve auquel les autres pays peuvent avoir recour
lorsque leurs propres ressources sont insuffisantes.

Les quelques citations ci-dessous suffiront pour faire apprécie
la capacité des États-Unis sous le rapport de la production.

En 1896, les États-Unis ont donné ·

Blé	251 millions d'hectolitres évalués à 2.145 millions de francs
Maïs	670	—	—	2.505	—
Totalité des grains ..	1.123	—	—	5.570	—
Foin	60 millions de tonnes évaluées à 2.005	—
Coton ....,	257 millions de kilogr. évalues à 1.460	—

Les trois denrées végétales : foin, céréales et coton, produite
pendant une seule année atteignent ensemble un chiffre total de
9035 millions de francs.

On verra donc facilement que, si l'on ajoutait à ces données la
valeur de la récolte d'autres denrées telles que le tabac, les fruits
les légumes, le bois de construction, moins importantes individuel
lement, mais aidant aussi à grossir le total, et le rapport des
produits animaux calculé sur l'excès du prix des aliments consom-
més pendant l'élevage, la valeur totale des produits agricoles ne
pourrait se porter à beaucoup moins de 12.500 millions de franc
par an.

Mais la richesse productive du pays ne s'arrête pas non plus avec
ces articles. La terre nous livre annuellement 147 millions de tonnes
de charbon, 60 millions de barils de pétrole brut, 10 millions de
tonnes de fonte, et pour 450 millions de francs de métaux précieux

Nous présentons ainsi, avec l'énumération de quelques articles,
importants supplémentaires, la puissance des États-Unis de 1900
dans sa production de richesses matérielles provenant de ses propres ressources.

Il a déjà été fait mention des chemins de fer comme ayant été des agents qui ont contribué considérablement à l'établissement du pays et à la conquête du sol. L'histoire du développement des chemins de fer des États-Unis est brève comme partout au monde. Soixante-dix années seulement se sont écoulées depuis le commencement de cette grande industrie dans notre pays. Dans les premiers temps les chemins de fer s'étendaient lentement, ils se raccordaient aux endroits déjà établis, ils acceptaient les routes sous la pression de conditions imposées, ils étaient les serviteurs du public. Plus tard, leur progrès a été plus rapide et irrésistible ; ils se sont avancés au delà des limites de la civilisation, s'aventurant dans le désert comme une avant-garde et laissant derrière eux une carte toute tracée. Les constructeurs se frayaient un passage à travers les prairies, abandonnant des attaches sur la terre inégale, laissant tomber, chemin faisant, sur la route les rails chargés sur des wagons plats qui eux-mêmes suivaient la voie de fer qu'ils venaient d'apporter ; ils bridèrent les cours d'eau et les arroyos ; ils enfilèrent les ravins ; certaines montagnes furent escaladées, d'autres furent transpercées. Il n'y avait pas d'obstacle si formidable qui ne pût être surmonté, soit que la voie le contournât, soit qu'elle le suivît ou qu'elle le minât. La question suprême, c'était d'arriver, d'aller d'un terminus à l'autre à l'aide de constructions si élémentaires qu'elles fussent en apparence, si seulement elles étaient de force à supporter la marche du coursier de fer. Une fois la voie posée elle servait à son propre perfectionnement. On pouvait l'aligner, l'égaliser, y poser du ballast, installer des voies de chargement, des évitements, des gares, y placer des wagons de passagers, des marchandises et des locomotives. On traversait les larges fleuves au moyen de bateaux, quitte à y ériger plus tard un viaduc permanent en fer. La montagne était flanquée d'un " switch-back " en attendant le tunnel qui, par la suite, devait le percer de part en part. C'est ainsi que la voie se trouvait être active et productive longtemps avant d'être terminée, si jamais on peut dire qu'un chemin de fer américain est véritablement terminé. Aujourd'hui les réseaux de lignes de chemins de fer des États-Unis, les grandes artères du trafic défient la rivalité des chemins de fer de tous les pays du monde, par les avantages suivants : la solidité, la durabilité de la voie permanente dans ses plus menus détails ; la puissance et la vitesse de la force motrice ; le confort et l'aménagement du matériel de wagons passagers ; l'exactitude des correspondances, qui permet à toutes les lignes qui sillonnent une grande étendue de pays de se combiner comme si elles étaient toutes sous une seule administration ; le soin donné au transport des bagages et la certitude avec laquelle ces marchandises arrivent à destination et sont livrées entre les mains de leurs justes destinataires. Les wagons-lits, les wagons-restaurants, les trains à couloir, les systèmes divers de freins automatiques et d'accouplements automatiques, tout tire son origine de l'Amérique et a trouvé son apogée sur les grandes lignes des États-Unis.

Les lignes de chemin de fer actuellement en activité s'étendent sur une longueur de 184.603 milles, soit 307.670 kilomètres. Leur service nécessite l'emploi de 36.000 locomotives, 26 000 wagons passagers, 8.000 fourgons de bagage ou de poste et plus d'un million et quart de wagons à marchandises. Leur ensemble représente une capitalisation de 11 billions un quart de dollars (50 billions de francs) et leurs recettes annuelles s'élèvent à 338 millions de dollars, 1.690 millions de francs.

Le chemin de fer américain n'admet qu'un seul messager plus rapide que lui, c'est le telegraphe, et ce messager il l'a pris lui-même à son service. Les fils telegraphiques sont aussi multiples que les lignes de chemins de fer, ils mesurent aujourd'hui une longueur totale de 1.458.000 kilomètres.

Sous tous les rapports l'application de l'électricité est constante et efficace en Amérique. Chaque village a son service de tramways électriques, de même que son service d'éclairage à l'électricité et son téléphone. Ici, la statistique varie trop rapidement pour nous permettre de donner une citation. On songerait tout aussi bien à demander si le soleil brille à Oshkosh ou à Kankakee que de douter un moment que l'on ne puisse y trouver des lumières electriques, des tramways à traction électrique et le téléphone.

Plusieurs causes ont aidé au developpement dans les Etats-Unis d'un système manufacturier à peine moins important que le système agricole décrit ci-dessus. La première, c'est la possession en don de la nature de materiaux de construction en quantités considerables Les forêts abondent en arbres dont chaque variété de bois a un merite spécial. Pour fabriquer un lourd chariot de ferme on emploie plus de vingt bois différents, et chacun de ceux-ci se trouve dans une region particulière qui le produit de la qualité la plus propre à l'usage special auquel il s'applique. D'immenses champs d'anthracite et de charbons bitumineux répandus par toute la contrée pourvoient à l'approvisionnement du combustible nécessaire à la production de la force motrice ; les montagnes rendent d'excellents minerais de tous les métaux utiles.

La seconde cause du développement extraordinaire du système manufacturier en Amérique, c'est la demande forcée qui se fait sentir pour un allégement aux forces naturelles par des puissances mécaniques, demande accentuée d'autant plus par la rareté relative du travail manuel. Les mains d'hommes ne se trouvent pas en assez grand nombre pour exécuter le travail que les esprits ont trace, si bien que la force des cours d'eau ondoyants, des brises errantes et

de la vapeur est appliquée à creuser, à broyer, à moudre et à filer.
Cent cinquante hectolitres de blé de la récolte d'une seule saison

Frédérick Brackett,
Secrétaire de la Commission de la République des États-Unis.

tomberaient et dépériraient dans le champ s'il fallait attendre pour
la moissonner avec la faux, ou caricraient dans la meule s'il fallait la
voir battre au fléau. Ce besoin engendra l'invention des machines
pour l'exécution de presque tous les différents genres de labeurs

agricoles. Des causes semblables stimulèrent l'invention dans d'autres directions et conduisirent à la production de machines diverses dont les machines à coudre, à écrire et à composer les caractères d'imprimerie constituent des exemples.

Le troisième élément, et celui qui a eu le plus d'influence sur le développement des manufactures américaines, c'est l'habileté qui a inventé et appliqué des machines à la fabrication d'autres instruments, d'après ce qui a été appelé distinctement le système américain. Afin d'expliquer ce que nous entendons par cette expression, et en même temps afin de donner une idée des usages qui en sont faits, supposons la fabrication en quantités considérables d'un article assez complexe, disons un revolver. Sans doute, un ouvrier habile, en travaillant pièce à pièce, en plaçant, adaptant, ajustant, en recommençant courageusement après chaque échec, finira bien par livrer un revolver, puis ensuite d'autres appareils semblables. Mais une fabrique de revolvers prospère ne peut être dirigée de cette façon. Le premier point qu'elle doit établir, c'est l'analyse complète et consciencieuse de l'arme par la séparation absolue de tous ses éléments constitutifs, puis il lui faut déterminer quel sera le procédé mécanique qui réalisera la production la plus parfaite et la plus économique de chaque élément isolé. On invente donc une machine pour chaque opération, et cette machine est construite de manière à produire une pièce particulière avec l'exactitude la plus absolue. Même une vis, si petite qu'elle soit, nécessite une machine différente pour chacun des procédés de sa fabrication : le rodage, le filet, la coulisse et ainsi de suite. Les vis ainsi obtenues sont soumises aux épreuves les plus sévères quant à la longueur, au diamètre, etc. Si, à un moment donné, les vis ne se trouvent plus à hauteur de l'épreuve, le défaut en est tracé aux machines qui ont servi à leur fabrication et celles-ci devraient être rajustées à leurs fonctions particulières. Mille revolvers demandent la production de mille pièces différentes, et ces pièces, obtenues toutes par le même procédé et sous l'action des mêmes machines, ne sont acceptables qu'à l'état parfait et par conséquent seulement lorsqu'elles sont identiquement pareilles. Les diverses pièces rassemblées, les mille instruments qui en résulteront constitueront des spécimens parfaits en leur genre.

Cette méthode nécessite un grand génie d'invention pour arriver à imaginer et à conserver à leur meilleur usage les machines variées et compliquées qui produisent les différentes pièces ; elle nécessite également un capital proportionné à la dépense et à l'assurance d'un débouché favorable qui absorbera régulièrement les produits fabriqués. Elle demande aussi des ouvriers instruits, capables d'entretenir les machines à un degré d'exécution parfaite.

Cette manière de procéder a été appliquée à la fabrication d'armes à feu, de machines à coudre, de machines à écrire, de montres, de bicyclettes, de presses à imprimer, de machines à vapeur, de pianos et d'autres articles sans nombre.

Il y a de plus un autre élément, se rapportant plus ou moins directement au développement des manufactures, c'est le soin jaloux du système protecteur américain. Nous ne pouvons en donner une meilleure idée qu'en référant à l'exposition présentée ici actuellement de l'industrie des feuilles d'étain. Cette industrie était encore complètement inconnue aux États-Unis il y a seize ans.

Les limites forcées nous empêchent de présenter ici d'autres phases d'une exposition rétrospective complète des résultats atteints par les États-Unis pendant le dix-neuvième siècle. Tout appliqué qu'il était à la solution des problèmes matériels que la nature et la nécessité l'ont forcé d'étudier, le peuple des États-Unis n'a ni oublié ni négligé d'autres questions d'un caractère plus essentiellement scientifique, intellectuel ou esthétique. L'Amérique avec ses cent années de rétrospective ne peut songer à comparer ses résultats à ceux que l'Europe présente fièrement comme le record de mille années de progrès. Néanmoins, l'Amérique, de nos jours, fait entrer, relativement au nombre de ses habitants, des fils et des filles sur le champ d'honneur de toutes les connaissances intellectuelles où elle est représentée avec honneur et distinction. Hommes d'État, législateurs, juristes, soldats, marins, historiens, explorateurs, inventeurs, auteurs, poètes, peintres, sculpteurs, musiciens, professeurs : le tableau des contemporains de marque de chacun de ces groupes présente des noms américains aussi remarquables par leur nombre que par l'éminence de leur position.

L'Amérique est particulièrement fière de deux grands résultats de son système d'éducation. Le premier, c'est la provision généreuse et universelle qu'elle fait pour la libre instruction de chacun de ses enfants. Tous les États vouent une attention spéciale à l'instruction primaire, une éducation amplement suffisante aux vocations ordinaires de la vie. Le nombre d'enfants enregistrés actuellement sur les livres d'écoles libres dans les États-Unis s'élève à quatorze millions. Le total des frais de leur instruction dépasse 183 millions de dollars.

Le second résultat, c'est le développement rapide et vigoureux des écoles techniques et des universités pendant ces trente dernières années. Parmi les écoles techniques, celles qui ont été fondées avec l'aide du gouvernement sont particulièrement dignes de commendation, car sur les bases ainsi établies se sont élevés quelques-uns des collèges les plus avancés de nos jours. Les dix dernières années de ce siècle ont été marquées spécialement par les donations généreuses qui ont été faites à d'importantes universités. Certaines doyennes, telles que Harvard, Yale, Columbia et Princeton, ont acquis de grosses sommes qui n'ont été surpassées que par les legs encore plus magnifiques dont ont hérité l'université de Californie, l'université Leland Stanford Jr., et celle de Chicago. Ces legs nous montrent les opportunités possibles, mais ce qui indique encore plus clairement l'avancement actuel de ces institutions ce sont les mesures nouvelles de progrès qui ont été prises par elles et par d'autres encore en pourvoyant, en même temps, à l'instruction des sujets connus communément sous le nom de cours universitaires. On obtient aujourd'hui dans les universités des États-Unis des doctorats dont la valeur égale, en signification textuelle, sinon en réputation, ceux que l'on se dispute dans les universités européennes. Le jour est déjà venu où les étudiants des pays étrangers sont attirés aux collèges des Etats-Unis par les avantages particuliers qui leur y sont offerts pour l'étude de certains sujets.

L'attitude des Etats-Unis de l'Amérique, vis-à-vis des autres grandes nations du monde, est intéressante et singulière. Ils ont constitué la première grande République des temps modernes fondée sur la liberté, l'intégrité et l'intelligence du citoyen. La République est libre des traditions héréditaires qui gênent actuellement les nations de plus longue existence ; elle est isolée dans sa position, ce qui lui a valu une protection plus efficace que les armements les plus coûteux ; elle s'est affranchie de toutes les influences nuisibles d'un asservissement humain. Son peuple est intelligent, industrieux et prospère. A cette exposition rétrospective des nations, l'Amérique se présente elle-même avec son peuple et son histoire.

L. E.

ITALIE

Notice concernant l'Italie

A l'Exposition Universelle de 1900

Trois particularités qui se révèlent au premier coup d'œil résument la participation brillante de l'Italie à l'Exposition de 1900. Elle y est représentée par 2,800 exposants ; ses produits figurent dans tous les groupes et présentent, dans quelques-uns, le caractère de véritables révélations ; enfin, son Palais officiel se distingue au milieu de ceux des autres nations par sa magnificence et par ses proportions.

L'éloge des organisateurs tient tout entier dans cette triple constatation. L'éminent commissaire général, M. Tomaso Villa, a su donner une forme attrayante, en même temps que solennelle, au chapitre qu'il avait à écrire dans cette immense leçon de choses qu'est l'Exposition. Son distingué collaborateur, M. Mantegazza, secrétaire général et délégué du Commissaire général, l'a secondé et l'a suppléé avec dévouement dans les mille détails compliqués et minutieux de l'organisation. — L'un et l'autre étaient tout particulièrement désignes pour de telles fonctions.

M. Tommaso Villa est un des membres les plus en vue du Parlement italien. Homme politique éminent, orateur au talent vigoureux, il a occupé dans le gouvernement à plusieurs reprises des fonctions très importantes. Il fut successivement Ministre de l'Intérieur, puis Garde des Sceaux, et en dernier lieu Président de la Chambre des Députés. Très lié avec toutes les personnalités qui ont travaillé à la constitution de l'Unité Italienne, M. Villa s'est trouvé très jeune mêlé à tous les événements historiques de cette époque, et s'est placé au premier plan par l'énergie de son caractère, par son ardent patriotisme et aussi, et surtout, par son éloquence qui fait de M. Villa un des avocats les plus célèbres de l'Italie, le maître incontesté du barreau italien, et aussi le plus populaire et le plus aimé des défenseurs.

Une des plus belles et des plus nobles causes qu'il a plaidées, en tant que membre du Parlement, est incontestablement celle de l'abolition de la peine de mort, en faveur de laquelle il soutint une campagne énergique, qui finit par triompher, au grand honneur de la législation italienne et de ceux qui se sont dévoués pour cette œuvre d'humanité.

Mais ce n'est pas tout. M. Tommaso Villa est aussi un partisan convaincu du principe utilitaire des Expositions et il s'est appliqué depuis longtemps à le développer et à le répandre, à en faire profiter largement l'industrie de son pays. En 1889, il présida avec une infatigable activité la commission italienne venue malgré l'abstention du gouvernement apporter à l'Exposition de Paris le concours de l'industrie et de l'art italiens. Deux expositions importantes ont encore été organisées par lui à Turin, et la dernière, entreprise sous de douloureux auspices (au moment des troubles de Milan), s'acheva dans un véritable délire de satisfaction et de louanges envers l'éminent homme d'État qui avait su apporter à son pays, affligé par les désordres intérieurs, la plus glorieuse et la plus réconfortante des consolations, celle qu'il pouvait puiser dans sa propre force et dans le génie de ses enfants. Une manifestation de sympathie spontanée et des plus touchantes vint récompenser M. Tomaso Villa de son œuvre difficile et de la noble pensée qu'il avait inspiré. A l'heure où éclatait ainsi la gratitude générale, l'Italie songeait à préparer son rôle dans l'Exposition de Paris. M. Tomaso Villa se trouvait tout désigné pour cette tâche considérable, et la façon dont elle se trouve aujourd'hui réalisée honore à la fois l'éminent commissaire général et la grande et riche nation qu'il représente.

Le très sympathique secrétaire général est, lui aussi, une personnalité très en vue en Italie. Il a dirigé plusieurs des plus importants

Humbert 1er, roi d'Italie.

journaux politiques, entre autres l'*Italie* et la *Nazione*, qui figurent
au tout premier rang de la presse italienne. M. Mantegazza, qui

a voyagé beaucoup, surtout en Orient et en Afrique, en a rappor
des impressions très vivantes et très documentées qu'il a publié
avec un légitime succès; on a aussi de lui des études politiques tré
remarquées, et qui témoignent d'un esprit clairvoyant et très épris d
la logique, en même temps que d'un patriotisme vibrant. Journalisté
homme de lettres, et avant tout homme d'action, M. Mantegazza a s
montrer dans l'exercice de ses delicates fonctions son habitude de
vivre sur la brèche, d'ignorer le repos et d'inventer des ressources
Ces facultés particulières jointes à son infatigable activité ont per
mis à M. Mantegazza de rendre aux exposants italiens et à tous ceu
qui l'ont approché des services considérables.

Parmi les autres collaborateurs de l'Exposition italienne il fau
citer au premier rang MM. Ceppi, Gilodi et Salvadori, les tro
architectes du somptueux palais qui s'élève sur la rive gauche, pré
du pont de l'Alma.

Excellent specimen de l'architecture italienne du commencemen
du xiv° siècle, cet édifice, dont la décoration extérieure étonne pa
sa richesse et sa profusion, est orné de frises et de peintures appor
tées d'Italie. Son entrée principale est inspirée en partie de la célèbr
Porte della Carta dans le palais des Doges à Venise. Quant
l'aménagement intérieur, il n'est ni moins magnifique, ni moins har
monieux, bien qu'on ait été forcé de modifier ses dispositions e
même sa destination, par suite du manque de place, dans les section
industrielles.

Créé d'abord en vue de servir uniquement de Pavillon de repré
sentation, l'édifice a dû, au dernier moment, donner asile aux Expo
sants des classes 67 (Vitraux), 72 (Céramiques), 73 (Cristaux et verre
rie) et 97 (Bronzes).

Heureusement le caractère de ces objets s'harmonise avec le lux
intérieur du pavillon, et contribue encore à lui fournir des élément
décoratifs spéciaux. Toutefois le salon de réception et celui de l
Presse y ont perdu un peu de leur ampleur et de leur grand carac
tère. Une superbe galerie où l'on accède par un escalier monumen
tal a reçu l'Exposition des Ministères. On remarquera en particulie
celle des Ministères de l'Instruction publique, de l'Agriculture, de
l'Industrie et du Commerce qui réunissent d'intéressants documents
concernant les Ecoles Artistiques et Industrielles très développée
en Italie.

Il est évidemment regrettable que l'Exposition italienne ait d
être ainsi disséminée en des endroits si éloignés l'un de l'autre; en

Le palais de l'Italie.

pressons-nous néanmoins de constater que la participation de l'
ne s'en affirme pas pour cela moins brillante. On en jugera j.
un certain point par le coup d'œil que nous allons jeter rapide
sur la façon dont ses productions artistiques, industrielles et
coles sont représentées dans chaque groupe.

Les arts graphiques, la librairie, la médecine et la chirurg
instruments de musique, le matériel de l'art théâtral ont reç
nombreux exposants dans le groupe III.

Mais où l'Italie intéressera tout le monde et étonnera un
nombre de visiteurs, c'est dans les groupes IV et V, où elle se
comme une nation industrielle de premier ordre, féconde en
prises hardies et en initiatives remarquables.

Mentionnons d'abord le concours apporté à la fourniture del
gie électrique pour les services de l'Exposition, au moyen de
groupes électrogènes, qui placent l'Italie au rang des grand
industriels.

La maison Tosi, de Legnano, qui s'est placée au premier
dans la construction des machines motrices de grandes propo
expose dans la classe 20 deux machines remarquables affectée
service.

Dans le groupe V, la maison Pirelli, de Milan, avec ses
électriques, l'éminent inventeur Marconi avec son célèbre télégr
sans fil, et un nombre considérable d'autres exposants formen
réunion importante et fertile en remarques du plus haut intérê

Le groupe VI est en partie à Vincennes. Les Compagn
chemins de fer de la Méditerranée et de l'Adriatique y occ
une grande place.

Cette dernière Compagnie, notamment, expose le matéri
traction électrique qu'elle a déjà mis en service sur l'une d
lignes, et qui paraît appelé à jouer un rôle important dan
chemins de fer de l'avenir, l'Italie étant riche en sources
susceptibles de créer une force motrice considérable que l'élect
asservira suivant ses besoins. On voit que l'Italie a précédé
coup de grandes nations industrielles dans l'application pratiq
ce grand progrès.

Signalons, dans le même groupe, à côté de différents mat
roulants d'un grand intérêt, le wagon-restaurant de la m
Silvestri, qui obtint un grand prix d'honneur à l'Expo
de 1889.

L'industrie des cycles a pris, dans le nord de l'Italie, un dev

—ent suffisant et a accompli des progrès assez remarquables pour
on puisse voir actuellement disparue l'importation des machines
—laises, allemandes et américaines.

Il en est de même de l'automobilisme qui commence à fournir
—tivité à un certain nombre d'usines.

M. Tommaso Villa,
Commissaire général de l'Italie.

La navigation de commerce trouve maintenant, dans le pays
même, des ateliers de construction qui lui fournissent tout son matériel. Les chantiers de constructions pour la marine de guerre,
comme ceux des maisons Ansaldo, Odero, etc., vendent même,
aujourd'hui, aux marines étrangères, notamment à l'Espagne, au
Japon, à la République Argentine, etc.

Toujours dans le groupe VI l'Administration des postes et télégraphes, dont on connaît l'excellente organisation, expose du maté-

riel et des documents divers, statistiques, photographies plans,

Le Ministère des Finances expose à Vincennes une machine « Salogène », pour l'extraction du sel d'après un nouveau pro perfectionné.

Le manque d'espace dans le groupe XI comme dans groupes IV et V où, ainsi que nous l'avons dit, la plus grande p de l'emplacement disponible est occupée par les groupes électrog a décidé l'Italie à construire un petit pavillon annexe d'en 700 mètres carrés à l'avenue de Suffren. Dans ce pavillon, qui mitoyen de l'annexe de l'Allemagne, on a réuni une grande qua de machines et d'objets qui n'ont pu trouver place dans les p affectés à ces trois groupes.

Au contraire, les produits agricoles et alimentaires figurent ceux des autres nations dans les groupes VII et X, où l'on trouve complet ces spécialités universellement renommées que sont les p de Naples, la charcuterie, industrie alimentaire en continuels pro les fromages, etc. Par suite du défaut de place encore, l'expos des vins est installée dans le sous-sol du palais ; on y a orga une dégustation non commerciale, c'est-à-dire d'un caractère p ment documentaire.

Le groupe XI (Mines et métallurgie) présente aussi un vif int Là, encore, l'exposition des aciéries et hauts fourneaux de T montre le grand développement de l'Italie dans cette branche de l dustrie. A côté des fers de l'île d'Elbe et des célèbres marbres Carrare, son sol possède encore d'autres richesses considérab comme le soufre de Sicile, etc.

Dans le groupe XII (Décoration et mobiliers des édifices publ et des habitations) et dans le groupe XV (Industries diverses) reu dans le palais, aux Invalides, l'Italie se montre encore d'une super rité incontestable avec les mosaïques de Florence, les verreries et dentelles de Venise, les céramiques de Rome, Vicence et Floren (placées comme nous l'avons dit, dans le palais italien) les ferron ries d'art de Sienne, l'argenterie et les objets en écaille de Napl et surtout l'industrie spéciale et si remarquable de Florence, qui co siste dans la reproduction par la sculpture des plus merveille chefs-d'œuvre de l'art italien.

Les soieries de Milan sont d'autant mieux représentées dans groupe XIII que, par un sentiment d'ambition nationale très louabl les fabricants de cette ville se sont constitués en un syndicat uniqu qui a envoyé à l'Exposition ses étoffes les plus remarquables. Tun avec ses velours célèbres, et plusieurs autres villes manufacturières avec des étoffes de coton très variées et très belles, complètent cette branche très importante de la production italienne.

Les fabricants de papier se sont groupés comme les fabricants de

M. Mantegazza,
Secrétaire général, délégué du Commissaire général.

soieries; résultat : une exposition très importante et très homogène dans le groupe XIV.

Nous en avons terminé avec la partie industrielle, dont nous n'avons tenu à donner, du reste, qu'une idée très succincte. Il nous reste à mentionner dans le groupe XVI l'organisation des Banques populaires, institution philanthropique qui s'est admirablement développée en Italie, où elle rend des services considérables, et où elle a servi de modèle à toutes les organisations similaires, et enfin le

groupe XVIII où une place importante est occupée par les cha:
tiers déjà cités plus haut.

Nous venons de mentionner, en parlant du Pavillon, la partie q
concerne l'enseignement. Dans le groupe II (Beaux-Arts) qua:
salles sont réservées à l'Italie et renferment une sorte d'antholog
fort intéressante de la peinture et de la sculpture italienne conten
poraines. N'ayant pas qualité pour formuler ici des jugements (
des appréciations, nous nous contenterons de signaler la présence (
plusieurs toiles de Segantini, le génial interprète de la nature, mo
tout récemment, et dont les œuvres, après avoir été très discutées a
début, sont aujourd'hui entourées de l'admiration du monde entie'
A côté de ce maître dont les œuvres honorent à jamais la peintur
italienne, un autre éminent artiste, Michetti, a envoyé deux toil
de grandes dimensions dont les sujets sont empruntés à la vie da
les Abruzzes ; citons encore les envois de deux artistes justemen
estimés en France, M. Boldini et Mme Romani, et ceux de MM. Fra
giacomo, Tito et Grosso, également très remarquables.

Dans la sculpture, Monteverde, qui obtint le premier prix à Par
en 1878 avec sa statue de *Jenner*, Vela, le célèbre auteur du *Napoleo
mourant*, qui est à Versailles, Gemito et Gallori, représentent mag:
tralement l'art italien. Il faut citer aussi le groupe de Biondi, intitul
Decadence, et qui fera sensation par son caractère et par ses pr
portions.

Malgré leur dissémination, tous les éléments de l'Expositu
italienne ont entre eux des points de liaison très caractéristiques
leur perfection, leur originalité, et souvent leur richesse. Comme o
les trouve dans chaque groupe et pour ainsi dire à chaque pa
revêtus des mêmes particularités, l'impression qui s'en dégage
quelque chose d'imposant et de captivant qui ne manquera pa
d'être très profitable à l'ensemble de l'Exposition italienne.

L. E.

Mexique

La République du Mexique

A l'Exposition Universelle de 1900

Après de longues et douloureuses années de discussions politiques, de troubles et de révoltes, après avoir connu les tristesses de la guerre et de l'invasion, le Mexique a su mettre à profit la liberté et la paix conquises à force d'héroïsme par les défenseurs de son indépendance.

L'œuvre accomplie depuis vingt ans dans ce pays mérite l'admiration des peuples civilisés. On pourrait la donner comme un éloquent et vibrant exemple de ce que peuvent le patriotisme et l'énergie d'un gouvernement capable d'organiser les ressources du commerce et de l'industrie après avoir fait triompher celles de la guerre.

On peut affirmer en effet que la prospérité du Mexique est née de l'élan unanime de toutes les forces vives de la nation, habilement dirigées et protégées par un gouvernement plein de sollicitude et de prévoyante initiative.

L'industrie et le commerce du Mexique, ainsi que les institutions nationales, sont en quelque sorte résumés dans le palais édifié par la République à deux pas du pont de l'Alma, sur le quai d'Orsay. Toute l'Exposition du pays est réunie là, dans un cercle étroit encore malgré son ampleur relative, mais suffisant néanmoins pour qu'on ait pu y placer tout ce qui peut instruire le passant sur l'œuvre des vingt dernières années. — C'est une forte, vigoureuse et éloquente leçon de choses. Le développement des chemins de fer, des ports et de toutes les communications intérieures a suivi une marche rationnelle et sûre qui impressionne, parce qu'elle révèle une force et une volonté allant droit au but. Ce développement, entraîné celui de l'agriculture et des mines. Peu à peu, l'industrie est venue à son tour offrir des ressources variées à la richesse nationale ; puis, les arts, les sciences, l'enseignement ont préparé au pays des gloires nouvelles et des générations ardemment tournées vers l'avenir.

L'Exposition du quai d'Orsay ne dit pas tout cela. L'activité industrielle est telle, dans ce pays où les moyens de production sont encore incomplets, que ceux-là mêmes qui auraient pu nous fournir les plus beaux sujets d'admiration se sont abstenus, afin de ne pas sacrifier à une ambition et à un orgueil d'ailleurs légitimes le temps qui pouvait être employé à des travaux effectifs. Il y a donc de lacunes dans l'Exposition du Mexique. Malgré cela, l'impression est vraiment imposante et même grandiose.

Pour en donner une idée, nous allons examiner cette Exposition groupe par groupe et en quelque sorte objet par objet. On nous permettra toutefois de faire précéder cette étude sommaire de quelques lignes sur la personnalité du patriote héroïque et du grand homme d'État qu'est l'éminent président de la République du Mexique le général Porfirio Diaz, à la sage administration duquel sont dus en grande partie les magnifiques résultats que nous résumerons plus loin.

LE GÉNÉRAL PORFIRIO DIAZ

PRÉSIDENT DE LA REPUBLIQUE DU MEXIQUE

Porfirio Diaz est né à Oaxaca, le 15 septembre 1830. On a souvent remarqué, depuis qu'il s'est rendu populaire par tant d'actes de bravoure ou de sagesse, la coïncidence qui fait concorder le jour

Le général Porfirio Diaz,
Président de la République du Mexique.

anniversaire de sa naissance avec celui de l'indépendance mexicaine proclamée en 1810 par le curé Hidalgo, pendant la nuit du 15 septe bre. Ceux qui aiment à voir quelque chose de mystérieux dans l destinée des hommes illustres n'ont pas manqué de trouver là un sorte d'avertissement donné par la Providence. Quoi qu'il en soi aussitôt après avoir terminé ses études de droit, Diaz commença donner raison à ces prévisions en abandonnant le barreau pou embrasser la cause libérale, qu'il devait contribuer si vaillammer à faire triompher.

Nommé d'abord sous-préfet d'Ixtlan (aujourd'hui Villa-Juarez), i organisa la garde nationale de cette ville, dont les habitants avaiez été considérés jusqu'alors comme impropres à ce service. C'est àl tête de cette petite troupe qu'il commença sa carriere d'officier e contribuant à rétablir l'ordre à Oaxaca, où le général Garcia vena de se révolter. Nommé peu de temps après capitaine d'une compagni de la garde nationale à Oaxaca, il n'hésita pas à sacrifier sa situa tion de sous-préfet, beaucoup plus brillante, et commença à guer royer, sous les ordres du général Don Ignacio Mejia, contre le factions révoltées de Cobos.

En 1858, il était gouverneur et commandant général de l province de Tehuantepec, qu'il réussit à pacifier. Mais il n'y eut que peu de répits dans cette carrière dont nous ne retraçons que le principales étapes. La ville, assiégée de nouveau par le généra Alarcon, sous-ordre de Cobos, possédait d'importants approv sionnements d'armes et de munitions. Diaz réussit à les sortir pendant la nuit et à les embarquer à Acapulco. Puis il bat son adversaire à la hacienda de San-Luis et s'empare de dix-huit canons

Devenu colonel à la suite de ce fait d'armes, il contribue au triomphe des troupes libérales commandées par Gonzalès Ortega Le gouvernement constitutionnel rentre alors dans la capitale de l République, et Diaz regagne sa ville natale, où il apprend er arrivant qu'il vient d'être nommé député (1861).

C'est à cette époque que se place la période la plus mouve mentée de la carrière de notre héros. Nommé général, sur la pro position du libérateur Ortega, Diaz est bientôt désigné pour s'op poser au passage des troupes européennes, soutient le siege de Puebla (1863) et vient renforcer la défense d'Oaxaca. Lorsque cett ville, écrasée par le nombre, dut céder, le 5 mars 1865, Diaz fut envoyé comme prisonnier de guerre à Puebla; mais le 20 sep tembre suivant il s'évadait dans des conditions dramatiques, au mépris des plus grands dangers, et s'occupait aussitôt de reprendre son rôle dans l'œuvre libératrice. Après avoir défait l'ennemi à plusieurs reprises et réussi à pacifier le nord de l'Etat de Guerrero, il réorganisa ses troupes, encouragées par son exemple, et commença la longue et pénible campagne du sud de Puebla. Cette campagne devait aboutir à la reprise de Oaxaca par les troupes républicaines, le 31 octobre 1866. Le 18 du même mois, Diaz avait conquis le titre de « Héros de la Carbonera » en s'emparant des troupes et des armes du colonel Hotzer, venu au secours d'Oaxaca assiégée par les républicains. Dans le combat, plus de 700 prisonniers européens, ainsi que 800 carabines et une batterie de canons rayés tombèrent entre les mains de Diaz.

Nous devons glisser sur de nombreux épisodes non moins glorieux. Après avoir réduit à néant l'armée de Marquez, Porfirio Diaz commença le siège de Mexico, qui, comme on le sait, se rendit à discrétion le 20 juin 1867. Il n'y eut ni troubles ni pillage, la discipline la plus rigoureuse fut observée et les sentiments d'honneur du général Diaz surent imposer silence à la rancune et aux représailles de sa vaillante armée.

Son œuvre de soldat étant achevée, Porfirio Diaz se retira dans une modeste propriété qu'il possédait dans l'Etat de Oaxaca et s'y consacra pendant deux ans à la culture, avec une simplicité qui rend encore plus admirable la vie de ce héros.

Les suffrages de ses compatriotes allèrent le chercher dans sa retraite et, de 1876 à 1880, il occupa une première fois les hautes fonctions de Président de la République mexicaine pendant une période constitutionnelle de quatre années. Le général Don Manuel Gonzalès lui succéda pendant la période suivante, mais, depuis, Porfirio Diaz a été réélu successivement à quatre reprises, ce qui lui a permis de continuer sans interruption une œuvre de réorganisation et de prospérité dont les résultats ont été heureux pour la grandeur et la richesse de la nation mexicaine.

Le général Porfirio Diaz est l'idole du peuple mexicain et toutes les classes de la société lui vouent une sympathie où il n'y a pas moins d'admiration que de reconnaissance. C'est que Porfirio Diaz, après avoir sauvé l'indépendance de son pays, a su lui donner une politique de liberté et de progrès qui en a développé toutes les ressources dans des conditions extraordinaires. A côté de son crédit économique enviable, le Mexique jouit aujourd'hui du crédit moral qu'on accorde aux grandes nations, à celles qui ont su conquérir leur

place dans le monde, après l'avoir conquise dans l'histoire. Il le d
à son libérateur et à son Présidenl, le général Porfirio Diaz.

LA COMMISSION DU MEXIQUE

A L'EXPOSITION UNIVERSELLE DE 1900

Le Gouvernement a désigné pour le représenter en qualité d
Commissaire général
l'Exposition M. Sébaslia
B. de Mier, minislre
du Mexique à Londres
Le commissaire général
adjoint est M. A. M. Anza
qui est en même temp
l'architecte du Palais
mexicain.

Adjoints au Commis
saire général : M. Ramo
Fernandez, consul d
Mexique à Marseille e
M. Garcia Torrès, attaché
d'ambassade. M. Albert
Hans, ainsi que M. Ber
nardo de Mier, ont colla
boré à l'organisation au
point de vue administra
tif.

L'éminent Commis
saire général, M. Séba-
tian B. de Mier, diplo-
mate brillant et des plus
sympathiques, est très
répandu dans la société
parisienne, à laquelle il est
mélé depuis de longues

M. Fernandez Leal,
Ministre de Fomento
(Commerce, Industrie et Colonisation).

années, autant par ses goûls personnels que par les hautes fonctions qu'il exerce. Très éclairé, très ouvert aux idées nouvelles, très artiste, il a su donner à l'Exposition du Mexique la tournure attrayante et très caractéristique d'une manifestation bien plus pittoresque qu'officielle, sans rien sacrifier du côté sérieux qui a été et qui sera sa raison d'être.

Son dévoué collaborateur, M. A. M. Anza, l'a secondé en cela avec un grand zèle.

Nous n'avons pas à décrire longuement le pavillon mexicain, dont la photographie reproduite plus loin peut donner une idée. L'aspect en est imposant et d'un grand effet, obtenu avec une sobriété de moyens qui s'éloigne résolument de ce que nous appellerions volontiers le « Style Exposition »

Entièrement construit en bois, ce palais est conçu intérieurement et extérieurement dans le style néo-grec, soutenu dans toutes les parties de l'édifice avec une homogénéité qui semble originale, comparée au délire de couleurs et de styles bigarrés qu'on trouve en ce moment

M. Sébastian B. de Mier,
Ministre du Mexique à Londres,
Commissaire général
du Mexique à l'Exposition universelle.

sur les bords de la Seine. Du côté du fleuve, une loggia somptueuse étend ses colonnades et ses balcons sur toute la longueur du palais. La façade opposée présente un perron majestueux orné de statues en marbre et par lequel on accède à l'intérieur.

M. Gustavo Baz,

Chargé d'affaires du Mexique,
Membre honoraire de la Commission.

Admirablement compris en vue de son application spéciale, le palais offre intérieurement l'aspect d'un immense rectangle terminé par deux hexaèdres dont l'un abrite un escalier monumental, l'autre étant affecté au Salon des Beaux-Arts. L'escalier conduit à une large galerie établie en porte-à-faux sur tout le pourtour de l'intérieur, et dont l'extrémité opposée à l'escalier se termine par un balcon spacieux qui domine le salon des Beaux-Arts déjà cité.

Des niches cintrées, garnies de belles vitrines, se succèdent sans interruption sur toute l'étendue de la galerie. De même, au rez-de-chaussée, des emplacements analogues, mais plus spacieux, sont encore occupés par des vitrines.

L'architecte avait ici à lutter contre une double difficulté : la place rigoureusement mesurée et l'accumulation des objets divers faisant de l'intérieur du palais une véritable exposition encyclopédique réunissant toutes les branches de l'activité humaine, et par conséquent susceptible d'effrayer par ses proportions.

M. A. M. Anza a réussi à satisfaire aux nécessités pratiques de l'Exposition, tout en donnant à celle-ci une physionomie parfaitement harmonieuse et même attirante.

A peine, en effet, a-t-on franchi les portes, qu'on se trouve au milieu d'un hall immense (60 mètres de long sur 23 mètres de large) d'où l'on peut, en regardant simplement autour de soi, embrasser en quelques instants l'ensemble de l'Exposition mexicaine.

D'un côté, le Salon en hémicycle sollicite le visiteur par sa décoration somptueuse, de l'autre, l'escalier majestueux l'entraîne vers les trésors variés de la science et de l'industrie. Le jour distribué à profusion par le vitrage du hall assure à l'éclairage diurne une regularité qu'on ne saurait atteindre autrement et qui contribue encore à la réalisation de l'objectif général. L'Exposition mexicaine, on peut le dire, va au visiteur presque autant que le visiteur va à elle.

Ce résultat fait le plus grand honneur à l'éminent architecte et Commissaire général adjoint, dont l'œuvre se classe incontestablement parmi les meilleurs travaux de l'Exposition.

Tel est le cadre. Jetons maintenant un coup d'œil methodique sur ce qu'il renferme.

Cette partie de l'Exposition mexicaine a été organisée par M. F. Ferrari-Perez, professeur de technologie à l'Ecole d'agriculture de

M. Ramon Fernandez,
Consul du Mexique à Marseille,
Adjoint au Commissaire general.

Mexico et chef de section à la Commission géographique du Gouvernement, dont les travaux cartographiques sont universellement réputés.

M. F. Ferrari-Perez s'était deja occupé des mêmes groupes en 1889; il a depuis représenté les sciences, les lettres et l'enseignement mexicains aux expositions de Chicago et d'Atlanta.

Les documents, statistiques et photographies exposés montrent les grands sacrifices consentis par le Gouvernement en faveur de l'instruction primaire et superieure. Comme en France, l'instruction primaire est obligatoire et gratuite au Mexique, et la loi se montre rigoureuse envers les parents ou chefs d'industrie qui négligent d'envoyer aux écoles les enfants âgés de six à douze ans.

Des écoles spéciales sont affectées aux jeunes Indiens, et le Gouvernement votait encore récemment un crédit d'un million de piastres pour l'édification de nouveaux bâtiments scolaires.

Mexico possède des établissements universitaires de premie ordre : Écoles de droit, de médecine et de pharmacie, Écoles no males d'instituteurs des deux sexes, etc., ainsi qu'une École de beaux-arts. Dans plusieurs villes, on trouve également des École d'arts et métiers qui fournissent désormais aux chemins de fer et au travaux publics une grande partie du personnel technique qu'o était naguère encore obligé de demander à l'étranger.

Ajoutons que l'Exposition des Beaux-Arts comprendra plusieur envois de jeunes artistes appartenant à la colonie mexicaine de Paris Le Gouvernement vote annuellement des crédits pour l'entretien à Paris et à Rome d'une centaine de jeunes gens se destinant à la car rière artistique et présentan des aptitudes sérieuses.

La Presse et la Librairie sont également très dévelop pées au Mexique. On comple dans la capitale et dans le grandes villes de nombreu journaux à cinq centime qui rivalisent d'importanc avec nos feuilles euro péennes.

Avant de quitter la parti de l'Exposition organisée pa M. F. Ferrari-Perez, disons qu'il a également été chargé de la section rétrospective, dans laquelle on trouver réunis sous une forme at trayante, une foule de docu ments concernant l'histoire po litique et sociale du Mexique.

M. Luis Salazar, ingénieur civil, chef du Département des travaux maritimes à Mexico, a été chargé de pré senter à l'Exposition un ré sumé des grands travaux publics accomplis en ces dernières années au Mexique.

M. Manuel Garcia-Torres,
Attaché à la légation du Mexique
en France,
adjoint au Commissaire général.

Les chemins de fer et les ports, pour ne citer que deux exemples, ont reçu tant de progrès et d'améliorations depuis dix ans, comme on peut se rendre compte par ce qui suit :

Depuis 1889, en effet, les chemins de fer mexicains ont vu leur importance augmentée par la création de nombreux réseaux nouveaux, et une ligne interocéanique est entrée en voie de réalisation.

Cette ligne, qui appartient à l'État, reliera Coatzacoaleos et Santa-Cruz offrant ainsi aux transports internationaux des facilités remarquables et destinées à développer, dans une large mesure, les relations commerciales avec le Japon et la Chine.

La création du port de Mazatlan, qui donnera toute sa valeur à une autre ligne interocéanique, pourra être considérée comme une des plus grandes entreprises de ce temps, par les difficultés à vaincre autant que par les services qu'on en attend. Actuellement les plans sont dressés et les travaux sont commencés depuis quelques mois.

Le port de Vera-Cruz, qui compte aujourd'hui parmi les meilleurs et les plus importants au Mexique, est l'œuvre du Gouvernement, qui l'a amené à son état

M. F. Ferrari-Perez,
Chef des groupes I, II, III et XVII.

actuel en moins de dix ans. Le port de Tampico, pour lequel on a dû établir deux immenses jetées parallèles s'avançant jusqu'à quatre kilomètres dans la mer, et qui a coûté plus de deux millions de dollars, est un autre exemple du développement dont nous parlions plus haut.

Le Gouvernement a également fixé son attention d'une façon spéciale sur l'éclairage des côtes, qui dépend, au point de vue administratif, du Ministère des Communications et Travaux publics. On verra à l'Exposition les appareils de deux phares en construction au cap Lucas et dans l'arrecife de Madagascar dans le Pacifique.

On remarquera aussi les travaux de la Commission hydrographique des États-Unis mexicains, qui a pour mission d'étudier l'état

des côtes, les ports, les fleuves, etc., en vue de l'utilisation générale des cours d'eaux, tant pour la navigation que pour la force motrice, l'alimentation des villes, etc.

Une autre entreprise qui fait honneur au génie civil mexicain est l'assainissement général de Mexico, aujourd'hui en voie de réalisation par la création des égouts, le desséchement des marais et l'établissement de services d'hygiène qu'envieraient bon nombre de grandes villes.

Mexico possèdera bientôt un Palais du Congrès remarquable par son importance autant que par les conditions qui ont présidé à sa construction. Mis au concours, le projet réunit soixante-dix concurrents parmi lesquels sept furent primés. Le Gouvernement a fait établir un plan définitif en empruntant à chacun de ces sept projets ceux de ses avantages qui ont paru intéressants, et l'édifice commence actuellement à sortir de terre.

Enfin, il faut signaler ici l'Exposition de l'Administration des Postes et Télégraphes, dont les progrès énormes ont répondu au développement incessant du commerce et de l'industrie.

Les tarifs ont été unifiés et réduits dans des proportions étonnantes. Les lettres circulent à l'intérieur dans des conditions de rapidité et de régularité très satisfaisantes, moyennant une taxe invariable de 0,25. L'ancien tarif, basé sur les distances à parcourir, était loin de présenter la même économie.

Avec l'étranger et notamment avec l'Europe, les relations postales sont assurées au moyen de deux bateaux spéciaux fonctionnant avec la plus parfaite régularité. L'envoi des valeurs, chargements et lettres recommandées a été facilité. Tous les bureaux s'occupent aujourd'hui de ce genre de correspondance, et la mesure donne d'excellents résultats. D'importants immeubles ont été construits dans les grandes villes pour les Postes et Télégraphes. Ceux de Mexico, Vera-Cruz, Puebla, sont à mentionner tout particulièrement.

*
* *

Le développement de la vie industrielle et les grands travaux entrepris au Mexique ont donné naissance à la création d'importantes maisons de constructions mécaniques. Toutefois, cette branche de l'industrie mexicaine, qui n'arrive pas à répondre aux demandes de en plus considérables qui lui sont faites, a dû renoncer, pour cette raison même, à prendre part à l'Exposition. Il convient de signaler néanmoins, parmi les rares exposants de cette classe, M. Francisco Arevalo, dont les nouveaux compresseurs d'air paraissent appelés à un brillant avenir, notamment dans leur application aux appareils de sûreté des chemins de fer.

A propos des travaux publics, il faut aussi mentionner la Compagnie Mexicaine de chaux hydrauliques, ciments et matériaux de constructions, qui rend de grands services aux entrepreneurs en leur fournissant avec de sérieux avantages tous les matériaux dont ils ont besoin.

M. Luis Salazar,
Chef des groupes IV et VI.

AGRICULTURE, HORTICULTURE, PRODUITS ALIMENTAIRES.

L'Exposition agricole et alimentaire du Mexique a été organisée par M. José C. Segura, ingénieur agronome et directeur de l'École d'agriculture de Mexico.

Cette École, fondée en 1854 par le ministre Joaquin Velasquez de Léon, forme des ingénieurs agronomes, des médecins vétérinaires, des directeurs d'exploitations agricoles, etc. On peut la considérer comme un des principaux facteurs du développement agricole au Mexique.

Elle a envoyé à l'Exposition un grand nombre de documents et d'échantillons présentant un intérêt d'autant plus vif que la production agricole du Mexique est aussi riche que variée.

Toutes les sortes de céréales, le maïs, le blé, l'orge, notamment, y sont cultivées avec succès. Le Mexique exporte aussi des pois chiches, du riz, du cacao, du café, et une grande quantité de fruits. La vanille y est l'objet d'une culture rationnelle et très favorisée par le climat. Il en est de même de la canne à sucre. Les vignes n'ont eu que peu à souffrir du phylloxera, et les vins de certaines régions, notamment ceux de Parras, Coahuila, continuent à jouir d'une juste réputation.

A côté de ces vins et du *pulque*, boisson nationale du Mexique, fabriquée avec le suc de l'agave, et dont on ne consomme pas moins de 3.114.000 hectolitres par an, la bière tend à entrer de plus en plus dans la consommation.

Plusieurs brasseries se sont établies en ces dernières années en différents points du Mexique, et se sont développées rapidement. Le principe adopté pour la fabrication est celui dénommé « à fermentation basse ».

Les distilleries d'alcools, déjà nombreuses, ont amélioré leur production dans des conditions remarquables, grâce à l'introduction de nouveaux procédés et de matériel perfectionné. Un grand avenir est ouvert à la distillerie et à la fabrication des liqueurs en général par l'abondance des fruits de toutes sortes et des végétaux alcooligènes.

M. José C. Segura.
Chef des groupes VII, VIII et X.

L'exposition alimentaire réunit des pâtes de fruit, des confitures, conserves, du chocolat, etc.

Il ressort clairement de ce qui précède que d'importantes ressources sont offertes en ce pays, non seulement aux bras, mais aux capitaux, qui trouveront là-bas d'excellents et fructueux emplois.

MINES ET MÉTALLURGIE

GROUPE XI

Cette partie de l'Exposition mexicaine a tout le caractère d'une véritable révélation. Depuis que l'industrie locale a commencé à leur fournir le matériel qu'elles devaient autrefois faire venir à grands frais des États-Unis ou de l'Europe, toutes les branches de l'exploitation minière se sont multipliées et développées d'une façon extraordinaire.

M. Carlos Sellerier, ingénieur des mines et chef du groupe XI à l'Exposition, nous a mis sous les yeux des chiffres qui résument bien mieux que toutes les phrases que nous pourrions écrire ici, les progrès accomplis en moins de dix ans.

Voici d'abord les chiffres composés de la production minière en 1893 et en 1898 :

ANNÉES FISCALES.	MINÉRAIS MÉTALLIQUES.	MINÉRAIS NON MÉTALLIQUES.	TOTAUX.
	piastres (pesos).	piastres (pesos).	piastres (pesos).
1893-1894.....	33.200.000	10.000.010	43.200.000
1898-1899.....	123.200.000	25.700.000	148.900.000

Dans les chiffres cités plus haut, le cuivre entrait en 1898-99 pour 16.000 tonnes, le plomb pour 81.000 tonnes, l'argent pour 1.780.000 kil. et l'or pour 16,600 kilos.

La baisse de l'argent, qui aurait pu se traduire par de graves inconvénients économiques, n'a fait que donner un grand développement aux autres branches de l'industrie minière et notamment à l'exploitation des mines d'or, de cuivre, d'antimoine, de charbon minéral, etc.

Les nombreux échantillons exposés donneront une idée de la

variété des produits extraits du sol mexicain. Parmi les minera
non métalliques, il convient de mettre à part les onyx nouvelleme
découverts et qui seront sans doute l'objet d'une exploitation consic
rable. Afin de donner une idée des applications innombrables d
cette nouvelle pierre délicatement colorée, dont les tons ne sont
moins riches ni moins variés que ceux de l'agate, M. Sellerier expo
des objets de différentes catégories fabriqués avec les onyx mexicain
vases, colonnes, pièces decoratives, etc. On remarquera égaleme
un énorme bloc mesurant 3 mètres de long, la plus grosse piè
d'onyx jamais extraite du sol mexicain.

Ces différents exemples montrent tout le parti qu'offre cet
matière pour la décoration et l'ornementation des habitations et d
mobilier.

L'exploitation des mines de charbon de terre, qu'on a longtem
refusé de prendre au sérieux dans ce pays, fournit aujourd'hui un
production qui semble appelée à se développer encore et à répondr
du moins pour une notable partie, aux besoins de l'industrie locak
Le coke naturel et l'anthracite, s'ajoutant à cette production, con
tribueront à donner ce résultat.

Dans un autre ordre d'idées, l'antimoine commence à être extra
du sol en assez grandes quantités pour qu'on puisse en exporte
chaque année pour un chiffre relativement élevé.

Enfin les opales mexicaines, qui trouvent tant d'emplois dans l
bijouterie, sont comparables aux opales hongroises, et quelque
commerçants des États-Unis ne se font pas faute de vendre les un
pour les autres.

A côté de l'exposition minière officielle, les principales compa
gnies mexicaines, notamment celles de Real del Monte, du Boleo
de Penoles, de Sauceda, sont représentées par un choix d'échantillon
qui ne saurait manquer d'attirer l'attention des intéressés.

Les usines métallurgiques recemment établies au Mexiqu
peuvent figurer parmi les plus importantes du monde entier.

DÉCORATION ET MOBILIER, FILS, TISSUS, VÊTEMENTS

GROUPES XII ET XIII

Le point le plus caractéristique de ces deux groupes est celui qu
est affecté à l'industrie du coton. Favorisées par la production locak

qui met une matière première de qualité supérieure à leur disposition immédiate, d'importantes manufactures se sont créées à Orizaba (Vera-Cruz) et dans la province de Puebla, transformant le coton en étoffes de toute nature, suivant les procédés adoptés en Europe et aux États-Unis.

On trouvera à l'Exposition des tissus de coton blancs, écrus et imprimés qui rivalisent avec ceux de nos meilleures manufactures.

L'industrie lainière est moins développée par suite des difficultés rencontrées dans l'élevage des moutons. Néanmoins, la production suffit pour alimenter plusieurs fabriques de casimirs, draps, étoffes pour tapisseries, tapis, etc...

Les autres industries textiles sont également représentées d'une façon intéressante, notamment en ce qui concerne le *jute*, l'*ixtle*, chanvre mexicain, et les fibres employées pour la sparterie, les *hamacs*, l'emballage, la fabrication des cordages, etc.

Ajoutons que l'industrie de la soie ne tardera pas à se placer honorablement auprès de celles du coton et du jute.

M. Carlos Sellerier,
Chef du groupe XI.

On remarquera, d'autre part, les curieux et magnifiques costumes nationaux, d'un prix très élevé, auprès des vêtements « à l'européenne » aujourd'hui généralement adoptés.

Il faut encore signaler, dans le groupe XII, la céramique, la verrerie, la mosaïque et, dans le groupe XII, de jolis travaux de broderies et dentelles qui font honneur au talent des ouvrières mexicaines.

Ces deux groupes ont été organisés sous la direction de J. Eduardo E. Zarate, procureur général militaire, déjà chargé de missions analogues aux Expositions de la Nouvelle-Orléans en 1883 et de Paris en 1889.

i

PRODUITS CHIMIQUES ET PHARMACEUTIQUES
INDUSTRIES DIVERSES

Si l'on considère que l'agriculture, l'horticulture et la flore du Mexique réunissent à peu près tous les éléments de l'industrie chimique en général, et si, d'autre part, on remarque que chaque industrie, pour ainsi dire, fait appel à une classe quelconque de produits chimiques, on ne sera pas choqué d'avoir une notion exacte de l'avenir réservé aux industries chimiques qui s'établiront au Mexique.

Le Gouvernement a eu une notion si exacte de cet avenir qui multiplie les efforts pour encourager la création de ce genre d'industrie. On trouvera à l'Exposition des documents particulièrement éloquents à ce point de vue : d'un côté, la production en matières premières ; en second lieu, la production actuelle en produits chimiques, en troisième lieu, la quantité de produits chimiques actuellement importés de l'étranger.

M. Florès, député, professeur à l'École normale de Mexico, et son collaborateur M. Francisco Rio de la Loza, docteur en pharmacie et professeur de chimie générale, ont fait de cette partie de l'Exposition une leçon de choses des plus attrayantes, dont nous ne pouvons malheureusement mentionner que quelques particularités.

Voici d'abord la pharmacopée spéciale au Mexique, basée en grande partie sur l'emploi des plantes. Un certain nombre de ces remèdes végétaux sont appliqués depuis des siècles par les Indiens ils ont été analysés, étudiés, dosés scientifiquement à l'Institut médical de Mexico et forment désormais la base d'une médication particulièrement efficace et essentiellement nationale.

Signalons à titre d'exemple la substitution complète du *Casimiroa Edulis* au *Chloral*.

La fabrication du papier, la tannerie, la corroirie, la parfumerie dont le développement s'augmentera au fur et à mesure de la production des agents chimiques qu'elles emploient, sont déjà en pleine prospérité.

Nous ne parlerons que pour mémoire des tabacs mexicains, dont la qualité est comparable, sinon supérieure, à celle des meilleures marques de Cuba. Du reste, les visiteurs en jugeront grâce à la manufacture de M. Ernest Pujibet, « El buen tono », qui a installé un débit, avec des cigarières travaillant sur place, dans le hall du Mexique.

La maison Gabarrot a exposé ses produits dans une originale vitrine construite en feuilles de tabac.

L'industrie des allumettes, portée au Mexique à un très haut degré de perfection, n'est malheureusement représentée, par suite des mesures administratives, que par les spécimens d'une seule manufacture, celle de M. Mœbius.

Dans le groupe des industries diverses figurent de curieux objets en filigrane d'argent, très différents des productions analogues de l'Espagne, ainsi que des travaux de brosserie et vannerie qui méritent d'être cités ici.

FORÊTS, CHASSE
PÊCHE ET HYGIÈNE

GROUPES IX ET XVI

M. Eduardo Zarate.
Chef des groupes XII et XIII.

M. le docteur José Ranurez, secrétaire général du Conseil de salubrité, et précédemment collaborateur des expositions de la Nouvelle-Orléans (1884), de Chicago (1892) et de Paris (1889) a été chargé d'organiser ces deux importantes parties de l'Exposition mexicaine.

Étant donnée la richesse forestière du Mexique, on pouvait s'attendre à une réunion très intéressante de documents et d'échantillons. Disons tout de suite que cet espoir est réalisé de la façon la plus complète et la plus instructive par la présentation de tous les échantillons en coupe transversale, tangentielle et verticale, de façon à donner exactement tous les aspects du bois. Comme cela avait déjà été fait pour l'Exposition de Chicago, les dimensions données correspondent aux conventions internationales.

On trouvera là, à côté des essences les plus communément importées en Europe, comme l'acajou, le campêche, etc., une collection très complète et très documentée sur l'arboriculture mexicaine.

Les organisateurs y ont joint un herbier également très remarquable et qui témoigne des grands progrès accomplis dans la classification des innombrables espèces végétales du pays.

Le ministère de Fornento se fait tout particulièrement remarquer par le concours apporté au développement de cette partie de la science nationale.

On remarquera la remarquable collection de gommes-résines provenant de différentes espèces végétales, et surtout la série des *caoutchoucs* et des *chiclés,* objets d'un important commerce d'exportation.

Comme complément de ce groupe, mentionnons encore une jolie collection de dépouilles d'oiseaux, de cornes, d'écailles, ainsi que des pelleteries provenant de la faune du pays : lions et tigres du Mexique, ours, pumas, jaguars, etc.

Dans le groupe XVI, le Mexique se présente avec une œuvre imposante d'hygiène et de salubrité publiques. Le Conseil de salubrité, établi dans la capitale, et dont M. le docteur José Ranurez est le secrétaire général, a organisé, dirigé et mené à bien dans ces dernières années des travaux qui lui font honneur.

Au premier rang, vient l'assainissement de la ville de Mexico, assuré par l'achèvement du canal de 40 kilomètres qui permet de dégager les grands lacs intérieurs des détritus de la ville et de l'eau des crues, cause de fréquentes inondations. Un remarquable réseau d'égouts, l'application générale du système du tout-à-l'égout, le dessèchement des marais ont complètement assaini la ville de Mexico, si défectueusement située.

L'État mexicain a, d'ailleurs, établi une législation sanitaire en concordance avec la convention internationale de Dresde, pour la prévention des maladies épidémiques, et il n'est pas douteux que toutes ces intelligentes mesures contribueront à diminuer la mortalité dans des proportions considérables et à rendre les quelques endroits insalubres du Mexique absolument inoffensifs pour les Européens qui ont tant à faire dans ce riche pays.

A Mexico encore, a été construit un immense hôpital général comprenant vingt pavillons avec toutes leurs dépendances : laboratoires, sanatoria, salles d'opérations, asile d'aliénés, etc. L'Ecole de médecine et de pharmacie, réunie à cet hôpital, assure ainsi aux malades des soins éclairés et consciencieux, et trouve dans leur traitement des observations pratiques de la plus haute utilité.

Enfin, et ce n'est pas ce qui fait le moins d'honneur à la nation mexicaine, un Institut établi exactement sur le modèle de l'Institut Pasteur, et fonctionnant avec les mêmes services et dans le même but, a été créé depuis à Mexico.

Tous ces grands progrès et toutes ces utiles créations sont repré-

M. le docteur Manuel Flores,
Chef des groupes XIV et XV.

sentés dans le pavillon du Mexique par des statistiques, des graphiques et des photographies dont la perfection égale la clarté et le caractère instructif. L'impression générale est que, à ce point de vue comme aux autres, le Mexique est entré résolument dans la voie du progrès.

ARMÉES DE TERRE ET DE MER
GROUPE XVIII

M. Rodrigo Valdez, colonel du corps spécial d'état-major, a dirigé l'installation au Pavillon du Mexique d'une série de modèles parmi lesquels on remarque principalement :

Le nouveau fusil, système du colonel Montdragon, en usage d[...] l'armée mexicaine; des canons à tir rapide et canons de monta[...] du même auteur, et des affûts divers, accompagnés de harnache[...] spéciaux.

L'École militaire a envoyé des travaux divers, rapports, ph[...] graphies, etc.; l'État-Major y a joint des uniformes et modèles d'é[...] pement qui ne manqueront pas d'attirer l'attention. Enfin le co[...] médical est représenté par plusieurs plans et vues d'hôpitaux m[...] taires, modèles d'organisations intérieures, etc., qui montrent q[...] le Gouvernement du Mexique a su améliorer et développer son or[...] nisation militaire en même temps qu'il mettait en valeur toutes l[...] richesses de son sol et toutes les ressources de son industrie.

E. S.

Le Pavillon du Mexique.

La Reine-mère des Pays-Bas.

Notice concernant les Pays=Bas et leurs colonies

A l'Exposition Universelle de 1900

~~~~~~~~~~

Tous les peuples qui prennent part à l'Exposition ont tenu à donner, soit dans leurs pavillons, soit dans les différents groupes où leurs produits sont disséminés, la synthèse du caractère national et l'exposé sommaire des principes qui, chez eux, régissent l'instruction, les arts et le travail. Aucune nation n'a réussi à donner à cette impression forcément superficielle plus de relief que les Pays-Bas, et leur exposition se distingue parmi les plus intéressantes, non seulement parce qu'elle est avant tout une œuvre de science et de vulgarisation, non seulement parce qu'elle offre pour la première fois, aux yeux du monde civilisé, une réunion de documents archéologiques appelés à faire sensation, mais aussi parce qu'on y sent l'œuvre d'une race exceptionnellement forte, merveilleusement douée pour l'étude, pour l'art et pour le travail, d'une race constamment penchée sur le côté sérieux des choses, et dirigée, encouragée, soutenue dans cette voie par la sollicitude admirable d'un Gouvernement auquel des liens indissolubles,, parce qu'ils sont faits de sympathie et de patriotisme, la rattachent pour toujours.

Les Hollandais ont, en effet, cet avantage admirable sur les autres peuples que, chez eux, l'amour de la patrie a trouvé une personnification et en quelque sorte une réalisation tangible dans l'amour de la Reine. La Reine ! Les Hollandais disent cela comme nous disons la France ! et peut-être avec une foi encore plus vibrante et plus émue, parce qu'elle s'adresse à un idéal qui est plus près d'eux, qui se mêle à leur vie, qui s'occupe de leurs intérêts et de leur grandeur et qui préside reellement à leurs destinées. Le culte de ce peuple pour sa charmante souveraine, culte si mérité et si juste, auquel la nation doit une grande partie de sa force et devra le plus beau de son avenir, est aussi un hommage de gratitude donné à la Reine-mère. Si les Hollandais ont l'immense bonheur de posséder une reine qui s'occupe en personne de toutes les affaires du gouvernement, et qui est assez instruite, assez clairvoyante, assez résolue pour s'en occuper avec des résultats merveilleux, ils n'ignorent pas qu'ils le doivent à l'admirable sollicitude de la noble princesse qui forma pour son peuple, par l'exemple et par le travail, la reine accomplie qu'est S. M. Wilhelmine.

Les qualités particulières du peuple néerlandais, puisées en grande partie dans la fermeté et dans la sagesse du Gouvernement, se révèlent, comme nous l'avons dit, d'une façon admirable, à l'Exposition de 1900. Si l'on établissait un parallèle entre ce que la Hollande nous montra lors de l'Exposition de 1878, ces vingt ans apparaîtraient comme la plus merveilleuse période de progrès qu'un peuple puisse inscrire dans son histoire. Il faut féliciter les organisateurs de l'Exposition d'avoir su synthétiser cette œuvre sous une forme attrayante et instructive, au profit du grand public, et nous souhaiterions, pour mieux faire ressortir leur mérite, de pouvoir donner une idée complète de la participation des Pays-Bas et de leur empire colonial à notre grande fête de progrès. Malheureusement, nous n'avons ici que la place de quelques considérations générales. Notre effort consistera donc à les rendre aussi substantielles que possible.

L'Exposition des Pays-Bas et de leurs colonies a été organisée sous la direction de M. le baron Michiels de Verduijnen, vice-président de la seconde Chambre des États généraux, Président de la Commission Royale et Commissaire général du Gouvernement. Elle comprend une

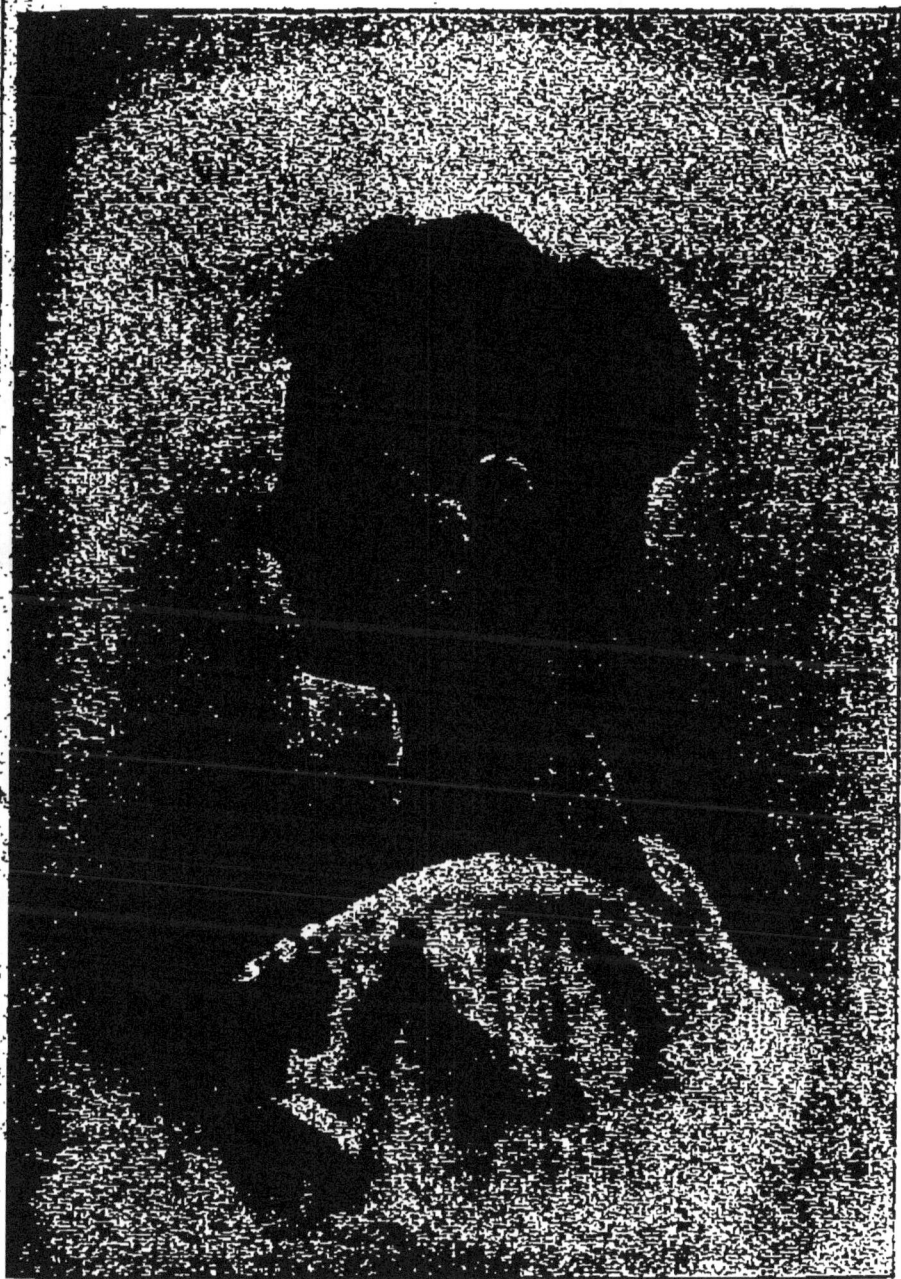

S. M. Wilhelmine,
Reine des Pays-Bas.

partie scientifique et industrielle réunissant plus de 600 exposants dont les produits figurent dans leurs groupes respectifs, et une partie purement coloniale, comprenant un groupe de trois constructions érigées sur la terrasse du Trocadéro.

Cette partie coloniale a été organisée sous la direction de M. J. Yzerman, ancien ingénieur en chef du chemin de fer des Indes néerlandaises, et de M. le lieutenant-colonel G. B. Hooyer; les constructions, qui sont décrites plus loin, ont été édifiées sous la direction du capitaine-ingénieur J. Staten, et les curieux moulages dont l'intérieur et l'extérieur de ces édifices sont revêtus ont été exécutés par M. von Saher sur des originaux se trouvant à Java et à Sumatra. En outre, l'ethnologue C.-M. Pleyte s'est rendu aux Indes avec la mission de rassembler les collections scientifiques et agricoles exposées à l'intérieur des pavillons. Cette exposition, grâce à ces différents concours, présente un intérêt scientifique et ethnographique qui mérite beaucoup mieux que notre brève étude; nous tâcherons néanmoins d'en donner une idée tout à l'heure, après avoir parcouru rapidement les groupes artistiques, agricoles et industriels, où nous devons signaler la participation des Pays-Bas.

L'Exposition des Pays-Bas occupe, dans l'ensemble de ces différents groupes, une superficie totale de 6,000 mètres carrés. L'installation générale est l'œuvre de deux architectes distingués : MM. Mutters et Sluyterman, qui ont su lui donner un caractère d'unité et d'élégance très particulier.

En effet, au lieu d'être constituée par une réunion de vitrines de formes et de grandeurs disparates, l'Exposition des Pays-Bas, dans chaque groupe, forme un tout parfaitement homogène et harmonieux, ce qui n'est pas sans profiter au caractère général de la section néerlandaise. Il faut louer la Commission Royale de l'Exposition de cette innovation intelligente et très judicieuse.

Toute la partie matérielle et décorative a été exécutée en Hollande et installée, agencée, mise en place par des artisans néerlandais. Nous sommes donc ici en présence de sections ayant un caractère essentiellement national.

Passons rapidement à travers le groupe I, où toutes les branches de l'enseignement sont dignement représentées par les Institutions officielles et par quelques particuliers. Dans le Palais des Beaux-Arts (groupe II), trois salles sont réservées à la Hollande, et les plus grands peintres contemporains y ont envoyé ce qu'ils créèrent de meilleur; inutile de noter ici des impressions ou des appréciations : la Hollande a produit assez d'artistes de génie, et les noms d'Israels, de Maris et de Mesdag, pour ne citer que ces trois, sont assez connus pour résumer tout l'attrait de cette section.

Dans le groupe III, on remarquera les merveilleuses éditions artistiques des célèbres libraires d'Amsterdam et de La Haye, et aussi plusieurs cartes magnifiques, celle de Java, notamment, exécutée par M. Eckstein, au moyen d'un procédé de son invention, et qui peut être classée parmi les deux ou trois travaux de ce genre vraiment hors de comparaison à l'Exposition.

Dans les groupes IV, V et VI, la section des Pays-Bas nous fait

M. le baron Michiels de Verduijnen,
Commissaire général des Pays-Bas.

assister à un développement industriel jusqu'à un certain point inattendu, et qui montre avec quelle activité ce pays suit toutes les manifestations du progrès. La Hollande participe comme les grandes nations industrielles à la fourniture de l'énergie électrique dans les différents services de l'Exposition. Un remarquable groupe électrogène sortant des ateliers Stork et Smit de Rotterdam, est spécialement affecté à ce service. A signaler dans le même groupe les expositions des ateliers Smulders, de Rotterdam, Smit et Cⁱᵉ, de Kinderdyk, etc.

Avec le groupe VI, nous arrivons aux grands travaux publics. La Hollande en a realisé de particulièrement importants depuis quelques années. Il suffit de citer le développement des chemins de fer, l'amélioration de la voie maritime de Rotterdam, la création d'un canal important et l'amélioration des trois rivières : la Meuse, l'Yssel et la Lek. Ajoutons que le Ministre actuel des Travaux publics s'occupe avec activité du projet de dessèchement du Zuiderzee, qui comme on le sait, est une des grandes questions économiques de notre époque.

Parmi les autres grands projets en cours, signalons la construction du port de Scheveningue, qui donnera un grand développement à ce village déjà renommée pour sa belle plage. A citer aussi la création des lignes régulières de navigation entre Amsterdam et Rotterdam, les Indes et l'Amérique, services qui ont favorisé dans de larges proportions le trafic commercial.   .

Voici maintenant le matériel de ces grands travaux publics. La Hollande le trouve chez elle, où de grands constructeurs comme Smulders, les établissements Fop-Smit, la Société anonyme Werf Conrard, etc., construisent des dragues et autres machines non seulement pour l'intérieur, mais aussi pour la France, la Russie, etc.

Dans le groupe IX, malgré le petit emplacement dont elle disposait, la Hollande a fait merveille, en réunissant tout le matériel de pêche en usage sur les côtes, accompagné de modèles, statistiques, photographies, etc., formant un ensemble des plus curieux.

Autre exposition intéressante dans le groupe X, où nous retrouvons les célèbres liqueurs de Lucas Bols et de Wynand Fockink, si populaires en France, et qui ont conquis dans le monde entier une réputation d'autant plus solide qu'elle est plusieurs fois centenaire.

Dans le même groupe, l'exposition du cacao Blooker, des brasseries de Heineken, etc., retiendront très justement l'attention du visiteur.

Dans le groupe XII, les attractions ne manquent pas non plus. C'est là que sont réunis les produits des manufactures de faïences de Delft, de la Société Rozenburg de La Haye, de Gouda, Purmerend, Utrecht, etc. Cette industrie s'est admirablement développée depuis quelque temps ; le nombre des manufactures s'est beaucoup augmenté, et leurs produits, déjà si réputés, reçoivent encore chaque jour de grandes améliorations.

Dans le même groupe, il convient de mentionner les tapis et tapisseries des fabriques hollandaises, ainsi que des reproductions curieuses d'un genre de tissus fabriqué depuis des siècles par les femmes indigènes de Java par le procédé appelé *batik*. Les Javanaises fabriquent ces étoffes originales en exécutant des dessins à la cire sur des toiles de coton, qui sont ensuite teintes en rouge, en bleu, en brun et quelquefois en plusieurs couleurs. Les endroits recouverts de cire n'étant pas attaqués par la teinture demeurent blancs, de sorte que, la cire une fois enlevée, les dessins se détachent très nettement sur le fond coloré de l'étoffe. On trouvera des *batiks* authentiques, c'est-à-dire fabriqués par ce procédé purement artistique et colonial, dans le groupe XIII, ce qui permettra de les comparer avec les reproductions qu'en fabrique aujourd'hui l'industrie hollandaise.

Le Sousouhanan, prince indigène, résident à Soura-karta, a eu la bienveillance de confier aux organisateurs de la Commission coloniale une collection complète de tous les *batiks* portés par la Cour, dans les fêtes officielles célébrées à l'occasion des mariages, circoncisions, etc. Cette collection est exposée dans l'un des pavillons à côte de la reconstitution fidèle, d'après les indications du même prince, des vêtements appelés *Kain Kèmbangan*, que les princes javanais portaient déjà au xvie siècle. M. Van de Poll, qui dirige avec une grande compétence l'une des principales manufactures de coton de Haarlem, s'est acquis une grande réputation pour la reproduction industrielle de ce genre de tissus.

Dans le groupe XIII déjà cité, on trouvera une riche exposition de costumes nationaux reproduits d'après nature avec la plus scrupuleuse exactitude et constituant l'une des attractions de cette partie de l'Exposition.

On peut en dire autant de l'exposition collective des joailliers-orfèvres (groupe XV) où se font remarquer les ateliers d'Amsterdam, la Haye, Utrecht, et la taillerie de diamants Poliakoff, d'Amsterdam, dont l'installation comprend un groupe d'ouvriers travaillant sur place. Les principales maisons d'argenterie du Royaume prennent une part importante à cette exposition collective, où elles ont fait figurer nombre de créations intéressantes.

La Hollande ayant toujours tenu un rôle important dans l'étude des questions humanitaires, on ne peut s'étonner de la voir figurer dans le groupe XVI avec une réunion de documents et de monographies du plus vif intérêt, présentée dans un élégant salon de lecture. La collaboration à cette exposition des économistes et des philanthropes les plus éminents permet d'affirmer qu'elle ne se bornera pas une manifestation stérile, mais que les résultats en seront au contraire nombreux et satisfaisants.

Après ce rapide examen sur la collaboration des Pays-Bas à l'Exposition proprement dite, nous allons consacrer les dernières lignes de notre étude à l'Exposition spéciale des Indes orientales et occidentales.

Sur la terrasse du Trocadéro, dans une situation excellente, fort habilement utilisée, un monastère bouddhique du plus pur style hindou-javanais, entièrement reconstitué au moyen de moulages rapportés des temples de Sari et du Bórô-Boudour, s'encadre entre deux constructions bariolées couvertes en fibres de palmiers et qui reproduisent avec une exactitude rigoureuse les types d'habitation actuels de l'ouest de Sumatra.

L'édification seule de ces trois reproductions pourrait constituer un attrait incomparable, et dont on ne pourrait que difficilement trouver l'équivalent au point de vue artistique ou ethnographique dans l'ensemble de l'Exposition. Elle représente d'ailleurs plusieurs années d'un travail délicat et minutieux, entrecoupé de recherches de fouilles, de voyages d'exploration qui, par leurs résultats, ont contribué à fournir aux archéologues, aux artistes et aux savants une réunion de documents dont la réalisation n'a pas de précédents en Europe.

Les trois constructions sont reliées entre elles par une terrasse spacieuse, où l'on accède par un perron. Une rangée de dhyâni boud'dha's, également moulés sur les originaux, s'étend devant cette terrasse et sur toute sa longueur, donnant ainsi à l'ensemble un caractère d'unité des plus heureux.

Les bas-reliefs du temple, à l'extérieur comme à l'intérieur proviennent en grande partie du Bórô-Boudour et retracent ainsi quelques passages de la vie de Bouddha d'après des documents sculpturaux qui remontent à plus de dix siècles, et qui, malgré cela, sont dans un état de conservation qui étonne. Les artistes trouveront dans cette reconstitution une richesse d'inspiration et une souplesse un génie, même, d'interprétation, qui ne seront pas sans les étonner; il y a là, notamment, pour l'art décoratif, actuellement en pleine évolution, un enseignement admirable, entièrement basé sur la simplicité des lignes, et qui se révèle en une infinité de motifs admirables de richesse et de variété. Les colonnes et les autres sculptures qui ornent l'intérieur du temple sont dans un état de conservation non moins étonnant. Nous signalons notamment la statue de la déesse Prajanamitra, pure merveille de sculpture bouddhique, comparable, par la noblesse des lignes et par la puissance de l'expression, aux meilleures productions de l'art grec.

Il faut féliciter M. le lieutenant-colonel G.-B. Hooyer de la reconstitution de ce temple, qui est incontestablement l'un des joyaux de l'Exposition; et il faut aussi le remercier, au nom de la science et de l'art universels, pour la réunion de cette documentation merveilleuse de richesse dont rien d'approchant n'a pénétré jusqu'ici en Europe.

Les constructions pittoresques situées à droite et à gauche du temple sont formées chacune de quatre habitations indigènes, accolées en croix. L'extérieur, revêtu de couleurs vives, est entiè-

Exposition des colonies des Pays-Bas.

rement sculpté comme le sont là-bas les demeures de la classe aisée de la population. Les organisateurs se sont inspirés, pour la décoration intérieure, des motifs hindous, qu'ils ont reproduits sur les étoffes, peintures, colonnes, meubles, etc. ; ils ont réussi ainsi à mettre sous les yeux du public quelques-unes des adaptations dont ce genre de décoration pourra devenir susceptible dans l'habitation européenne.

L'une des deux constructions possède un salon de lecture très abondamment pourvu d'ouvrages et de monographies concernant les Indes néerlandaises. Il convient de noter ici la publication, par la Commission coloniale, d'un *Guide spécial* des Indes néerlandaises, auquel ont collaboré les spécialistes les plus compétents dans chacune des parties représentées à l'Exposition. Cet important ouvrage, publié sous la direction de M. le lieutenant-colonel H. Bosboom, restera comme une sorte de monument documentaire d'un intérêt considérable et de la plus grande utilité pour tous ceux qui auront à s'occuper, à quelque point de vue que ce soit, de cette partie si curieuse du monde colonial.

On a réuni dans les deux pavillons des documents et des spécimens très variés sur la production artistique, industrielle, minière
et agricole des Indes néerlandaises ainsi que sur leur administration,
sur leur défense et sur l'exercice du culte Civaïlique de l'île de Bali.

Cette dernière partie, notamment, comporte un intérêt tout
spécial et fera la joie des érudits. M. C.-M. Pleyte s'est rendu spécialement à l'île de Bali et à celle de Lombok où subsiste encore
dans toute son originalité la religion hindoue. Avec l'aide des prêtres
brahmanes et de quelques chefs de districts, il a fait copier toute la
série des dieux hindous, préalablement déterminée avec la plus
rigoureuse attention.

Le Panthéon balinois ainsi reconstitué se compose d'une trentaine
de statues en bois polychrome, réunies sur une estrade qui occupe
le fond du pavillon de droite. Il apporte des renseignements précis
et des documents indiscutables sur la religion hindoue actuelle, au
sujet de laquelle nombre d'erreurs ont été répandues. C'est la première fois qu'une collection de ce genre a été réunie en Europe.

Ces indications générales sont malheureusement trop incomplètes
pour donner une idée du caractère scientifique de l'Exposition des
Pays-Bas. Nous nous sommes efforcés de résumer l'impression qui
s'en dégage, et nous n'essayerons pas de la formuler en des appréciations qui resteraient forcément vagues, vu leur manque de développement. Disons seulement
que les organisateurs de
l'Exposition des Pays-Bas se
sont honorés et ont honoré
leur pays en donnant à cette
manifestation le caractère
d'enseignement et de vulgarisation, le caractère attrayant
et sérieux qui est la base
même du principe des Expositions, et qui, seul, peut
justifier leur raison d'être.
Cette simple constatation,
que pourront faire tous les
visiteurs, résume admirablement le mérite du Dr M. le baron Michiels de Verduijnen,
de M. le lieutenant-colonel
G. B. Hooyer et des hommes
éminents qui leur ont apporté
une collaboration éclairée
et active.   EM. SEDEYN.

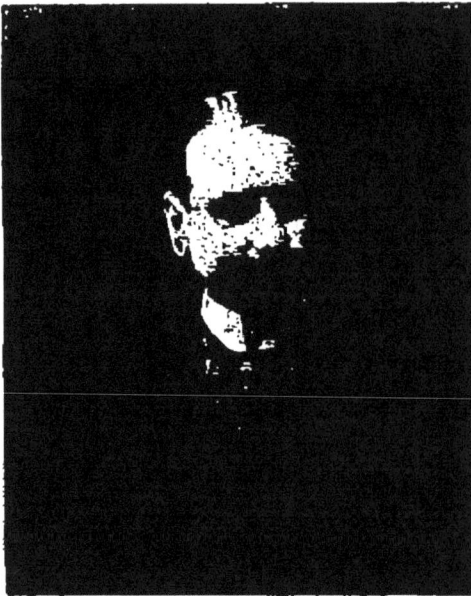

M. le baron van Asbeck,
Délégué du Commissaire général.

Suède.

Notice concernant la Suède

A l'Exposition Universelle de 1900

Situation. — Superficie. — Climat. — Nature.

Baignée par la mer Polaire, l'océan Atlantique, la Baltique et la mer du Nord, la longue presqu'île scandinave forme dans l'Europe septentrionale les deux Etats de Suède et de Norvège.

La Suède, qui est l'un des royaumes les plus anciens du continent, s'étend sur toute la partie orientale de la péninsule, tandis que la Norvège, séparée de la contrée voisine par une immense chaîne de montagnes très serrées, occupe la côte occidentale entière. L'ensemble des deux Etats représente une superficie de 770.166 kil. carrés, à peu près la surface de l'Espagne et de l'Italie réunies. La Suède, seule, couvre 448.000 kil. carrés, c'est-à-dire presque l'étendue de la péninsule des Balkans, en deçà du Danube. Du nord au sud, sa longueur n'a pas moins de 1.600 kilomètres, soit la distance de Paris à Gibraltar, et de l'est à l'ouest sa largeur maxima atteint jusqu'à 400 kilomètres. La surface totale de ses nombreux lacs est évaluée à 37.000 kil. carrés environ et le plus grand d'entre eux, le Venern, est également le plus grand de l'Europe après les lacs Ladoga et Onega.

Comparée à la partie occidentale de la presqu'île scandinave qu
offre à cet endroit l'aspect d'une contrée très montagneuse, la Suède
est essentiellement un pays bas. En effet, dans toute son étendue, c'e
à peine si les 78 centièmes du sol s'élèvent à 400 mètres d'altitude
au-dessus du niveau de la mer. Il y a quelques plaines fertiles dans
les provinces méridionales du pays et c'est surtout sur la frontière
norvégienne que dominent des régions montagneuses et boisées tra
versées par des rivières courantes.

Malgré sa position géographique, la Suède doit à la proximité de
l'océan Atlantique la faveur d'une température relativement douce.
Mais, en raison de la grande extension que le pays prend en longi
tude, le climat diffère suivant la situation particulière de chaque
province. Dans la capitale, placée au 60° de latitude, la température
moyenne s'élève à +5°,3 centigr. et en janvier elle ne descend guère
qu'à — 3°, tandis qu'à Saint Pétersbourg et à Jeniseisk, qui sont
situées sous la même latitude, le thermomètre atteint respectivement
10° et — 25°. En juillet, la chaleur moyenne est de + 16°,4 à
Stockholm et dans les pays qui se trouvent au-dessus du Cercle
polaire elle monte même jusqu'à + 12° et + 14° centigr. La quantité
moyenne de pluie peut être évaluée pour le pays entier à 500 m/m
environ. Dans les contrées de l'Extrême Nord, la neige couvre le sol
pendant 190 jours en moyenne, tandis que ce chiffre n'est que de 45
dans les provinces du Sud. Dans ces dernières régions, la végétation
des arbres se développe et prospère pendant une période de
304 jours et à l'extrémité opposée elle comprend encore une moyenne
de 187 jours. Mais, dans les provinces polaires, le froid dure si
longtemps que le blé ne peut être semé avant l'époque de la Saint
Jean. Cependant, comme les jours sont aussi longs en été que les
nuits sont claires, la fermentation de la terre est telle que la semence
et la récolte peuvent être effectuées en un laps de temps de trois
semaines.

Population. — Instruction scolaire.

La population nationale, la langue suédoise et la religion luthé-
rienne dominent seules en Suède. Les Suédois proprement dits
descendent de la branche germanique de la grande race aryenne et
peuplent le pays depuis un temps immémorial. N'ayant eu à subir
aucune invasion ni à souffrir de la moindre immigration importante,
ils sont demeurés à peu près purs de tout mélange. D'autres races
cependant sont également répandues en Suède; mais les Lapons

S. M. le Roi de Suède,

d'origine mongole qui en forment l'élément principal ne représentent guère qu'une agglomération de 7.000 individus, exclusivement disséminés dans les contrées rocheuses et forestières de l'extrême-nord du royaume où ils mènent une vie nomade, ne possédant pour tous biens que leurs huttes et leurs troupeaux de rennes. L'effectif général de la population suédoise s'élève à un peu plus de 5 millions d'habitants, soit une moyenne de onze unités par kilomètre carré. Cette moyenne varie cependant suivant les régions. La Scanie, par exemple, qui borde le littoral sud de la Suède, comporte une population aussi dense que l'Ecosse et l'Irlande (54 habitants par kil carré), tandis que les cinq cantons de l'Extrême-Nord qui composent la province du Norrland, comprenant une superficie totale de 261.104 kil. carrés, ne comptent que 3 habitants par kilomètre carré Le chiffre de la population a d'ailleurs entièrement doublé au cours de ce siècle. En dépit du nombre réduit des naissances, dû à la diminution des mariages, la mortalité est si restreinte que, sous ce rapport, aucun autre pays ne peut être comparé à la Suède. De 1866 à 1895, le nombre annuel des décès ne s'est élevé qu'à un chiffre de 16,6 par 1.000 habitants et la vie humaine durant ces dix années a comporté une moyenne de durée de plus de cinquante ans.

Ces heureuses circonstances dépendent naturellement et à haut degré du climat sain que connaissent exceptionnellement ces régions, mais elles peuvent aussi bien s'expliquer en raison du bien-être croissant de la population et des progrès de l'enseignement. L'instruction populaire notamment a pris dans ce pays un développement très étendu et la preuve la plus patente en est que le nombre des « analphabistes » n'est que de 1 ou 2 sur 1.000 jeunes gens appelés au service militaire.

En 1897, l'on ne comptait pas moins de 11.454 écoles communales en Suède, soit un nombre de 2,3 par 1.000 habitants et de 2 à 3 par 100 kil. carrés. Dans la même année 85,2 % de la totalité des enfants de sept à quatorze ans ont étudié à l'école communale sous la direction de 14.554 instituteurs (dont 64,3 % d'institutrices). L'enseignement distribué gratuitement comprend, outre les matières élémentaires, des leçons d'horticulture, de gymnastique et d'ouvrage manuel. En ce qui concerne l'enseignement de la gymnastique et du travail manuel, la Suède a précédé tous les pays du monde. Le nom du Suédois P.-H. Ling est universellement connu dans l'histoire de la gymnastique et l'Ecole de travail manuel de Naas est visitée tous les ans par bon nombre d'étrangers.

Les villes n'abritent guere plus de 20,6 % de la population totale qui, pour la plus grande partie, habite la campagne. Stockholm, capitale du royaume, nourrit 300.000 habitants; Gothenbourg, la métropole du commerce, vient ensuite avec 130.000 âmes. Malmo et Norrköping constituent aussi des cites très importantes. En tout, la Suède compte à peu près une centaine de villes.

Forêts.

La Suède est un pays très boisé. Les forêts, consistant surtout en sapins rouges et blancs, représentent une surface de 20 millions d'hectares, c'est-à-dire presque la moitié de la superficie totale du sol. Les forêts les plus étendues couvrent l'Extrême-Nord, et de là, sur les eaux courantes qui forment des voies très navigables, le bois glisse jusqu'à la côte où des centaines de scieries le recueillent et le façonnent. La Suède occupe d'ailleurs le premier rang parmi les nations pour l'exportation du bois. La vente des bois bruts, sciés ou taillés s'est élevée en 1898 à la valeur de 203 millions, soit 42 % du produit exportatif total du pays. La Suède retire encore d'autres avantages de ses forêts. Elle y trouve aussi du charbon de bois pour alimenter ses usines de fonte ; du bois de bâtiment qu'on emploie pour la construction dans tout le pays; du bois de menuiserie, la matière première de la pâte de bois et de bien d'autres genres d'industrie. Les forêts constituent donc la plus grande richesse de la Suède.

Agriculture. — Élevage des bestiaux.

L'agriculture est la première industrie de la Suède. Environ 58 % des habitants du royaume vivent de l'agriculture et de ses ressources directes et indirectes. La surface des terres cultivées ne s'elève cependant qu'à 3.500.000 hectares, soit 8,5 % de toute l'étendue du pays, ce qui s'explique en raison de l'état inculte des grandes terres du Nord.

La récolte moyenne comporte en quintaux métriques les proportions suivantes : blé, 1.200.000 quintaux; seigle, 5.600.000 q. orge, 3.200.000 q.; avoine, 10.500.000 q.; graines diverses, 1.700.000 q.; légumineuses, 700.000 q. Le poids total de la récolte des céréales et des plantes légumineuses a été évalué en 1898 à 2.452 millions de

kilogrammes, d'une valeur approximative de 378 millions. On cul
tive en outre, pour la subsistance du pays, la pomme de terre, la
betterave, le navet, la carotte et les diverses plantes fourragères
Mais la Suède, ne produisant pas la quantité de céréales suffisante à
ses besoins, importe annuellement (1894-1898) environ 220 millions
de kilogr. de froment et de seigle. Cette importation est toutefois
partiellement compensée par l'exportation de l'avoine qui fournit
une moyenne de 70 millions de kilogr. Le rendement moyen par
hectare est très considérable : 148 quintaux métriques pour le froment, 144 pour le seigle, 147 pour l'orge et 132 pour l'avoine.

Outre l'agriculture, l'élevage des bestiaux s'est sensiblement
étendu en Suède. Les prairies naturelles couvrent environ 1.486.000
hectares, soit 3,6 % du sol suédois ; de plus 1.100.000 hectares servent
à la culture des plantes fourragères. Pendant l'été, de vastes terrains
sont également réservés au pâturage des animaux domestiques
En 1897, la Suède possédait 517.000 chevaux, 1.725.000 vaches et
823.000 autres bêtes à cornes, 803.000 porcs et environ 1.300.000 moutons. Le pays peut compter environ 1.200 laiteries, pour la plupart
établissements importants pourvus de matériel de traction à vapeur
et de machines nécessaires à l'exploitation de l'industrie alimentaire
animale (séparateurs de Laval, etc.). En 1898, l'exportation des
beurres, seule, s'est élevée à 23 millions de kilogr. totalisant une
valeur supérieure à 55 millions de francs.

Industrie des minerais.

Les montagnes suédoises sont riches en métaux, mais surtout en
minerai de fer. Le fer existe particulièrement dans deux régions
minières situées l'une au 60° de latitude, au nord des grands lacs
Venern et Vettern, et l'autre au delà du Cercle polaire. C'est dans
la première région que se trouve entre autres la mine de « Gran-
gesberg ». Dans la région polaire, les mines de Gellivara, de Kirunavara et de Kuossarara sont les plus remarquables.

Les mines du Nord ne sont encore exploitées qu'en partie ; mais,
dans le but de rendre plus facile le transport des extractions, on
construit actuellement une ligne de chemin de fer qui reliera l'océan
Atlantique à la mer Baltique en passant par les groupes miniers les
plus importants. La richesse de ces mines de fer est telle que les
seules parties exploitées dans les montagnes de Kirunavara et de

Luossavara peuvent fournir, suivant les calculs approximatifs, une quantité de 250 millions de tonnes de minerai.

Le Pavillon de Suède.

En 1898, l'exploitation des 329 mines de fer du royaume a produit environ 2.300.000 tonnes dont 1.400.000 dévolues à l'exportation. Il n'y a toutefois que le fer en minerai qui soit exporté dans des proportions aussi considérables. La vente de la fonte à l'étranger est en effet beaucoup plus limitée; car, par suite du manque de houille dans

M. R. Akerman.
Président de la Commission royale.

le pays, les hauts fourneaux s'alimentent de charbon de bois. Pour l'année 1898, les hauts fourneaux n'ont pas consommé moins de 46 millions d'hectolitres de ce combustible. Mais, tous comptes faits, ce mode de chauffage revient plus cher que la houille; car, malgré l'excellence de ses qualités, le fer de Suède, en raison de son prix élevé, ne se tient pas toujours en première place, sur les marchés du monde.

Cependant, en 1898, les 143 hauts fourneaux du pays ont fourni une production totale de 532.000 tonnes de fonte. La fabrication des fers martelés et des aciers, ainsi que la production de leurs résidus (massiaux, fers bruts en barres, lingots de Bessemer, lingots de Martin, etc.), ouvrage de 126 usines, a rendu 464.000 tonnes, d'une valeur de 67 millions.

M. Thiel,
Commissaire général de la Suède.

L'industrie minière emploie environ 30.000 ouvriers d'usine et l'exportation générale de ses produits s'est élevée, en 1898, à un chiffre total de 70 millions.

Industrie des Fabriques.

En Suède, l'industrie des fabriques est presque une création du XIXᵉ siècle. La distance matérielle qui éloigne ce pays des autres contrées de l'Europe, la population appauvrie, disséminée sur une vaste superficie, la longueur des nuits d'hiver, le manque presque absolu de houille et bien d'autres causes ont longtemps arrêté l'essor de toute activité industrielle. Mais, depuis un siècle, les chemins de fer et les bateaux à vapeur ont rapproché les distances ; l'amélioration des systèmes d'éclairage a diminué les obstacles que les nuits d'hiver opposaient au libre exercice du travail et les forces nationales, autrefois absorbées tout entières par la guerre, ont pu, sous la perspective d'une longue période de paix, apporter toute leur énergie à la culture matérielle du pays. Le siècle qui finit a vu des progrès industriels : la valeur totale des produits suedois, estimée 14 millions de francs en 1800, s'est élevée en 1898 à plus de 1.500 millions et sur ce chiffre, 250 millions seulement constituent le rapport des usines à fer et des laiteries.

Outre ces usines et ces laiteries, la Suède possédait en 1898 environ 10.000 établissements industriels desservis par 246.000 ouvriers

Les industries qui figurent avec quelque importance dans la valeur de l'exportation sont celles qu'exploitent les scieries, les usines de pâte de bois, de papier, de carton, les usines de machines, les usines de minerais divers, les verreries, les tailles de pierre, la menuiserie, les fabriques d'allumettes, etc , sans compter bien entendu le minerai de fer et les laiteries.

Les scieries de grande entreprise sont principalement établies sur la côte qui longe le golfe de Bothnie. C'est là, dans la ville de Sundsvall et sur les bords de la rivière d'Angerman, que s'exerce le plus grand développement de cette industrie. En 1898, on comptait par tout le royaume 1.019 grandes scieries, occupant 40.683 ouvriers. La seule fabrication des planches et des madriers a produit 212 millions de francs, représentant la valeur de plus de 6 millions de mètres cubes de bois. Il y avait en Suède, dans la même année, 124 manufactures de pâte de bois, 59 fabriques de papier et de carton et 280 ateliers de menuiserie, employant ensemble un total de 20.127 ouvriers L'exportation de 1898 a compris dans ses chiffres 124.700 tonnes de pâte sèche, 56.800 tonnes de pâte humide et 37.960 tonnes de papier et carton, d'une valeur totale d'environ 34 millions de francs.

Les usines d'allumettes sont concentrées dans la province de Småland et plus spécialement à Jönköping. Leurs produits ont conservé jusqu'à ce jour leur supériorité sur toutes les fabriques étrangères.

L'industrie du fer et de l'acier est ici d'une première importance. La Suède, qui est la patrie de savants tels que Polhem, John Ericsson, Carlsund et de Laval, a toujours tenu une place prééminente dans la cience de la mécanique. Les usines de fer et d'acier ont leur siège dans les villes de Stockholm et d'Eskilstuna et leurs machines ainsi que leurs articles particuliers (couteaux, ciseaux, etc.) défient toute concurrence sur les marchés du monde. L'exportation des produits du fer (particulièrement celle des séparateurs, machines et appareils électriques) a rapporté en 1898 une valeur totale de 24 millions. Ladite industrie occupe en tout 45.000 hommes environ.

Les verreries au nombre de 50, comprenant un personnel de 1700 ouvriers, exportent principalement le verre de bouteille. Dans ces dernières années, les manufactures de Kosta et de Reymire ont acquis une sérieuse renommée pour leurs verres de table.

Les usines de pierres de taille fournissent surtout à l'exportation des matériaux de construction pour les rues et bâtiments.

Outre les industries précédentes, la Suède entretient encore d'autres usines de grande importance qui subviennent à l'alimentation du pays, telles que des raffineries de sucre dont la matière première, la betterave, est la culture principale des provinces méridionales, des distilleries d'eau-de-vie, des brasseries de bière, etc. L'État perçoit des droits élevés sur les alcools dont la vente est en outre soumise à une réglementation de police des plus rigoureuses. Ces dispositions ont eu pour conséquence de diminuer sensiblement la consommation de l'alcool dont l'abus constituait autrefois le vice héréditaire du pays.

L'industrie textile suedoise se développe sur 14.283 métiers et 332.176 fuseaux; mais sa production, qui ne suffit pas encore totalement aux besoins de la population, est complétée par l'importation étrangère, particulièrement en tissus de laine. Cette industrie a son siège dans les villes de Norrkoping et de Boràs.

Enfin la Suède possède quantité de moulins, briqueteries, tuileries ainsi que quelques grandes manufactures de tabacs.

Dans beaucoup d'usines, on emploie l'eau comme force motrice. Les cataractes plus ou moins élevées que les rivières forment sur tout leur parcours jusqu'à la mer sont d'ailleurs pour la Suède laborieuse de puissants auxiliaires de travail. Le pays trouve là des sources inépuisables de traction naturelle et d'energie électrique. Aussi, en dépit de la disette de houille, la Suède a-t-elle pu atteindre le rang élevé qu'elle occupe actuellement parmi les nations industrielles et jouit-elle d'une importance productrice qu'accroîtront encore les progrès de l'électricité. C'est dans ses forêts, dans ses mines de fer et dans ses cataractes que la nation puisera toujours des éléments nouveaux indispensables à son activité industrielle.

Commerce avec l'Étranger.

En raison de l'amélioration des voies de transport par terre, par eau et du développement continuel de sa culture materielle, les rapports commerciaux de la Suède avec les pays étrangers se so considérablement accrus au cours du XIX⁰ siècle. La valeur de l'im portation qui n'était que de 17 millions de francs, en 1799, s'e élevée à 632 millions en 1898. Un exemple qu'on cite à ce sujet re dra plus sensible la comparaison des deux époques au point de v commercial. La houille et le café sont les articles qui ont atteint le plus gros chiffres dans la valeur de l'importation suédoise en 18 soit respectivement 62 et 31 millions. Or, en 1799, la houille n comptait que pour 1 million : quant au café, dont l'entrée était alor prohibée, il ne figurait même pas sur la liste d'importation. L'expor tation, qui s'élevait à 36 millions de francs au commencement d siècle, réalise aujourd'hui un total de 479 millions.

Si la valeur de l'importation dépasse celle de l'exportation, ce dépend, en première ligne, de la différence des méthodes de calcu La valeur des marchandises importées comprend par exemple le frais de transport qui n'entrent pas dans celle des produits exportes

Il est encore à observer que les chiffres relatifs à l'importation ne comprennent pas les articles réimportés en franchise, de même qu les chiffres indiquant l'exportation ne se rapportent pas aux article réexportés.

Les principaux articles d'importation ont été les suivants : mine raux bruts d'une valeur de 86.200.000 francs (dont 62.300.000 franc de houille et 2.600 000 francs de sel) ; draps et toileries : 62.900.000 franc (dont 22.400.000 francs de tissus de laine) ; céréales : 55.600.000 franc (dont 26.700.000 francs de froment et 13.200.000 francs de seigle) e denrées coloniales : 51.500.000 francs (dont 31 millions de café).

Les plus importants articles d'exportation ont été : bois, évalue à 246.300.000 francs (dont bois sciés : 179.200.000 ; pâte de bois 21.600.000 francs ; allumettes : 10.000.000 francs) ; produits alimei taires d'animaux : 69.900.000 francs (dont beurre : 55.400.000 franc poissons : 10.500.000 francs) et métaux non travaillés ou travaillé en partie : 50.200.000 francs (dont fer et acier : 48.400.000 francs).

Les pays avec lesquels la Suède entretient les plus actives rela tions commerciales sont, depuis longtemps, la Grande-Bretagne e l'Irlande, l'Allemagne et le Danemark, qui, réunis, comprenaien 74, 7 0/0 de l'ensemble du mouvement commercial en 1898.

Marine de Commerce.

Cependant l'heureuse situation géographique du pays favorise
mieux que partout ailleurs les relations commerciales qui s'établissent
entre nations. De là la prospérité d'une production qui de tout temps
a été particulièrement remarquable en Suède : celle du rapport de la
navigation. Toutefois, son extension a pris une importance exceptionnelle depuis 1800, conséquence toute naturelle de l'essor extraordinaire qu'ont pris à partir de cette époque le commerce et l'industrie du royaume. A l'appui de cette assertion, les chiffres nous appren-
nent qu'en 1799 il y eut 5.069 entrées et sorties de navires marchands,
le tout représentant un tonnage d'ensemble de 364.390 tonnes. En
1898, la Suède abrita dans ses ports un nombre de 36.377 navires,
jaugeant ensemble 8.700.000 tonnes. Il est vrai que, sur ce chiffre,
6.800.000 tonnes reviennent aux vapeurs dont la circulation ne date
pas de cent ans.

Le mouvement maritime entre la Suède et l'étranger, ainsi qu'il
se constate par les entrées et les sorties des navires de toutes nations
dans les ports suédois, avait en 1898 l'étendue que montre le tableau
suivant:

Voiliers et vapeurs chargés	14.252	3.283.513	22.125	5.383.122
Voiliers et vapeurs sur lest...........	20.450	4.416.827	12.496	2.288.617
Totaux....	34.702	7.700.352	34.521	7.672.739

Le tonnage considérable et le grand nombre des navires partis
avec chargement en comparaison du tonnage et du nombre des
navires arrivés chargés sont bien propres à montrer que l'exportation de la Suède consiste à titre principal en marchandises pesantes
et volumineuses, comme les métaux et les bois.

La marine marchande de Suède se composait, à la fin de l'année
1898, de 2.821 navires, jaugeant 557.386 tonneaux de registre, dont

2.004 navires à voile, jaugeant 291.392 tonneaux et 817 navires vapeur, du total de 265.994 tonneaux. Les navires jaugeant au-de sous de 20 tonneaux n'y sont pas compris.

Les pays avec lesquels la Suède entretient le plus de relation maritimes sont la Grande-Bretagne, le Danemark et l'Allemagne.

La marine marchande suédoise, quoique considérable, ne suf pas encore aux besoins du pays et c'est l'étranger qui, en part notable, se charge des transports maritimes.

Voies de Communication.

C'est assurément à l'amélioration de ses voies de communication que la Suède doit essentiellement les grands progrès de son indus trie, de son commerce et de sa navigation depuis un siècle.

Canaux. — En général, les rivières de Suède ne sont pas acce sibles aux voiliers à cause de leur courant rapide et de leurs cata ractes. Les canaux étaient donc particulièrement indispensables à l navigation intérieure et au commerce indigène du pays. Aussi ont ils été l'objet de travaux considérables. Le plus grand canal de Suèd c'est le « Gotha Kanal », qui, prolongé par le « Trollhatte Kanal » forme avec les lacs Vettern et Venern une voie d'eau navigable d la Baltique à la mer du Nord. Cet ensemble de canalisation fu achevé en 1832.

Chemins de fer. — La première ligne de chemin de fer constru en Suède est une petite voie locale, inaugurée en 1856. Depuis, l'et blissement des voies ferrées a pris un tel développement qu'en 18 toutes les lignes du royaume, ajoutées bout à bout, formaient un longueur totale de 10.359 kilomètres, dont 3.676 appartiennent l'Etat et le reste aux entreprises particulières, soit sur le to 20.700 mètres par 10.000 habitants. La Suède occupe donc dans c ordre d'organisation le premier rang en Europe. Les frais construction s'élèvent à 910 millions environ, c'est-à-dire 3 14 0/0 d frais totaux de construction. Parmi les lignes actuellement en vo d'exécution, dont plusieurs sont d'une grande etendue, figure la lig précédemment citée qui réunira la mer Baltique à l'océan Atla tique en passant au-dessus du cercle Polaire.

Télégraphes et téléphones. — La première ligne télégraphique Suède a été posée en 1853. A la fin de 1898, la longueur totale réseaux de communication comprenait 14.088 kilomètres, et celle fils de lignes s'étendait à 43.725 kil. 500. Ce développement si rapi constaté par les chiffres ci-dessus, est cependant moindre que celui des entreprises téléphoniques qui, commencées dans les villes de Stockholm et de Gothembourg en 1880, s'étendaient sur une longueur totale de 127.000 kil. de fils à la fin de 1898. A Stockholm, le système téléphonique est particulièrement bien organisé et, depuis

M. Per Lamm,
Commissaire général adjoint.

1893, cette ville est en communication directe avec Christiania et Copenhague.

* *
*

L'amélioration matérielle dont la Suède a si largement profité pendant le xixᵉ siècle, d'après les détails relatés ci-dessus, a considérablement augmenté le bien-être de la population. Le pays, sorti de la misère dont il souffrait pendant les siècles précédents, jouit maintenant d'une situation économique complètement indépendante. En 1898, la richesse nationale de la Suède a été estimée, après défalcation de la dette publique, d'une valeur de 12.336 millions, soit 3.429 francs par habitant. La dette nationale, établie tout entière sur les emprunts qu'ont nécessités les améliorations apportées aux voies de communication, ne se montait guère, à la fin de 1898, qu'à une somme de 394.400.000 francs, soit 78 francs par habitant.

PORTUGAL

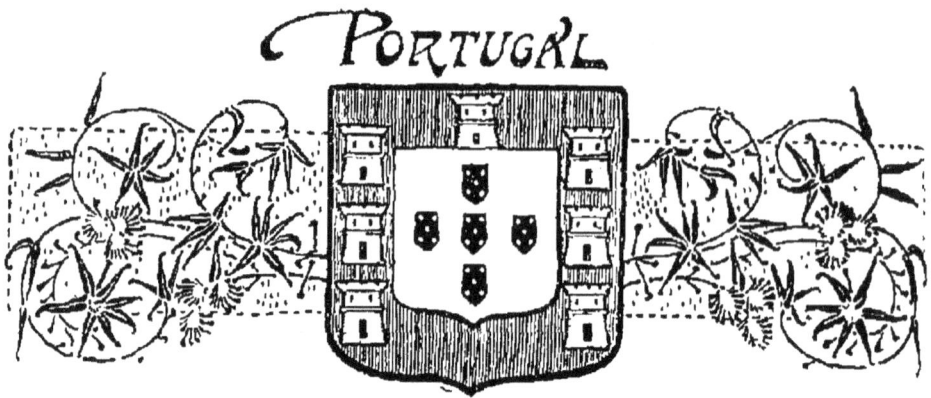

Notice concernant le Portugal

A l'Exposition Universelle de 1900

La section portugaise est une des plus intéressantes de l'Exposition universelle de 1900.

Sous une apparence modeste, parfaitement d'accord avec les recentes difficultes financières que le Portugal a éprouvées dernièrement, cette section s'impose cependant à l'attention du visiteur eclaire et consciencieux, que les splendeurs des installations n'éblouissent pas, mais qui, examinant le fond des choses, se livre à une etude approfondie pour y puiser des éléments de comparaison qui lui permettent de constater l'excellence des produits exposés et d'apprécier avec exactitude la valeur des nations exposantes.

Le rang du Portugal à l'Exposition est des plus honorables. La richesse et la bonté de ses produits agricoles, la perfection de ceux de son industrie, voilà les titres qui lui assignent ce rang. Précede du juste renom acquis dans toutes les Expositions où il a concouru, il vient affirmer une fois de plus qu'il ne s'est pas arrêté dans la voie du progrès intellectuel et matériel, qui n'est pas l'apanage exclusif des grandes nations.

Après maintes hesitations justifiées par les difficultes auxquelles nous avons fait allusion, le Portugal s'est decidé un peu tard à prendre part au concours universel des peuples. Pour ne point oberer

S. M. le roi de Portugal.

le Trésor par les frais qu'aurait entraînés l'action directe de l'Etat, le Gouvernement confia à des personnalités de la plus haute compétence le soin d'organiser la section portugaise, ne se réservant que d'y contribuer par une subvention votée par le Parlement. Telle est l'origine de la Commission organisatrice, qui se partagea en deux grandes Commissions siégeant respectivement à Lisbonne et à Porto. Ces Commissions se subdivisèrent en sous-sections constituées par des représentants des associations industrielles, agricoles et commerciales des deux villes principales du royaume.

La Commission organisatrice était présidée par un Inspecteur général, nommé par le gouvernement et chargé de la surintendance des travaux des commissions. Les hautes fonctions d'Inspecteur général furent dévolues à M. le conseiller Ressano Garcia, ancien ministre des Finances, professeur émérite de l'École de l'armée, *leader* du parti libéral, justement apprécié par ses travaux scientifiques, d'une affabilité extrêmement courtoise qui commande toutes les sympathies. Le choix ne pouvait être plus heureux, car il réunit toutes les qualités requises pour la charge si importante qui lui a été confiée.

Le Gouvernement nommait, en même temps, un Commissaire pour représenter à Paris l'Inspection générale dans ses rapports avec le Commissariat général de l'Exposition. Ce Commissaire est M. le vicomte de Faria, chargé d'affaires près les Républiques du Plata et de l'Uruguay, ancien inspecteur général des consulats et consul à Paris, où il a conservé dans le monde officiel et dans la haute société de nombreuses relations de nature à lui rendre aisée la mission délicate confiée à son zèle intelligent.

Son fils, M. Antonio de Faria, consul à Livourne, est le secrétaire du Commissariat et il en remplit les fonctions avec autant de compétence que de dévouement.

L'Exposition portugaise comprend deux pavillons ainsi que des emplacements qui lui ont été réservés parmi les sections étrangères dans les divers groupes de l'agriculture, de l'industrie et des beaux-arts. Un de ces pavillons est spécialement affecté aux produits des colonies, tandis que l'autre contient ceux de la pêche, de la chasse et des forêts.

Le pavillon colonial, de style moderne et d'aspect très agréable, se dresse au Trocadéro, dans une situation avantageuse, entre les pavillons étrangers. Il est de forme carrée. A l'intérieur, qui forme une grande salle, quatre colonnes supportent une galerie supérieure, d'où s'élancent quatre autres colonnes sur lesquelles repose la coupole brillamment décorée par le peintre portugais João Vaz. Les angles de l'édifice sont intérieurement dissimulés par quatre corps cylindriques, deux desquels contiennent les escaliers de communication avec la galerie. La frise est revêtue de peintures décoratives qui rehaussent l'effet de cette partie de l'édifice. De larges baies y laissent pénétrer à foison la lumière tamisée par des vitraux coloriés représentant alternativement les châteaux et les cinq écussons chargés de besants des armes portugaises.

Les produits exposés au pavillon colonial forment un ensemble des plus pittoresques. On y voit représentée toute la série des productions naturelles et de l'industrie des possessions du Cap-Vert, de Saint-Thomas et du Prince, d'Angola, de Mozambique, de l'Inde portugaise, du territoire de Macao et de la partie de l'île de Timor appartenant au Portugal; des tissus de toute espèce, des articles fort variés de tabletterie, de vannerie, de bimbeloterie, en ivoire, en écaille de tortue, etc., des meubles en laque, des canots indigènes, etc. La direction de l'installation a été confiée à M. A. Lobo d'Almada Negreiros, sous-préfet à l'île Saint-Thomas, qui a parfaitement réussi dans sa tâche. Il a eu pour auxiliaires les membres de la sous-section commerciale et coloniale, MM. A. de Souza Carneiro Lara, vice-président de l'association commerciale de Lisbonne, et L. Diégo da Silva, président de la Banque nationale d'outre-mer.

L'autre pavillon se trouve dans la rue des Nations, au quai d'Orsay, entre celui du Danemark et celui du Pérou. Son style n'est pas bien défini. A l'extérieur, la partie inférieure affecte l'apparence d'une muraille de quai, comme pour rappeler vaguement le glorieux passé maritime du Portugal, et les emblèmes de chasse et de pêche, peints sur la frise, indiquent assez la destination spéciale de ce pavillon.

L'intérieur comprend deux salons d'inégale grandeur. La décoration du premier, qui sert de vestibule, est fort originale. Les colonnes qui se dressent aux angles sont revêtues d'arabesques artistiquement faites avec des tresses et des nœuds en cordes alternativement goudronnées ou non, qui produisent l'effet le plus pittoresque. Ce travail a été exécuté par des marins de l'État. Les murs sont également décorés de grands cadres dont les moulures, faites de la même façon, offrent les dessins les plus variés. Ce salon est spécialement affecté aux produits et aux engins de la pêche, et l'on y remarque une collection de modèles des bateaux de pêcheurs des côtes du royaume et de ses colonies. L'installation est l'œuvre de M. Baldaque da Silva, officier supérieur de la marine de guerre et ingénieur hydrographe très distingué.

Quoique plus sobre, la décoration du grand salon ne mérite pas moins d'attirer l'attention. Elle consiste principalement en vélums aux peintures allégoriques, suspendus au centre, et dans l'agencement artistique des produits forestiers et de la chasse. Cette partie de l'Exposition comprend les lièges, si renommés, dont l'exploitation, qui est considérable, alimente la fabrication nationale de bouchons

et autres articles et constitue un article très important d'exportation.
L'aspect général de l'intérieur de ce pavillon produit l'impression la
plus agréable. L'organisation et l'installation des produits forestiers
est l'œuvre de M. Pedro Roberto de Silva, inspecteur général de
forêts au Ministère des Travaux publics, du Commerce et de l'Industrie, dont la compétence en la matière est indiscutable et qui est
bien connu en France par son zélé concours dans les Expositions
précédentes.

L'auteur des pavillons est M. Miguel Ventura Terra, diplôme de
Beaux-Arts en France. L'architecte qui en a dirige la construction
est M. José Luiz Monteiro, architecte de la ville de Lisbonne, également diplômé des Beaux-Arts, qui est aussi chargé des installations
avec le concours intelligent et zelé de M. Alexandre Soarès.

Pays essentiellement agricole, c'est surtout comme tel que le Portugal brille à l'Exposition.

Dès le commencement des travaux, la section agricole s'est trou-
vée sous la direction de M. Cincinnato da Costa, membre de l'Académie royale des sciences de Lisbonne, professeur à l'Institut d'agronomie, directeur de la Royale Association centrale de l'agriculture
portugaise, et de M. Dom Luiz de Castro, agronome, directeur
de la Royale Association d'Agriculture, ayant pour auxiliaire
M. A. C. Lecoq, directeur général *ad interim* de l'agriculture
au Ministère du Commerce et de l'Industrie. Sous les auspices de
spécialistes aussi compétents, dont la carrière est vouée à l'étude
des questions les plus intéressantes pour l'agriculture et au développement de cette source aussi abondante que précieuse de richesse
nationale, le succès n'était pas douteux. Aussi, l'Exposition des produits agricoles et alimentaires du Portugal attire-t-elle l'attention
du visiteur par le nombre, la grande variéte et la supériorité des produits exposes dans la Galerie des Machines du Champ de Mars, à
côté de ceux de l'Autriche, de la Russie et de l'Espagne, avec lesquels
ils peuvent soutenir la comparaison la plus honorable.

Cette Exposition couvre une superficie de 1.300 mètres carrés. Elle
est surtout remarquable par les vins excellents, de types extrêmement
variés, représentant toute la production vinicole du pays, évaluee
d'après les meilleures statistiques, à 5,500,000 hectolitres. Elle est
caractérisée par une grande vigne disposée en treille. On y voit aussi
un modèle de vigne *en fourches*, système de culture fort usité dans la
région viticole du Nord, où l'on trouve des ceps de 10 à 15 mètres de
hauteur rapportant, en moyenne, un panier de raisins, soit 10 litres
de vin. Citons aussi, comme curiosité remarquable, la réduction
exposée de la vigne de *Poceirão*, située entre Lisbonne et Setubal,
propriété de M. José Maria dos Santos, de la contenance de 2,400 hectares et plantée de 6 millions de ceps, dont la moyenne de production

annuelle est de 18,000 à 20,000 pipes, de 500 litres. C'est la plus considérable qu'on connaisse, car celle qui vient après, située en Algérie,
n'a guère plus de trois millions de pieds de vigne.

Les vins généreux de Porto et de Madère, de renommée universelle, sont largement représentés. Il en est de même de ceux de Car-
cavellos, si appréciés des gourmets. Comme vins de table, nous retrouvons dans la série des rouges le *Collares*, si connu par son bou-

M. le Conseiller Ressano Garcia,
Inspecteur Général de la section Portugaise.

quet et sa saveur, et ceux de Torres-Vedras, Almeirim, Alpiarça, etc.,
et dans celle des blancs le *Bucellas*, fort estimé, et ceux de Dão,
d'Alemtejo, etc. Comme nouveauté de l'industrie vinicole portugaise,
il faut remarquer les vins mousseux de la région du Douro, de fabrication très soignée, déjà bien connus dans le pays et assurément
appelés à être, dans un avenir prochain, l'objet d'une assez large
exportation.

Cette section comprend, en outre, quelques spécimens d'excellente eaux-de-vie de vin.

Parmi les produits alimentaires d'origine végétale, abondamment représentés par une grande variété de céréales, de plantes légumineuses et autres, les huiles, dont la production est considérable detiennent le premier rang. A remarquer les huiles de la region du Douro, des environs de Santarem et de la province d'Alemtejo aux alentours de Serpa, qui sont excellentes. Les fabriques d'Alvito e d'Alferrarede, les plus importantes du pays, exposent de beaux échantillons de ce produit de l'industrie agricole.

Une grande variété de fruits, d'une saveur exquise, éclos sur un sol exceptionnement privilégié, dans la zone tempérée du Nord et du Centre ou sous le beau ciel de l'Algarve, où règne un printemps continuel, complète cette belle exposition des produits agricoles.

Au nombre des industries alimentées par l'agriculture, il faut mentionner les fromages si estimés de la *Serra d'Estrella* et de l'*Alemtejo*, les eaux-de-vie de fruits, les tabacs, et les conserves alimentaires dont la consommation et l'exportation ont pris, depuis quelques années, un très grand développement justifié par l'excellence de la fabrication.

A remarquer une collection de gravures fort intéressantes représentant les principales variétés de raisins de production portugaise et faisant partie de la décoration du local de la section agricole; et consulter, entre autres ouvrages sur l'agriculture, *le Portugal vinicole*, tout récemment publié par M. Cincinnato da Costa, renfermant des informations très précieuses sur la culture de la vigne, les procédés de vinification, etc., et dont les gravures mentionnées ci-dessus font partie; et *le Portugal au point de vue agricole*, revue publiée sous la direction de MM. Dom Luiz de Castro et Cincinnato da Costa, en collaboration avec divers spécialistes et professeurs distingués.

L'exploitation des mines est abondamment représentée par les principaux minerais de production nationale, savoir : le manganèse, les pyrites cuprifères, le fer, le cuivre, le plomb, l'étain à galène argentifère, le quartz aurifère, la houille et le nitre ; et l'exploitation des carrières, par des pierres de taille granitiques et par de beaux marbres d'Estremoz.

La section industrielle a été, dès le début des travaux d'organisation, confiée à la haute compétence de M. Antonio José Arroyo, ingénieur très distingué, inspecteur des Ecoles industrielles et commerciales, ancien député, qui a été également chargé de la section des beaux-arts, et à celle de M. Henrique Taveira, industriel propriétaire de deux filatures et fabriques de tissus de coton, dont le concours intelligent et dévoué a aussi puissamment contribué avec celui de son collègue aux excellents résultats de ces travaux, malgré des obstacles de toute nature, dont le plus considérable a été l'épidémie qui a sévi à Porto pendant le deuxième semestre de 1899, épidémie qui a évité l'envoi d'un grand nombre de produits, par crainte des mesures sanitaires qui en frappaient l'exportation. Ils ont eu pour auxiliaires MM. Alfredo de Brito, secrétaire de l'Association industrielle portugaise et secrétaire de la commission de Lisbonne ; Estevão Torres, délégué commercial de la Commission de Porto et ingénieur d'un grand mérite ; le Conseiller Pedro Araujo, a Porto, et A. Teixeira Judice, ingénieur, chef du bureau de la propriété industrielle au Ministère du Commerce et de l'Industrie, commissaires techniques du Gouvernement.

La section de l'industrie manufacturière est la preuve évidente des grands progrès accomplis par le Portugal dans cette branche du travail humain. Malgré les nombreux obstacles qui s'opposent à ce que son développement prenne des proportions considérables, et dont le principal est la cherté des matières premières qu'elle doit demander à l'étranger, il n'y a qu'à examiner attentivement la perfection des produits exposés pour se convaincre que l'industrie a pris un tel essor et atteint un tel degré d'avancement en Portugal, qu'elle fait le plus grand honneur à ce pays.   .

Nous mentionnons très rapidement ce qui nous paraît le plus remarquable dans cette section.

Quoique fort résumée, la partie relative à la décoration et au mobilier des édifices publics et des habitations offre, par son caractère nationaliste, de réelles curiosités, en meubles de luxe et en meubles ordinaires à bon marché, ainsi que par la perfection des travaux de menuiserie et d'ébénisterie.

La céramique est fort intéressante. La partie concernant la construction forme toute une collection très variée de tuiles, briques, parquets en mosaïque, grès-cérames, qui atteste le haut degré de développement de cette fabrication. Pour les autres applications de la céramique, nous citons spécialement les ornements en terre cuite, la porcelaine de la fabrique de Vista Alegre, dont la technique ressemble beaucoup à celle de Limoges ; les faïences artistiques de Caldas da Rainha et de Porto ; et nous appelons surtout l'attention du visiteur sur les faïences, genre majolique, de Bordallo Pinheiro, aux émaux éclatants, remarquables par leur caractère nationaliste et par le dessin éminemment artistique et d'une originalité étonnante ; sur les faïences de la fabrique de Caldas et sur les figurines de la fabrique de Devezas, représentant des costumes nationaux. Cette section contient, en outre, une nombreuse et belle collection de cristaux, de verre poli et gravé et de vitraux.

L'exposition de l'industrie cotonnière est des plus complètes. On y voit le coton en préparation ; le fil écru, teint ou blanchi, en écheveaux, en pelotons, en bobines ; le coton en ouate, le coton hydrophile ; du tricot, de la passementerie, du fil recouvert pour applications de transmission de l'electricité ; des tissus écrus, blanchis, teints ou imprimés, dont il est fait une grande consommation dans le pays et qui s'exportent sur une large échelle pour les colonies portugaises et le Brésil, où ils concourent avantageusement avec les produits similaires étrangers. C'est une des branches d'industrie qui a atteint le plus parfait développement en Portugal.

Dans la classe des fils et tissus de laine, les draps fabriqués à Lisbonne et à Covilhã se font remarquer et justifient la large consommation qui en est faite en Portugal et dans ses colonies, ainsi qu'au Brésil.

Nous ne clorons pas cet aperçu si rapide de la classe des tissus sans mentionner les soieries et sans appeler l'attention du visiteur sur les dentelles de Peniche, si délicatement travaillées, aux dessins si gracieux, très connues et appréciées, même à l'étranger, ainsi que sur les travaux en guipure et en passementerie de l'île de Madère, d'un fini si parfait, et à si bon marché.

L'industrie du papier est surtout représentée par la compagnie du Prado, dont les cinq fabriques produisent annuellement 4 millions de kilogrammes, depuis le papier d'emballage le plus ordinaire jusqu'au papier à écrire de qualité supérieure et au papier d'impression en feuilles et en bobines.

L'orfèvrerie, cet art qui depuis des siècles jouit en Portugal d'une réputation bien méritée par les innombrables travaux artistiques qu'il a accomplis, affirme son excellence par un grand nombre d'ouvrages de styles divers. Elle offre spécialement à l'attention du visiteur l'épée d'honneur offerte à M. le major Mousinho d'Albuquerque, gouverneur général de Mozambique, comme témoignage de la reconnaissance publique pour ses services et ses exploits pendant la dernière campagne contre les indigènes, et un surtout monumental. Ces deux pièces, d'incontestable valeur artistique, ont été modelées par le grand sculpteur portugais Teixeira Lopes et sortent des ateliers de la maison Rosas, de Porto.

Presque toutes les autres branches de l'industrie manufacturière exhibent leurs produits : appareils de chauffage et d'éclairage, becs à incandescence, bougies automatiques, vêtements, cuirs, chapellerie, parfumerie, coutellerie, maroquinerie, vannerie, métaux repoussés, etc.; la typographie, qui a obtenu les plus hautes récompenses dans toutes les expositions ; la photographie, les instruments de précision et d'arpentage exposés par l'Institut industriel de Lisbonne ; les instruments de chirurgie, etc.

La nombreuse collection exposée par l'Arsenal de Guerre de Lisbonne suffit à démontrer l'état d'avancement des industries corrélatives et donne l'idée la plus avantageuse de cet établissement, parfaitement outillé pour fabriquer des armes blanches et à feu, des canons, le matériel d'artillerie et du génie, des projectiles, des munitions, tous les articles d'équipement, de campement et de harnachement à l'usage de l'armée, ainsi que pour exécuter toutes les réparations de l'armement acheté à l'étranger.

L'Arsenal maritime de Lisbonne expose également une belle

M. le vicomte de Faria, Commissaire général.

série de produits de ses usines, d'articles destinés à l'armement des troupes de l'armée de mer, au gréement et à l'équipement des navires, des câbles et des toiles à voile de qualité supérieure, etc. Cet arsenal, qui vient de subir une transformation complète sous la direction technique de M. Croneau, officier du génie maritime français, est à même de produire tout son outillage, de faire toutes les grandes réparations des navires et de leurs machines et de construire de toutes pièces des croiseurs du système moderne.

Ces deux établissements de l'État attestent, par la perfection de

leurs produits, les grands progrès récemment accomplis en Portuga
par les industries corrélatives.

A côté des grands chefs-d'œuvre de l'art contemporain, groupe
dans le grand Palais des Champs-Élysées, le Portugal expose quel
ques travaux d'artistes de talent, affirmant ainsi que le goût pour le
Beaux-Arts n'a pas cessé de se développer dans ce pays, qui possède
tant et de si précieux spécimens séculaires de peinture, de sculpture
et d'architecture. S. M. le roi dom Charles, illustre rejeton d'une
race de rois artistes, expose un beau pastel représentant *le Lever de
filets d'une madrague* et qui affirme les hautes qualités artistiques de
son· auteur.

Parmi les œuvres des peintres dont la renommée n'est plus à
faire, il faut citer les portraits de quelques notabilités portugaises e
un *Saint Antoine* de Columbano Bordallo-Pinheiro, artiste du plu
fort tempérament et portraitiste insigne ; — un portrait par Veloso
Salgado ; — un délicieux *Matin* de Carlos Reis, paysagiste, dont les
travaux sont fort intéressants ; — les tableaux de Souza Pinto, l'au
teur si connu de la *Culotte déchirée*, qui excelle dans les tableaux de
genre et est doublé d'un parfait Parisien ; — les peintures de fleur
de Mme Maria-Augusta Bordallo Pinheiro ; — le *Viatique*, tableau de
grande valeur du professeur Malhoa, qui a produit tant d'élèves dis
tingués. — A coté de ces artistes consacrés, il n'est que juste de
mentionner MM. Candido da Costa et son tableau *La rentrée des
bateaux*, Julio Ramos, excellent paysagiste, et Julio Canciro, por.
traitiste, trois artistes du plus bel avenir.

La sculpture est représentée par quelques travaux de Teixeira
Lopes, le premier des sculpteurs portugais contemporains, qui ex·
pose un beau groupe, *La Charité,* œuvre aux grandes allures et
affranchie des vieilles formules conventionnelles ; ses portes monu
mentales pour l'église de la Chandeleur, à Rio de Janeiro ; et les
Enfants, spécimen du genre où il excelle ; — ainsi que par quelques
travaux de son père et de son frère ; — par Thomas Costa, artiste
délicat ; — par Fernandes de Sà, avec *Ganymède*, récompensé au
salon de 1900 par une mention honorable ; — et par Meyrelles, élève
de Teixeira Lopes, dont la belle composition, *Martyre*, est bien digne
d'être appréciée.

A remarquer, pour l'architecture, le projet de construction du pa·
lais de justice de Lisbonne, par M. Ventura Terra, l'auteur des
pavillons de l'exposition portugaise ; celui de M. Marques da Silva
architecte émérite, diplômé de l'École des Beaux-Arts, pour la recons·
truction de l'édifice des *Jéronymos* (couvent des Hyéronimites) de
Lisbonne, ce joyau si précieux du genre gothique portugais connu
sous la dénomination d'architecture *manuéline*. et celui de la gare
centrale de Porto,. du même artiste.

Les œuvres si rapidement énumérées des principaux artistes témoignent hautement que le culte des Beaux-Arts a en Portugal de fervents et de très illustres adeptes.

C'est à dessein que nous terminons cette notice par quelques mots sur le groupe de l'éducation et de l'enseignement; car c'est surtout par l'instruction d'un peuple qu'on peut juger de l'état de sa civilisation. Or il convient de mettre bien en relief tout ce qui peut démontrer que le Portugal, au prix des plus grands efforts, a accompagné dans sa marche vertigineuse le siècle près de s'éteindre et suivi le mouvement général de la civilisation et du progrès matériel.

Les monographies, ainsi que les plans et les modèles d'écoles, publiés et exposés par les soins de l'Inspection générale, prouvent à l'évidence qu'en Portugal l'instruction primaire est très répandue au moyen d'un grand nombre d'écoles entretenues par l'État, et que l'instruction secondaire ou supérieure, dégagée des entraves de l'internat, est accessible à toutes les classes de la société. On y voit que le régime des écoles publiques, depuis les primaires jusqu'à l'Université de Coïmbre, et les programmes des études, sont parfaitement d'accord avec les préceptes de la pédagogie moderne, et que le pays possède toutes les écoles spéciales qui complètent le cycle de l'enseignement, parmi lesquelles il est juste de citer, pour le niveau élevé des études, l'École de l'armée, pépinière d'officiers de toutes les armes, l'École navale, les Écoles polytechniques et les Écoles de médecine de Lisbonne et de Porto, le Collège militaire, l'Institut d'agronomie, l'Institut industriel, l'Académie des beaux-arts, le Conservatoire de musique, etc.

L'enseignement industriel, cette branche si utile de l'instruction publique, loin d'être négligé, a été fécond en résultats pratiques. Il est en ce moment l'objet d'une transformation profonde, due à l'introduction dans le pays des idées qui déterminèrent en France l'enquête décrétée en 1881 par Antonin Proust et publiée en 1884. Les travaux de cordonnerie, de fleurs, de cartonnages, de vannerie, de menuiserie, de serrurerie, exposés par les élèves de ces écoles disséminées en assez grand nombre dans le pays, révèlent la forte impulsion donnée à cet enseignement.

Les nombreux ouvrages sur l'enseignement, en général, les belles cartes dressées par la Commission géodésique et par le Bureau hydrographique, ainsi que tant d'autres travaux analogues de grand mérite, sont comme le corollaire de notre affirmation concernant le haut degré du développement de l'instruction publique en Portugal.

Ce pays, où foisonnent les institutions de prévoyance et de secours mutuels, et dont la charité s'émeut aux appels de toutes les misères pour faire éclore, comme par enchantement, des asiles pour l'enfance ou pour la vieillesse et des établissements charitables de toute

leurs produits, les grands progrès récemment accomplis en Portugal par les industries corrélatives.

A côté des grands chefs-d'œuvre de l'art contemporain, groupés dans le grand Palais des Champs-Élysées, le Portugal expose quelques travaux d'artistes de talent, affirmant ainsi que le goût pour les Beaux-Arts n'a pas cessé de se développer dans ce pays, qui possède tant et de si précieux spécimens séculaires de peinture, de sculpture et d'architecture. S. M. le roi dom Charles, illustre rejeton d'une race de rois artistes, expose un beau pastel représentant *le Lever des filets d'une madrague* et qui affirme les hautes qualités artistiques de son auteur.

Parmi les œuvres des peintres dont la renommée n'est plus à faire, il faut citer les portraits de quelques notabilités portugaises et un *Saint Antoine* de Columbano Bordallo-Pinheiro, artiste du plus fort tempérament et portraitiste insigne ; — un portrait par Veloso Salgado ; — un délicieux *Matin* de Carlos Reis, paysagiste, dont les travaux sont fort intéressants ; — les tableaux de Souza Pinto, l'auteur si connu de la *Culotte dechirée*, qui excelle dans les tableaux de genre et est doublé d'un parfait Parisien ; — les peintures de fleurs de Mᵐᵉ Maria-Augusta Bordallo Pinheiro ; — le *Viatique*, tableau de grande valeur du professeur Malhoa, qui a produit tant d'élèves distingués. — A coté de ces artistes consacrés, il n'est que juste de mentionner MM. Candido da Costa et son tableau *La rentree des bateaux*, Julio Ramos, excellent paysagiste, et Julio Caneiro, portraitiste, trois artistes du plus bel avenir.

La sculpture est représentée par quelques travaux de Teixeira Lopes, le premier des sculpteurs portugais contemporains, qui expose un beau groupe, *La Charité*, œuvre aux grandes allures et affranchie des vieilles formules conventionnelles ; ses portes monumentales pour l'église de la Chandeleur, à Rio de Janeiro ; et les *Enfants*, spécimen du genre où il excelle ; — ainsi que par quelques travaux de son père et de son frère ; — par Thomas Costa, artiste délicat ; — par Fernandes de Sà, avec *Ganymède*, récompensé au salon de 1900 par une mention honorable ; — et par Meyrelles, élève de Teixeira Lopes, dont la belle composition, *Martyre*, est bien digne d'être appréciée.

A remarquer, pour l'architecture, le projet de construction du palais de justice de Lisbonne, par M. Ventura Terra, l'auteur des pavillons de l'exposition portugaise ; celui de M. Marques da Silva architecte émérite, diplômé de l'Ecole des Beaux-Arts, pour la reconstruction de l'édifice des *Jéronymos* (couvent des Hyéronimites) de Lisbonne, ce joyau si précieux du genre gothique portugais connu sous la dénomination d'architecture *manuéline*, et celui de la gare centrale de Porto, du même artiste.

Les œuvres si rapidement énumérées des principaux artistes témoignent hautement que le culte des Beaux-Arts a en Portugal de fervents et de très illustres adeptes.

C'est à dessein que nous terminons cette notice par quelques mots sur le groupe de l'éducation et de l'enseignement; car c'est surtout par l'instruction d'un peuple qu'on peut juger de l'état de sa civilisation. Or il convient de mettre bien en relief tout ce qui peut démontrer que le Portugal, au prix des plus grands efforts, a accompagné dans sa marche vertigineuse le siècle près de s'éteindre et suivi le mouvement général de la civilisation et du progrès matériel.

Les monographies, ainsi que les plans et les modèles d'écoles, publiés et exposés par les soins de l'Inspection générale, prouvent à l'évidence qu'en Portugal l'instruction primaire est très répandue au moyen d'un grand nombre d'écoles entretenues par l'État, et que l'instruction secondaire ou supérieure, dégagée des entraves de l'internat, est accessible à toutes les classes de la société. On y voit que le régime des écoles publiques, depuis les primaires jusqu'à l'Université de Coimbre, et les programmes des études, sont parfaitement d'accord avec les préceptes de la pédagogie moderne, et que le pays possède toutes les écoles spéciales qui complètent le cycle de l'enseignement, parmi lesquelles il est juste de citer, pour le niveau élevé des études, l'Ecole de l'armée, pépinière d'officiers de toutes les armes, l'Ecole navale, les Écoles polytechniques et les Ecoles de médecine de Lisbonne et de Porto, le Collège militaire, l'Institut d'agronomie, l'Institut industriel, l'Académie des beaux-arts, le Conservatoire de musique, etc.

L'enseignement industriel, cette branche si utile de l'instruction publique, loin d'être négligé, a été fécond en résultats pratiques. Il est en ce moment l'objet d'une transformation profonde, due à l'introduction dans le pays des idées qui déterminèrent en France l'enquête décrétée en 1881 par Antonin Proust et publiée en 1884. Les travaux de cordonnerie, de fleurs, de cartonnages, de vannerie, de menuiserie, de serrurerie, exposés par les élèves de ces écoles disséminées en assez grand nombre dans le pays, révèlent la forte impulsion donnée à cet enseignement.

Les nombreux ouvrages sur l'enseignement, en général, les belles cartes dressées par la Commission géodésique et par le Bureau hydrographique, ainsi que tant d'autres travaux analogues de grand mérite, sont comme le corollaire de notre affirmation concernant le haut degré du développement de l'instruction publique en Portugal.

Ce pays, où foisonnent les institutions de prévoyance et de secours mutuels, et dont la charité s'émeut aux appels de toutes les misères pour faire éclore, comme par enchantement, des asiles pour l'enfance ou pour la vieillesse et des établissements charitables de toute

espèce ; qui possède un corps complet de législation civile et crimi-
nelle calquée sur celle des nations les plus avancées et empreinte
d'un caractère de douceur qui s'allie parfaitement avec les mœurs si
douces du peuple, et qui s'honore d'être, entre tous les autres, le
premier qui ait inscrit dans les traités internationaux la clause de
n'accorder jamais l'extradition qu'à la condition que la peine capitale,
depuis longtemps bannie de son code, ne sera pas appliquée à l'ex-
tradé ; qui, par de persévérants et tenaces efforts, s'applique à faire
valoir les immenses ressources naturelles de son sol privilégié et à
developper son industrie dans la brillante mesure démontrée par la
présente Exposition : ce pays, disons-nous, bien loin d'être arriéré
et esclave de la routine, comme on se plaît trop souvent à le repre-
senter sans connaissance de cause, a suivi la marche du progrès et
détient un rang des plus honorables dans cette assemblee des nations

Nous le saluons aussi de toutes nos sympathies et lui souhaitons
la bienvenue au concours universel de 1900.

V. W.

Notice concernant la Bulgarie

A l'Exposition Universelle de 1900

———————

Peuplée de 3.310.000 habitants, la Bulgarie est une monarchie constitutionnelle avec pouvoir représentatif. Le souverain est S. A. R. Ferdinand 1er, élu le 7 juin 1887. Le prince héritier est S. A. R. Boris.

Le sol de la Bulgarie est généralement très fertile; sur les 9.927.600 hectares, plus de 2.311.000 sont cultivés en champs, vignes et jardins potagers. Les pres et pâturages absorbent près de 6 millions d'hectares et les forêts 1.332.429 hectares.

Sofia, la capitale de la Bulgarie, compte aujourd'hui 60.000 habitants. Comme villes, dont l'importance croît chaque jour, il convient de citer Philippopoli, Roustchouk, Varna, Bourgas, Tirnovo, Viddin, Sistow, Sliven, Choumen, etc.

On compte huit ministères. La dette publique est de 220 millions de francs et le budget annuel de 84 millions en recettes et en dépenses.

Créé le 19 novembre 1893, le ministère du Commerce et de l'Agriculture de Bulgarie est composé de diverses sections : agriculture, commerce et industrie, mines, forêts, art vétérinaire, assurances contre la grêle, comptabilité. Du même ministère, dépendent encore la direction de la statistique, l'administration centrale des caisses agricoles, les chambres de commerce, le musée commercial et industriel bulgare à Sofia, l'imprimerie d'État, les mines d'État, les écoles d'agriculture, les écoles de métiers et enfin l'école commerciale de Sistow.

La France, l'Autriche-Hongrie, l'Italie, la Grande-Bretagne, à Russie, la Roumanie et la Serbie ont conclu avec la Bulgarie des traités de commerce donnant à leurs nationaux une entière liberté d'action dans le territoire de la Principauté.

De 1888 à 1898, le commerce de la Bulgarie avec les États étrangers s'établit de la manière suivante :

ANNÉES.	IMPORTATIONS.	EXPORTATIONS.
	francs.	francs.
1888..	66.362.434	64.198.637
1889.	72.869.245	80.581.076
1890..	84.530.497	71.051.123
1891........ ..	84.348.150	71.065.085
1892.	77.303.007	74.640.354
1893......	90.867.900	91.463.653
1894..	99.229.193	72.850.675
1895......	69.020.295	77.685.546
1896...	76.530.278	108.739.977
1897....	83.994.236	59.790.511
1898.....	72.730.250	66.537.007

Depuis 1894, le Gouvernement fait bénéficier d'avantages spéciaux les industriels bulgares ou étrangers créant des établissements offrant de sérieuses garanties de durée et de prospérité Diverses exemptions d'impôts et de droits de douane sont accordées aux industriels susdits, ainsi que d'importantes réductions sur les tarifs des Compagnies de chemins de fer. Bref, les administrations publiques ne négligent aucune occasion de favoriser les étrangers qui viennent en Bulgarie pour y faire fructifier leurs capitaux.

L'industrie des tapis prend chaque jour un nouveau développement; leur bonne qualité, leur prix de revient très modéré et la solidité dont ils font preuve à l'usage leur assurent chaque jour de nouveaux débouchés. Les tapis Bulgares peuvent lutter avec les meilleurs tapis d'Orient; il est facile de s'en rendre compte *de visu* en visitant le Pavillon Princier, au quai d'Orsay.

S. A. R. Ferdinand Ier, Prince de Bulgarie.

Il y a près de deux ans s'est ouvert, à Sofia, un musée commercial et industriel destiné à créer de nouveaux débouchés aux produits bulgares.

Les négociants et les particuliers du monde entier peuvent adresser directement leurs demandes de renseignements et d'échantillons. Toutes informations utiles leur sont données avec la plus grande exactitude, et le musée se charge même de transmettre, dans les meilleures conditions de fabrication et de prix, les commandes qui lui sont adressées.

On peut également s'adresser à la Légation, 94, avenue Kléber, à Paris, pour y demander tous renseignements commerciaux et agricoles sur la Principauté.

Le catalogue spécial, édité par les soins du Commissariat général de Bulgarie à l'Exposition universelle de 1900, donne les renseignements les plus détaillés sur les diverses branches de l'activité nationale bulgare que nous venons d'effleurer dans cette rapide esquisse, et nous y renvoyons toute personne désireuse de connaître à fond les ressources commerciales et industrielles d'un pays dont la culture intellectuelle et économique est le constant souci du Gouvernement et mérite de retenir l'attention des gens sérieux des deux mondes.

P. D.

Pavillon de la Bulgarie.

Notice concernant la Roumanie

A l'Exposition Universelle de 1900

La Roumanie qui n'avait pris officiellement part, depuis 1867, à aucune de nos Expositions universelles, entend figurer brillamment à celle de 1900. Elle a fait voter par son Parlement une somme de 2 millions pour sa participation au grand tournoi pacifique dont le merveilleux panorama se déroule déjà sur les deux rives de la Seine : elle a appelé à la tête de son Commissariat général, ainsi que des divers comités d'organisation de son Exposition, des hommes d'une valeur éprouvée, presque aussi connus en France qu'en Roumanie, et dont l'effort incessant ainsi que le labeur patriotique font présager l'entière réussite ; enfin, elle a confié le soin d'édifier ses deux principaux pavillons à M. Formigé, l'architecte de la Ville de Paris, universellement connu par le retentissant succès de ses palais des Beaux-Arts et des Arts libéraux érigés au Champ de Mars, lors de la dernière Exposition de 1889.

Or la Roumanie qui, depuis les temps les plus reculés jusque dans la première moitié de ce siècle, n'a eu d'autre souci que de défendre son existence contre les hordes des envahisseurs, qui n'a jamais pu jouir des loisirs fécondants de la paix et qui pendant plus d'un siècle et demi a subi le joug de la domination étrangère, ne possède pas encore à l'heure qu'il est une architecture nationale bien caractérisée. Forcés de chercher un refuge dans leurs forêts et dans

m

leurs montagnes, craignant toujours la surprise d'un coup de main condamnés à une vie de défense et de lutte, les anciens Roumains ne pouvaient songer à l'art de bâtir des villes ni même des maisons dont le séjour ne leur offrait aucune sécurité. Braves et pieux, ils ne rentraient de quelque expédition lointaine que pour manifester leur foi religieuse en bâtissant des églises.

C'est ce qui explique pourquoi seule l'architecture religieuse existe en Roumanie. On n'y relève presque aucune trace d'édifices civils ou militaires anciens; en revanche, on y trouve un nombre incalculable d'églises et de couvents. Il n'est pas de ville d'une population moyenne de 10,000 à 15,000 habitants qui ne compte au moins une dizaine d'églises. Bucarest en a 115, Jassi 50, et l'on peut estimer actuellement à environ 7,000 le nombre des édifices de toutes sortes, églises, couvents, monastères consacrés au culte dans le jeune royaume danubien. Cette profusion de monuments religieux ne pouvait manquer de frapper l'esprit et les yeux de M. Formigé, au cours du voyage qu'il entreprit en Roumanie pendant l'été de 1898, dans le but d'étudier sur place le type prédominant de l'art architectural roumain.

Désireux de conserver au pavillon qu'il avait été chargé d'édifier au quai d'Orsay le caractère, le style, l'ornementation des constructions roumaines qui avaient fixé son attention, et de mêler aussi à ces éléments quelques formes plus nouvelles, inspirées de l'évolution toute naturelle qu'aurait accomplie l'art roumain s'il avait pu suivre sa marche et son développement réguliers à travers les âges, M. Formigé s'est appliqué et a réussi à faire œuvre d'artiste en se montrant, dans la conception et l'exécution de son palais, novateur original en même temps que gardien respectueux des traditions du passé.

Les types d'architecture roumaine des xvᵉ et xviᵉ siècles, qui ont le plus contribué à inspirer l'auteur de ce palais, sont les églises d'Argesh, des Trois-Hyérarques de Jassi, d'Horezu, toutes trois fleurs tardives, mais originales de l'art byzantin.

C'est ainsi que le hall central du Pavillon Royal reproduit le *pronaos* du monastère d'Horezu. Surmonté d'une vaste coupole mesurant 30 mètres de hauteur, ce hall est occupé par un grand escalier à double rampe conduisant aux galeries du premier étage, lesquelles se terminent par deux élégants pavillons couronnés de deux clochetons, dont la forme est empruntée à la cathédrale d'Argesh, restaurée, il y a quelques années, par un autre architecte français, M. Lecomte du Nouy.

Sur les façades sont reproduits divers motifs inspirés par l'architecture et la décoration des monuments religieux roumains. La porte principale n'est autre que le porche de l'église d'Horezu; les fenêtres latérales imitent celles de l'église de Stavropoleos, tout en étant de plus grande dimension; les colonnades des extrémités tiennent à la fois du pronaos d'Horezu et de celui d'Argesh; enfin, sur la façade principale, l'arc de grand tympan, dont la courbe est d'un effet si puissant, a été emprunté à l'église d'Argesh, mais s'est enrichi en même temps de la corniche à consoles de l'église des Trois-Hyérarques de Jassi. C'est également cette dernière église qui a fourni le dessin

S. M. R. Charles Ier, roi de Roumanie.

de la frise qui forme une riche ceinture à tout le monument. Com[me]
à Argesh, les coupoles sont ornées de rinceaux et de caboch[es]
dorés du plus heureux effet décoratif. Quant à l'appareil des mur[s]
façade, il comporte des assises de briques émaillees, en même te[mps]
que des motifs de sculpture dont la variété constitue un ensemble[le]
plus harmonieux.

Le second pavillon que M. Formigé construit pour la Rouma[nie]
au quai d'Orsay reproduit un type de l'antique maison des cha[mps]
roumaine, dont le modèle avec quelques variétés est très en vo[gue]
dans les nouvelles bâtisses de Bucarest.

On y a installé, par les soins et sous la haute surveillance [du]
Commissariat général, un restaurant roumain, où l'on dégus[te]
les liqueurs et les boissons nationales et où les amateurs de bo[nne]
chère et de bonne musique (car on y entendra les fameux Laut[ari]
qui ont fait courir tout Paris en 1889) se donneront journellem[ent]
rendez-vous pendant toute la durée de l'Exposition.

Un très élégant pavillon tout en majolique, et dont l'origin[e]
et riche décoration est l'œuvre de la Société de Basalte et Ceram[ique]
de Bucarest, est annexé au restaurant et servira au debit des tab[acs]
de la manufacture royale de Bucarest, tabacs aussi connus et a[ussi]
appréciés du public que ceux de Turquie et d'Egypte.

Un pavillon, de formes et d'allures fort originales, a été bâti à V[in]
cennes pour l'exposition du pétrole roumain dont la productio[n]
la qualité sont tout aussi riches qu'appréciées sur les marchés in[dus]
triels de l'Europe.

On retrouve enfin la Roumanie au Palais des Beaux-Arts, à c[elui]
de l'Alimentation (où son exposition agricole et vinicole est [la]
plus remarquable), aux Tissus, aux Forêts, au Génie civil, aux Indu[s]
tries chimiques, et les produits qu'elle expose dans chacune de [ces]
sections témoignent des progrès considérables réalisés par le je[une]
royaume dans toutes les branches de l'activité commerciale, industri[e]
et économique, sous le règne glorieux de Sa Majesté le roi Charles [I.]

La haute protection du Souverain et l'intérêt tout particulier q[ue]
Sa Majesté a daigné témoigner à la participation de la Rouma[nie]
à l'Exposition universelle de 1900 ont été de puissants stimula[nts]
pour les hommes d'élite auxquels le Gouvernement Royal a co[nfié]
le soin d'organiser dignement cette participation.

Une part — et une part considérable — du succès final rev[ient]
en première ligne à l'éminent Ministre du Commerce, de l'Agric[ul]
ture, de l'Industrie et des Domaines de Roumanie, S. E. M. Nicol[as]
Fleva, de qui relèvent directement tous les services du Commissa[riat]
général, et qui, dès le mois de janvier dernier, est venu lui-mêm[e à]
Paris pour apporter aux organisateurs de la section roumaine l'a[u]
torité de son precieux concours et de son expérience eprouvée.

Un comité d'organisation placé sous la présidence d'honneur [du]
Ministre et sous la présidence effective du Commissaire général [du]
Gouvernement Royal à l'Exposition universelle de 1900, a réglé, av[ec]
une sollicitude et une compétence toutes spéciales, tous les deta[ils]
de la participation de la Roumanie à l'Exposition : ce comité e[st]
composé de MM. Nicolas Filippesco, vice-président de la Chambre d[es]

putés et ancien maire de la ville de Bucarest; M. le général
gesco-Dabija, Intendant général de l'Armée; M. Minco, archi-
te; M. Scortsesco, député; et de M. Zanné, ingénieur et grand
ustriel de Bucarest.

Le Commissaire général du Gouvernement roumain à l'Exposi-
n universelle de 1900 est M. Démètre C. Ollanesco, envoyé
traordinaire et Ministre plénipotentiaire de S. M. le Roi de Rou-

M. Ollanesco,
Commissaire général de Roumanie.

anie, membre de l'Académie roumaine, et l'un des diplomates
des lettrés les plus en vue de son pays. Né à Focsani, en 1849,
. Ollanesco faisait ses études en France lorsque la guerre de 1870
bligea à aller les poursuivre et les achever en Belgique. Tour à
ur magistrat, avocat, député au Parlement roumain, M. Ollanesco
fait néanmoins de la diplomatie sa principale carrière. Entré en
76 au Ministère des Affaires étrangères, en qualité de Directeur
olitique, il fut désigné en 1878 pour assister le Commissaire général
umain près les armées impériales russes, lors de la participation

de la Roumanie à la guerre russo-turque de 1877-1878. Prem.
secrétaire à Constantinople en 1880, chef de la direction consulaire
du contentieux au département des Affaires étrangères en 18.
secrétaire général de ce même département en 1885, chargé d'affair
à Vienne en 1887, M. Ollanesco se vit confier en 1889 la Légati
royale de Roumanie à Athènes. Il abandonna ce poste en 1893, à l
suite de la rupture des relations diplomatiques entre la Roumanie
la Grèce, à propos de l'affaire Zappa. Depuis, M. Ollanesco s'b
plus spécialement occupé de littérature. Il a fait représenter av
succès plusieurs ouvrages dramatiques sur la scène roumaine (ent
autres une magistrale traduction en vers du *Ruy Blas* de Victor Hugo
Sa très remarquable traduction — également en vers roumains — d
œuvres d'Horace lui a ouvert, en 1893, les portes de l'Académie ro.
maine dont il a été pendant deux ans le vice-président. On doit égal
ment à M. Ollanesco, qui est depuis longtemps membre de la Commi-
sion des théâtres de Roumanie, une très intéressante et très savant
histoire du théâtre roumain, depuis ses origines jusqu'à nos jours
   M. Ollanesco a à ses côtés, comme Commissaire spécial
M. N. Coucou, ingénieur en chef des ponts et chaussées, député a.
Parlement roumain, ancien directeur des travaux de la ville de Bucarest et ancien secrétaire général du Ministère de l'Agriculture, d
Commerce, de l'Industrie et des Domaines. M. Coucou est l'aute
d'un remarquable ouvrage sur le pétrole et ses dérivés, publié e
1881, faisant autorité dans la matière et qui a obtenu les suffrages d
l'Académie roumaine; il s'est fait en outre très avantageusemen
connaître par sa haute compétence dans les diverses questions industrielles (entre autres, celle du service des eaux), qui sont actuellemen
à l'ordre du jour en Roumanie. C'est M. Coucou qui, avant de fixer s
résidence à Paris, s'est occupé plus spécialement à Bucarest de l
réunion, de la classification et de l'envoi des nombreux produits destinés à figurer dans le pavillon royal, ainsi que dans les divers empla
cements attribués à la Roumanie.
   Les deux principaux délégués du Commissaire général sont bie:
connus à Paris : l'un, M. Georges Sterian, élève diplômé de l'Écol
nationale des Beaux-Arts, où il a suivi le cours de M. Guadet, ancie
député au Parlement roumain, ancien directeur de l'École d'arch
tecture de Bucarest, membre de la Commission des monumen
historiques et conseiller technique du Gouvernement Royal, est l'u
des meilleurs architectes que compte la Roumanie, et a participé
la restauration de la cathédrale d'Argesh, ainsi qu'à celle de l'églis
des Trois-Hyérarques de Jassi; — l'autre, M. Georges Bengesc
ancien envoyé extraordinaire et Ministre plénipotentiaire de S. M.
Roi de Roumanie à Bruxelles, La Haye et Athènes (où il a été spécia
lement envoyé en 1896 pour renouer les relations diplomatiques ron
pues à la suite du départ de M. Ollanesco), est l'auteur d'une Bibli
graphie des œuvres de Voltaire en quatre volumes, couronnée à deu
reprises par l'Académie française; d'une Bibliographie franco-rou
maine du XIXᵉ siècle, d'une Bibliographie de la question d'Orien
ainsi que de plusieurs autres ouvrages historiques et littéraires q
ont été accueillis avec faveur en France aussi bien qu'à l'étrange

M. G. Bengesco est membre correspondant de l'Académie roumaine, membre correspondant de la Société d'histoire diplomatique et vice-président de la Société d'histoire littéraire de la France.

Nous citerons parmi les autres délégués du Commissaire général de Roumanie à l'Exposition universelle de 1900, M. le prince Ferdinand Ghika, délégué général près les congrès internationaux, l'émi-

M. Coucou,
Commissaire spécial de Roumanie.

nent peintre roumain Grigoresco, délégué général aux Beaux-Arts, M. Ghitza, ancien député, délégué à l'Agriculture, etc., etc.

Outre ces fonctions de délégué spécial, M. Georges Bengesco a la haute direction de la chancellerie du Commissariat général ; enfin, M. Constantin C. Mano, ancien juge au tribunal de Bucarest, est le très actif et très aimable secrétaire du Commissariat.

Plus de 5,000 déclarations d'exposants, émanant des grands propriétaires, des grands commerçants, des grands industriels, des hautes Administrations, ainsi que des Sociétés les plus florissantes du pays, ont été communiquées par le Commissariat général de Roumanie à la Direction générale de l'Exploitation française.

Les Jurys chargés de procéder en Roumanie à la sélection des objets destinés à l'Exposition s'étant montrés fort rigoureux et fort sévères et ayant préféré la qualité à la quantité, un assez grand nombre d'agriculteurs et de commerçants ont vu finalement leurs produits écartés et il en est résulté une diminution assez sensible dans le nombre des déclarants de la première heure.

L'Exposition roumaine ne peut que gagner à cette sage mesure restrictive, parce que la plupart des articles exposés sont des objets de choix, vraiment dignes de fixer l'attention des connaisseurs.

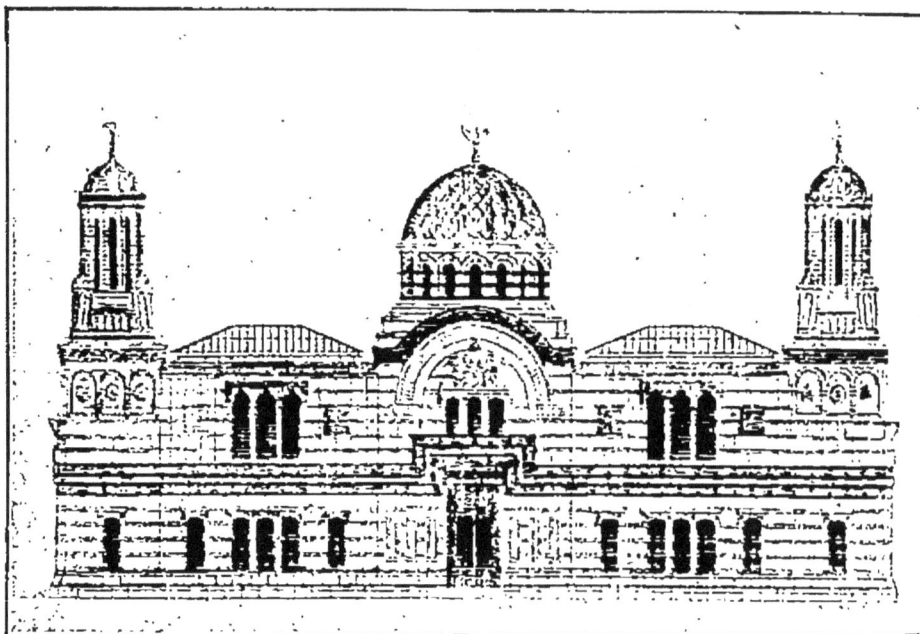

Le Palais de la Roumanie.

Notice concernant la section Russe

à l'Exposition universelle de 1900

———————

L'invitation de prendre part à l'Exposition Universelle de Paris en 1900, adressée par le gouvernement de la République française, a été acceptée par la Russie, conformément à un ordre de S. M. l'Empereur, en date du 10 septembre 1895. Les dispositions pour l'organisation d'une section russe ont été concentrées comme dans les précédentes occasions au département du Commerce et des Manufactures, sous la direction immédiate du Ministre des Finances, le secrétaire d'État Serge de Witte. L'exécution des mesures à prendre fut confiée à une commission présidée par le Directeur du Département, M. le conseiller privé Kovalevsky, et composée de délégués des différentes administrations compétentes et de fonctionnaires du Ministère des Finances. Les deux vice-présidents de cette commission sont M. Arthur Raffalovich, membre du Conseil du Ministre, et le prince Tenicheff, commissaire général de la section russe à l'Exposition universelle; M. B. de Wouytch est le commissaire général adjoint; le professeur Konovaloff, chef des groupes du Ministère des Finances, a été chargé d'organiser le fonctionnement du jury, en ce qui concerne la Russie.

La Commission impériale a réuni plus de 2.400 exposants, contre 1.179 en 1878.

A la dernière exposition nationale russe, qui eut lieu en 1896 à Nijni-Novgorod, les visiteurs ont eu la sensation très vive et très nette que, sans cesser d'être une grande contrée agricole, la Russie devenait un État industriel, mettant en valeur les admirables richesses d'un sol si abondamment pourvu de ressources de toute nature. Depuis lors, la Russie a continué de marcher dans la voie ouverte. L'Exposition de Paris, à laquelle elle prend une part très large, permet de juger des efforts et des résultats. La section russe offre en effet un tableau vivant et réel, où le pittoresque se mêle à l'utile; c'est une synthèse établie avec soin au point de vue agricole, minier, industriel, commercial, sans qu'on ait oublié l'activité nationale dans le domaine de l'Instruction publique et des Beaux-Arts.

Nous rappellerons tout d'abord qu'en 1800, les recettes ordinaires de l'état n'étaient que de 67 millions, elles sont aujourd'hui de 1.564 millions; le revenu des douanes, qui était de 5 millions en 1788, atteint 217 millions; celui des postes et télégraphes a progressé de 3 millions en 1839 à 48 millions en 1900. En 1788, le commerce extérieur de la Russie représentait une valeur de 47 millions de roubles, en 1898, il s'élève à 1.350 millions. Il serait facile de continuer cette juxtaposition de statistiques prises à cent années d'intervalle, de même que l'on pourrait faire le bilan moral d'un siècle marqué par l'émancipation des paysans, par a convocation de la Conférence de La Haye, par la construction du chemin de fer de Sibérie (1).

La Russie couvre une superficie d'environ 22 millions de kilomètres carrés, dont 5.470.000 en Europe. 16 millions en Asie (avec le Caucase). Sa population est aujourd'hui de près de 135 millions d'habitants. Les principales richesses minérales de la Russie d'Europe sont le charbon de terre, le fer et le sel. Les gisements de houille les plus riches se trouvent dans le bassin du Donetz, ensuite dans le royaume de Pologne (bassin de Dombrowa), dans la région centrale agricole et le long du fleuve Tchourowaïa, sur le revers occidental de la chaîne de l'Oural. Les minerais de fer sont très communs dans le bassin du Donetz, en Finlande, dans le gouvernement d'Olonetz, dans la région centrale, le long de l'Oka et dans le bassin supérieur du Don. Le sel commun ou hydrochlorate de soude est répandu dans la plaine de Russie en incommensurable quantité, le sel gemme dans les célèbres mines d'Iletzk, au-delà du fleuve Oural, près d'Orenbourg, près de Bakhmout, dans le gouvernement d'Ekaterinoslaw et dans la montagne de Tchaptchatchi. Des richesses salines plus grandes encore sont celles des dépôts lacustres (Crimée, Nouvelle-Russie, gouvernement d'Astrakan). Les autres richesses minérales sont des mines de zinc en Pologne, des mines d'étain et de cuivre en Finlande, des minerais mercuriels dans le district de Bakmout, le manganèse dans le gouvernement d'Ekaterinoslaw et de Kherson; le cobalt sur la rive mourmane et la Laponie. La région lacustre et la Finlande possèdent de riches matériaux de construction en granit et syénites, des roches de quarzite, des marbres. Dans le gouvernement de Kiew, on a découvert de belles carrières de labrador. Parmi les richesses minérales du Caucase, on citera les minerais de plomb argentifère, de zinc, de cinabre, de manganèse, de cobalt; sur les deux versants du Caucase, il existe d'excellentes sources minérales.

(1) La quantité d'or fin produite en Russie de 1888 à 1896 a été de 319.977 kilos.

S. M. l'Empereur Nicolas II.

mais la principale richesse de cette espèce c'est le naphte, dont les nappes de l'extrémité orientale du Caucase et de la presqu'île d'Apchéron ont acquis une importance universelle.

Les richesses minérales de l'Oural comprennent des gisements d'or en veines et en sables, le platine et les métaux rares qui l'accompagnent, tels que l'iridium, le rodium, l'osmium; de riches mines de cuivre et les meilleurs malachites du monde, du chrome, du manganèse, du nickel. Les minerais de fer de l'Oural sont renommés par leur richesse et leurs qualités (le mont Blagodatt). Enfin, dans l'Oural, il existe de riches gisements de pierres précieuses, parmi lesquels les plus connus sont : les gisements du Mourzinsk, de Chaïtansk et ceux de la rivière Tokova. Les pierres précieuses que l'on trouve dans l'Oural sont les béryls (aiguemarine et émeraude), les topazes véritables, les zirkonses (hyacinthes), les rubis, saphirs et les rares rubis-saphirs, les meilleures améthystes du monde, ainsi que des pierres particulières à l'Oural, comme les phénaquites, les chryso-béryls, les tourmalines roses, les grenats verts. La Russie d'Asie possède beaucoup d'autres richesses. Sans parler des filons aurifères qui sont encore peu exploités, les sables aurifères couvrent de vastes régions de la Sibérie, les versants septentrionaux des ramifications de l'Altaï, les revers des monts Kouznietzky-Alataou et de la chaîne de Salaïr; les gisements aurifères du gouvernement d'Ienisseisk sont dans les bassins de l'Angara et de la Podkammennaïa Tougoutska: les gisements de la Béroussa dans le cercle de Nijni Oudinsk et de Kansk, le riche groupe d'Olekminsk (1).

La Russie d'Asie possède encore beaucoup d'autres richesses, notamment les gisements aurifères dans la province de Iakoutsk, des deux versants des monts Stanovoï dans les provinces de Iakoutsk et de l'Amour; enfin les gisements nouvellement découverts dans le district d'Oudskoï de la province littorale (Primorsky). Il existe des minerais de plomb argentifère dans les provinces d'Akmolinsk et de Semipalatinsk, de la lieutenance générale steppienne, dans le district de Zmieinorsk et les environs de Salaïr et, enfin, au delà du Baïkal, dans les districts de Nertchinsk. En dehors du revers oriental des Monts

S. E. M. de Witte,
Secrétaire d'État,
Ministre des Finances.

(1) On trouvera d'amples données dans le grand ouvrage, la *Russie au xixe siècle*, éditée en français sous la direction de **M. W. de Kovalevsky**, président de la Commission Impériale.

Ourals, les minerais de cuivre sont particulièrement en abondance dans les provinces d'Akmolinsk et de Semipalatinsk, dans les monts Altaï et dans le district de Minousinsk où des mines de cuivre furent exploitées dans les temps les plus reculés par les aborigènes de l'époque du bronze. Plus à l'est, on trouve des minerais de cuivre sur l'Aldan et la Léna, dans le cercle de Nertchinsk, dans l'île de Sakhaline, dans le cercle de Tachkent de la province du Syr-Daria. Il n'y a d'étain que sur la rivière l'Onone, dans la province Transbaïkalienne. La Russie d'Asie est extrêmement bien pourvue en minerais de fer, surtout dans le bassin de Kouzniétzk qui est immensément riche en houille. Il existe du charbon de terre dans les provinces step- piennes d'Akmolinsk et de Semipalatinsk, dans le gouvernement d'Irkoutsk, dans les régions que traverse le grand transsibérien, et sur l'île de Sakhaline. Dans le gouverne- ment d'Irkoutsk et sur les affluents du Ié- nisseï inférieur, on rencontre des gisements de plombagine (graphite). La Russie d'Asie est assez riche en sel. Les dépôts de sel la- custre sont très communs dans la partie asiatique de la dépression aralo-caspienne (le fameux lac Indersk dont les richesses salines sont incommensurables). Il existe aussi de riches lacs salés dans la lieute- nance générale steppienne (Koriakowsk), dans les steppes sud-ouest de la plaine sibérienne (les lacs Borowskï et Bourlinsk), ainsi que la partie méridionale de la Sibérie moyenne et de la Transbaïkalie. On possède de riches

S. E M. de Woujtch,
Conseiller d'Etat actuel,
Commissaire général adjoint.

réserves de sulfate de nitre (sel Glauber) dans le golfe de Karabougass de la mer Caspienne, de même que dans beaucoup de lacs de steppes de la Sibérie méridionale et de la lieutenance générale steppienne. Le naphte est en abondance dans l'île de Tchéléken, dans les parties de la province Transcaspienne les plus rapprochées de la mer, au delà du fleuve l'Emba. La Sibérie est riche en sources minérales: il en est de même du Turkestan.

Grâce à la politique éclairée de ses souverains, qui, depuis vingt ans, lui ont assuré le bienfait d'une paix durable, grâce à la stabilité de son régime douanier, la Russie a pu, sur le fondement des richesses de son sol et de son sous-sol, développer son industrie dans les proportions les plus considérables.

On peut en juger par les chiffres relatifs à la valeur de la production en 1877 et en 1897.

	1877	1897
Industrie textile.	297.7 millions de roub.	946.3 mill. de roub.
Produits alimentaires	17.0	95.7
Mise en œuvre des produits animaux.	67.7	132.0
Industrie du bois.	16.8	102.9
Industrie du papier	12.7	45.5
Produits chimiques	10.5	59.6
Produits céramiques.	20.4	82.6
Objets en métal	89.3	310.6
Autres industries	8.6	41.0
	511 millions	1.816 millions

S. E. M. de Kovalevsky.

Conseiller privé, Président

de la Commission Impériale.

Beaucoup de branches ne sont pas comprises dans cette énumération. Les ouvriers employés dans les fabriques dépassent aujourd'hui le nombre de deux millions. Il faut y ajouter ceux qui travaillent à la maison, qui suppléent par une production domestique à la médiocrité de leurs gains comme ouvriers ou petits propriétaires ruraux et qui produisent les ouvrages si intéressants exposés dans le Village Russe, qui est adossé aux puissantes murailles du Kremlin, au Trocadéro.

Quant à la production minérale et métallurgique, quelques chiffres montrent la progression obtenue de 1877 à 1898 (millions de pouds).

	1877	1898
Houille . .	110	746
Naphte . .	13	507
Fonte . . .	23	134
Fer	16	30
Acier . . .	3	70

Et encore, malgré leur prodigieux développement, ces branches de l'industrie nationale sont encore impuissantes à satisfaire les besoins chaque jour plus grands de combustible et de métal brut.

De 1878 à 1897, l'industrie russe ne s'est pas bornée à augmenter la masse de ses produits. On a pu constater en 1896, à l'Exposition de Nijni, qu'elle a su améliorer ses procédés techniques; on le constatera derechef à Paris. Beaucoup de branches de production qui existaient à peine il y a vingt-cinq ans, sont aujourd'hui florissantes et ont atteint un haut degré de perfection; d'autres industries sont nées. Le concours

les capitaux étrangers, qui trouvent en Russie un emploi fructueux, a
beaucoup contribué, dans les dernières années, à ce développpement.

Malgré le prodigieux essor des industries, malgré le rôle croissant
qu'elles jouent dans la production du pays, la Russie est restée un pays
agricole par excellence. La récolte de 1899 a donné 1.291 millions de
pouds de seigle, 569 millions de pouds de froment, 728 millions de pouds
d'avoine, 300 millions de pouds d'orge. La consommation intérieure
augmente. A côté des céréales, la betterave, le lin, le chanvre occupent
de vastes étendues et sont transformés en produits fabriqués. La Russie,
où travaillent près de 5 millions de broches et plus de cent mille métiers mécaniques à tisser, reçoit aujourd'hui
les tiers du coton nécessaire (plus de 70 millions de kilogrammes) de ses plantations
asiatiques. Grâce aux efforts persévérants et
éclairés, le coton d'Asie centrale est devenu
d'une qualité excellente. L'Exposition de
Paris renseignera le public sur la production
agricole de la Russie dans ses branches multiples. Le gouvernement impérial porte une
attention toute spéciale à l'élevage du bétail,
la préservation des troupeaux; des mesures
rigoureuses vétérinaires sont prises et des
résultats excellents ont été obtenus. Actuellement toutes les régions s'étendant des frontières de l'Europe occidentale jusqu'à la
province de Tobolsk et jusqu'au territoire
d'Akomlinsk inclusivement, et depuis les
monts Caucase et la mer Noire jusqu'à la province d'Astrakan doivent être reconnues

S. E. le Prince Tenicheff,
Vice-Président
de la Commission Impériale
et Commissaire général.

comme étant entièrement indemnes de l'épizootie.

Les chemins de fer ont été des instruments puissants pour le développement économique de la Russie. En 1889, le réseau russe était de
1.292 kilomètres, dont 6902 appartenaient à l'État, le reste était pos-
sédé par des compagnies privées. Aujourd'hui il n'existe plus que 9 compagnies privées concessionnaires de 15,712 kilomètres en pleine exploitation, de 6,842 kilomètres en construction, de 769 kilomètres de lignes
d'intérêt local, soit un total de 23,323 kilomètres. Pendant la même
période, la longueur des chemins de fer de l'État a passé de 6.902 à
9.859 kilomètres, et si l'on tient compte de 4.796 kilomètres en construction à 35,655 kilomètres. La longueur du réseau russe qui, en 1889,
était de 29,292 kilomètres, atteint aujourd'hui 58,978 kilomètres, sans

La Chine a cédé à la Russie l'usufruit de la presqu'île de Kouan-Toun et ouvert l'accès
d'une mer toujours libre de glaces.

compter la partie de la ligne de l'Est chinois qui se trouve hors frontières de l'Empire. L'agrandissement du réseau ferré, l'augmentation du matériel, l'unification et les abaissements des tarifs ont eu l'influence la plus heureuse.

Ce qui donne à l'Exposition russe un attrait puissant, c'est la part relative à la Sibérie. On peut contempler la grande œuvre de la construction d'une voie ferrée, traversant l'Asie dans toute sa longueur œuvre qui s'est accomplie sous la direction immédiate de l'Empereur Nicolas II. Elle approche de son heureux achèvement. Un ruban de fer ininterrompu reliera les rives des deux Océans. Au point terminus de la voie ferrée s'élèvera la ville de Dalni, érigée en port franc et appelée à devenir un des centres principaux des relations commerciales entre l'ancien et le nouveau Monde. Cette grande voie de transit, joignant les extrémités de l'Europe et celles d'Asie, est destinée à servir d'élément civilisateur pour l'Extrême-Orient en même temps qu'elle éveille à la vie les forces productives de la riche Sibérie.

Les finances d'un État sont le reflet de la vie économique du pays. Depuis 1880, à l'exception de la seule année 1891, marquée par une récolte insuffisante et une véritable disette, le budget ordinaire s'est toujours réglé avec un excédent sur les dépenses; cet excédent, qui était de 18 millions en 1892, a été de 237 millions en 1898, Durant cette période la Russie a procédé à toute une série

S. E. M. Raffalovich,
Conseiller d'État actuel,
Vice-Président de la Commission
Impériale.

de grandes conversions qui ont allégé le fardeau de sa dette publique; elle a mené à bonne fin la réforme monétaire (loi monétaire du 7 juin 1899). La politique financière d'un grand pays doit tendre à conserver sa stabilité à l'instrument des échanges : la stabilité est essentielle pour le développement normal de l'état économique et financier. De 1892 à 1899, le stock d'or russe a augmenté de 660 millions roubles; en même temps qu'il était retiré près de 500 millions de billets de crédit.

Dans le domaine fiscal, on ne doit pas oublier la grande réforme de l'impôt des boissons, dont un des principaux objets a été de diminuer l'abus des boissons alcooliques et de lutter contre l'ivrognerie. La Régie des alcools a un pavillon spécial au Champ de Mars, près de la Tour Eiffel.

SOCIÉTÉ ANONYME
DES
IMPRIMERIES LEMERCIER

44, rue Vercingétorix, PARIS

MAISONS A LONDRES ET A NEW-YORK

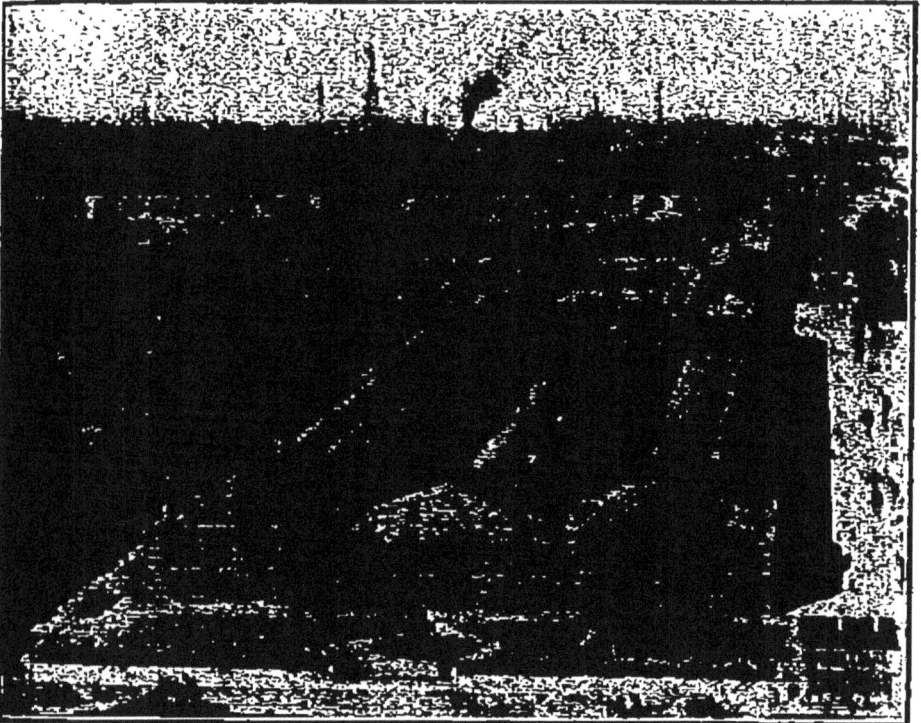

Vue générale à vol d'oiseau des *Imprimeries Lemercier*
fondées en 1826.

LITHOGRAPHIE, CHROMOLITHOGRAPHIE, ALGRAPHIE
TYPOGRAPHIE EN NOIR ET EN COULEURS
HÉLIOGRAVURE — TAILLE-DOUCE
CLICHÉS TYPOGRAPHIQUES SUR ZINC ET CUIVRE
SIMILIS

LES IMPRIMERIES LEMERCIER

N a tant parlé du rôle civilisateur de l'imprimerie et de son influence profonde sur le développement intellectuel et moral des peuples, qu'il est devenu difficile d'écrire son nom en tête d'un article ou d'un livre sans le faire suivre immédiatement de toute une kyrielle de lieux communs mille fois réédités.

Or les dithyrambes les plus enthousiastes paraissent inévitablement aussi creux que naïfs dès qu'on prend la peine d'envisager les services rendus chaque jour à l'éducation, aux arts, aux affaires et à la vie générale de tous les pays par cette source incomparable de lumière et de progrès. Pour faire de l'imprimerie le seul éloge capable de résumer tout ce que l'humanité lui doit, il suffirait d'analyser son action. C'est impossible.

Nous n'en sommes plus, depuis longtemps, à « l'invention plutôt divine qu'humaine », dont parlait François Ier. L'imprimerie a commencé par être une cause, et elle est devenue un effet. Elle est l'outil des révolutions qu'elle a décidées, et, chaque jour, la Science qu'elle a répandue, l'Art qu'elle a vulgarisé, le commerce dont elle a universalisé le domaine, viennent lui demander la solution de quelque problème nouveau. On exige d'elle tantôt des prodiges de rapidité et d'économie, tantôt des chefs-d'œuvre de perfection. Elle est devenue une grande industrie et elle est demeurée un Art.

Les conséquences de cette évolution sont pleines d'intérêt pour celui qui les examine, et pleines de difficultés pour celui qui s'y heurte.

La multiplicité des travaux demandés a fait naître, en effet, la multiplicité des méthodes et des procédés et il en résulte que, suivant le rôle qu'il est appelé à remplir et la portion spéciale du public à laquelle il s'adresse, le plus simple des prospectus peut être exécuté de cinquante manières différentes. Devant un tel état des choses, on se représente volontiers les grandes imprimeries modernes comme de véritables instituts, réunissant dans les meilleures conditions pratiques toutes les méthodes, tous les procédés, toutes les machines et toutes les ressources matérielles, artistiques et industrielles qui constituent l'arsenal des arts graphiques dans leur développement actuel.

La centralisation de tous ces moyens d'action apparaît en effet comme seule capable d'offrir toute la souplesse d'interprétation, toute la variété et toute la fidélité de reproduction exigées par la plupart des travaux qu'on demande aujourd'hui à l'imprimeur. Elle devrait être

Hall d'entrée. — Les bureaux.

IMPRIMERIES
LEMERCIER

R·J·LEMERCIER   1803-1887

FONDÉES EN 1826
PARIS

une généralité et elle n'est qu'une exception. En réalité, l'imprimerie est subdivisée en une infinité de branches spéciales auxquelles, à moins d'être très initié, ce qui est assez rare, le public s'adresse absolument au hasard.

Tout imprimeur étroitement confiné dans une branche quelconque de l'imprimerie n'ayant évidemment d'autre souci que celui de mener à bien le plus de travaux possible avec les moyens d'action limités dont il dispose, il en résulte fatalement un manque absolu de logique et de méthode dans l'application des procédés et par suite un défaut d'économie dans les travaux ordinaires, un défaut d'harmonie et d'homogénéité dans les travaux compliqués ou de luxe.

Salle du Conseil d'administration.

Bureau du chef des services artistiques.

Nous en revenons ainsi à la formule idéale de l'imprimerie moderne, qui devrait être la réunion, la centralisation de tous les arts graphiques, de tous les procédés de reproduction capables de répondre à n'importe quelle nécessité et de résoudre économiquement et rationnellement tous les problèmes artistiques et industriels.

Il appartenait aux Imprimeries Lemercier, dont le nom et les travaux sont célèbres dans les cinq parties du monde, de donner à cette forme idéale de l'imprimerie en France sa réalisation la plus complète et la plus puissante.

On a pu s'étonner un moment de voir un tel exemple venir d'une Maison que son brillant passé artistique pouvait dispenser de toute incursion dans le domaine industriel, et beaucoup se sont demandé si l'Art n'allait pas perdre, dans cette évolution, l'un des concours les plus précieux de sa vulgarisation et de ses multiples interprétations.

Les résultats acquis aujourd'hui, après dix années d'expériences, ont donné une vigoureuse réponse à toutes les appréhensions et à toutes les craintes. L'*imprimerie-usine* s'est substituée à l'*imprimerie-cénacle*, et l'Art, bien loin d'y perdre, en a vu ses ressources largement et puis-

Atelier des chromistes et graveurs sur pierre et aluminium.

Salle des essayeurs.

Atelier du chef des travaux lithographiques artistiques.

samment augmentées. C'est que la même conception élevée, le même amour de la perfection, les mêmes concours éclairés dont l'effort se portait, naguère encore, sur un genre unique de reproductions, se sont assouplis à tous les besoins du commerce, de l'industrie et de la vie pratique en général, sans rien sacrifier de ce qu'ils ont toujours eu d'absolu : leur essence artistique indiscutable.

Ce n'est certes pas la première fois qu'on voit l'Art élire domicile dans l'usine. Mais, ici, la substitution de l'usine à l'atelier paisible, au *studio* plein de recueillement et de pensées, a été tellement brusque et tellement radicale qu'on pourrait se demander comment l'art a pu rester dans la Maison. Expliquons d'abord comment il y est entré.

A l'époque où l'inventeur de la lithographie, Aloys Senefelder, vint se fixer à Paris, Rose-Joseph Lemercier, fondateur des imprimeries de ce nom, était un pauvre gamin parisien d'une quinzaine d'années, fils aîné d'un simple ouvrier vannier chargé de famille. Dans l'ombre d'un sous-sol, celui qui devait plus tard mériter le titre de *père de la lithographie*, confectionnait force paniers et corbeilles, tout en rêvant déjà à son art futur, car un sien ami, employé à l'imprimerie Len-

Atelier des presses à bras (lithographie).

Atelier des reporteurs.

glumé, lui avait révélé l'invention de Senefelder et les merveilles qu'on en pouvait obtenir. C'est ainsi que naquit sa vocation. Lemercier fut d'abord ponceur de pierres chez Lenglumé, devint lithographe et alla se perfectionner dans la maison de Senefelder. Déjà à cette époque, la beauté de ses épreuves était célèbre parmi les artistes. De tous côtés on l'engageait à s'établir, et, plus riche d'espoir et de courage que de numéraire, il se décida à fonder, en 1826, son premier atelier de la rue Pierre-Sarrazin, où sa gloire devait grandir et s'universaliser.

On a souvent dit que, si Senefelder a trouvé la lithographie, c'est à Lemercier que revient l'honneur de l'avoir vulgarisée. C'est en effet dans ses ateliers, aussi bien dans celui de la rue Pierre-Sarrazin que dans ceux de la rue du Four et des rues de Seine et de Buci, qui succédèrent au premier, que les maîtres lithographes de toute l'Europe sont venus prendre des leçons et acquérir l'expérience qui leur manquait.

En même temps qu'il développait et améliorait la lithographie, Lemercier s'occupait d'améliorer également ses ressources. Il créait et fabriquait ces encres et crayons Lemercier qui sont encore aujourd'hui

La fabrication des couleurs.

considérés comme les fournitures idéales du lithographe. Il enrichissait son entreprise de plusieurs branches nouvelles de reproduction : la

Le grand laminoir.

chromolithographie, l'héliogravure, la phototypie, la photoglyptie, la typogravure, etc., qui devaient lui permettre d'appliquer son art à tous les besoins de l'édition littéraire et scientifique de son époque.

Ces procédés nouveaux introduits dans la Maison montrent que Lemercier avait déjà la prescience de ce que devrait être un jour l'imprimerie moderne; et bien qu'il se soit montré toute sa vie et avant tout un lithographe très enthousiaste de son art, il est probable qu'il serait allé lui-même tout droit au chemin qu'ont pris les continuateurs de son œuvre.

En 1884, lorsque fut fêté le 81e anniversaire du *père de la Litho-*

Machines chromolithographiques.

(Atelier A, entièrement conduit par l'électricité).

graphie, l'Imprimerie Lemercier, installée rue de Seine et rue de Buci, comptait déjà plus de 20 presses à vapeur, 70 presses à bras, 28 presses en taille-douce et 24 presses en photoglyptie. Le chef de la Maison, qui présidait la fête avec une verdeur et une bonhomie charmantes, était officier de la Légion d'honneur depuis 1878; son neveu, M. A. Lemercier, entré dans les ateliers à l'âge de 19 ans, était devenu associé en 1863 et n'avait pas peu contribué à moderniser les moyens d'action.

Quant à l'œuvre réalisée jusqu'alors par la Maison, elle est si intimement mêlée à l'histoire de l'Art pendant les deux seconds tiers du siècle, qu'il faudrait des volumes pour l'examiner en détail. Contentons-nous d'en résumer les grandes lignes.

Raffet, Charlet, Gavarni, Daumier, Delacroix, ont été les premiers artistes vulgarisés par la lithographie et la plupart de leurs œuvres ont été imprimées soit *par* Lemercier, soit *chez* Lemercier. Avec eux, Bonnington, Devéria, Victor Adam, Lassalle, Lafosse, Mouilleron, Ciceri, Benoist, Desmaisons, forment une phalange glorieuse qui vit se popularité grandir en même temps que celle de Lemercier et des grands éditeurs qui avaient débuté en même temps que celui-ci, de 1826 à 1840.

Dans les 20 années qui suivirent, les ateliers Lemercier produisirent toute une série de grandes publications qui demeurent comme autant de monuments impérissables de l'art lithographique. Les plus connues sont : *l'Espagne pittoresque* (80 planches) ; la *Grande-Chartreuse* (25 planches) ; *Nice et Savoie* (50 planches) ; la *Collection des paysages de Lalanne* (200 planches). Vers la même époque, la Maison fut chargée de reproduire la série des grands portraits de la famille royale, peints par Léon Noël et Furh.

Nous arrivons à la période la plus féconde de la vie de Lemercier, celle qui s'étend de 1860 à sa mort. A cette époque, les moyens d'action devenus plus souples et plus puissants permirent d'aborder des travaux d'une ampleur encore inconnue jusqu'alors, comme par exemple l'*Architecture privée*, ouvrage édité par la maison Morel, les cours de dessin de Bargues (Goupil, éditeur), le *Stamboul*, de Presiozi, compre-

Machines chromolithographiques
(Atelier A *bis*, entièrement conduit par l'électricité).

Vue générale d'une salle de machines lithographiques (entièrement conduite par l'électricité).

Vue générale d'un atelier de machines lithographiques (entièrement conduit par l'électricité).

Machine rotative tirant sur aluminium.

nant 40 planches en couleurs, l'*Œuvre de Gustave Doré*, l'*Opéra* de Charles Garnier, l'*Œuvre de Viollet-le-Duc*, l'*Art ornemental au Japon*, édité par Sampson, de Londres, le *Panthéon* (200 planches, portraits de grands hommes), le *Catalogue de la collection Spitzer*, comprenant environ 100 planches en 12 et 18 couleurs, etc., etc.

Tout ces titres sont rappelés sans ordre, au hasard du souvenir. Ils s'encadrent dans un ensemble énorme de travaux moins importants, mais qui suffiraient à eux seuls à honorer un nom moins connu et moins justement célèbre que celui de Lemercier.

Cet héritage imposant, échu aux successeurs de Lemercier, pouvait suffire à leur inspirer l'ambition de faire grandir encore la réputation artistique de la Maison, et ils n'ont pas failli à ce devoir. Ne pouvant faire mieux que le Maître disparu, ils ont voulu faire davantage, et c'est pour cela qu'en 1896 les Imprimeries Lemercier, complètement réorganisées, installées dans des établissements immenses, outillées suivant les derniers progrès de l'art et de la mécanique, se sont pour ainsi dire multipliées d'elles-mêmes, afin d'apporter au commerce et à l'industrie un concours qu'elles avaient jusque-là réservé aux seules publications artistiques.

Cette évolution, dont une expérience de près de dix ans a démontré non seulement l'utilité, mais mieux encore la fécondité, n'a pas été le simple résultat d'une tentative commerciale ordinaire, reposant sur des données imprécises et sur des espérances aléatoires; pour s'adonner aux travaux industriels, les Imprimeries Lemercier ont attendu que la mode fût venue des affiches artistiques, des catalogues et des albums luxueux et c'est seulement lorsque ces besoins ont été profondément ancrés dans les mœurs commerciales qu'elles sont venues y répondre avec des ressources ignorées partout ailleurs. Dans ces conditions, le succès n'était pas douteux; il a été très grand, très caractéristique et aussi très légitime, car il y a dans l'œuvre de ces dernières années, un exemple d'énergie et de décision, une somme de travail et de créations qui pourraient constituer, si on les étudiait, l'une des belles pages de l'histoire industrielle de notre époque.

Le découpage et comptage du papier.

Salle de nettoyage des épreuves.

Les affiches artistiques des Imprimeries Lemercier sont universellement célèbres. Il faudrait en citer cinq ou six cents si l'on voulait faire un choix parmi toutes celles qui sont sorties depuis cinq ans des ateliers de la rue Vercingétorix, et ce serait dresser une sorte de Gotha du commerce et de l'industrie, car il n'est pas une grande marque, pas une maison célèbre, pas un grand seigneur de l'alimentation ou du négoce qui n'ait demandé aux Imprimeries Lemercier quelque composition magistrale dont les murs s'illustrèrent un moment.

D'où vient cet empressement, comment expliquer cette confiance universellement accordée à une entreprise encore très nouvelle venue, en somme, dans les applications industrielles de son art? Ici, nous revenons à la question posée plus haut, sur les moyens employés par les Imprimeries Lemercier, pour conserver l'intégrité de leur réputation artistique tout en prenant le caractère d'un grand établissement industriel. Et comme nous touchons aux dernières pages de notre étude, c'est le moment de répondre en quelques mots, qui serviront à faire connaître, par la même occasion, les grandes lignes de l'organisation « à l'américaine », inaugurée en 1896, par la *Société des Imprimeries Lemercier*.

La règle de conduite qui a présidé à cette organisation est à la fois extrêmement simple et très compliquée. Elle consiste à centraliser tous les arts graphiques dans un établissement admirablement disposé pour cela, et où y effectuent dans chaque ordre de connaissances ou de métier, les meilleurs artistes, les meilleurs ouvriers, les meilleures machines.

Les Imprimeries Lemercier ont associé leur nom aux plus importantes innovations réalisées en ces dernières années dans le matériel de leur industrie. On leur doit notamment les premières applications, en France, du procédé d'impression lithographique sur aluminium, employé pour la reproduction des pièces du musée Saint-Louis (ouvrage

Salle de vérification des épreuves.

intitulé *Pratique dermatologique*) et par une foule d'autres tra
analogues. Les Imprimeries Lemercier sont encore seules aujourd'
à imprimer en chromo-lithographie sur machines rotatives, grâc
l'application de cet ingénieux procédé.

Les différents ateliers, installés dans un groupe imposant de b
constructions modernes, couvrent une superficie de plus de 10.000 mè
carrés, soit plus du double de celle occupée par les plus grandes im
meries ; ils comprennent plus de trente services techniques et ad
nistratifs, réunissant toutes les branches de la typographie, de
lithographie et la taille-douce, des ateliers de dessin, de peinture,
photographie, de gravure par tous les procédés, de stéréotypie, gal
noplastie et clichage. Tous les arts y sont représentés et tous s'y
cèdent sans interruption ni lacunes ; le pliage et le brochage ont le
ateliers aussi bien que la composition et le tirage. Non seulement
travaux de toutes sortes sont illustrés et imprimés dans la maison, m
ils y sont au besoin écrits, rédigés, dans un service littéraire organ
avec le même soin que tout le reste. La maison en est ainsi arrivée à
charger aussi bien de la conception que de l'exécution de n'impo

Le grainage à bras.

Un coin de la cave des pierres.

quels travaux, hormis toutefois ceux qui seraient en désaccord avec
son nom et avec sa réputation.

A ce point de vue la règle est en effet demeurée aussi stricte, aussi
rigoureuse, dans l'organisation actuelle, qu'au temps où Lemercier lui-
même veillait sur le travail de chaque ouvrier : il faut que tout ce qui
sort des ateliers soit, non pas seulement irréprochable, mais d'une
exécution supérieure, idéale, incomparable, avec une pointe d'originalité sobre qui fait reconnaître au premier coup d'œil les travaux de
la Maison. Le meilleur témoignage qu'on puisse invoquer de cette
fidélité incorruptible à la perfection dans ses expressions les plus
diverses, pourrait consister dans l'énumération de quelques-uns des
travaux d'Art pur qui sont venus s'ajouter depuis 1896 à ceux que nous
avons énumérés plus haut. L'un des plus importants, celui, du reste,
dont le succès a été le plus retentissant, est l'illustration de la *Vie de
N.-S. Jésus-Christ*, par J. James Tissot, édité par la maison Mame et
considérée dans le Monde entier comme un spécimen de perfection

insurpassable dans l'application de la chromolithographie. A côté de cette œuvre admirable, qui suffirait à la gloire des Imprimeries Lemercier, celles-ci ont encore produit en ces dernières années plusieurs ouvrages d'art décoratif : *Art et décoration*, les *fleurs et les fruits*

Un coin de la cave des pierres.

l'*Animal dans la décoration*, les *chefs-d'œuvre d'Art de la Hongrie*, etc., etc., et ont en outre continué l'œuvre de leur fondateur en reproduisant les dessins, peintures et aquarelles d'un grand nombre de maîtres contemporains : Fantin-Latour, Chartran, Geoffroy, Aman-Jean, Carrière, Doucet, Dillon, Veber, Willette, Leandre, de Feure, Marold, etc., etc.

Dans le domaine scientifique les Imprimeries Lemercier ont collaboré à tous les ouvrages importants édités tant en France qu'à l'étranger, partout enfin où la reproduction absolument fidèle des originaux était une nécessité. Les admirables planches du *Musée de Saint-Louis* (Rueff et Cⁱᵉ, éditeurs) et *La pratique dermatologique* (Masson et Cⁱᵉ, éditeurs) actuellement en cours de publication en sont des exemples topiques.

Les ateliers de photographie.

Encore nous faut-il reparler en terminant d'une véritable révolut qui se prépare actuellement dans l'industrie lithographique : *l'emp*

Gravure des clichés.

de l'aluminium en remplacement de la pierre lithographique. La encore, comme nous le disons plus haut, les Imprimeries Lemercle

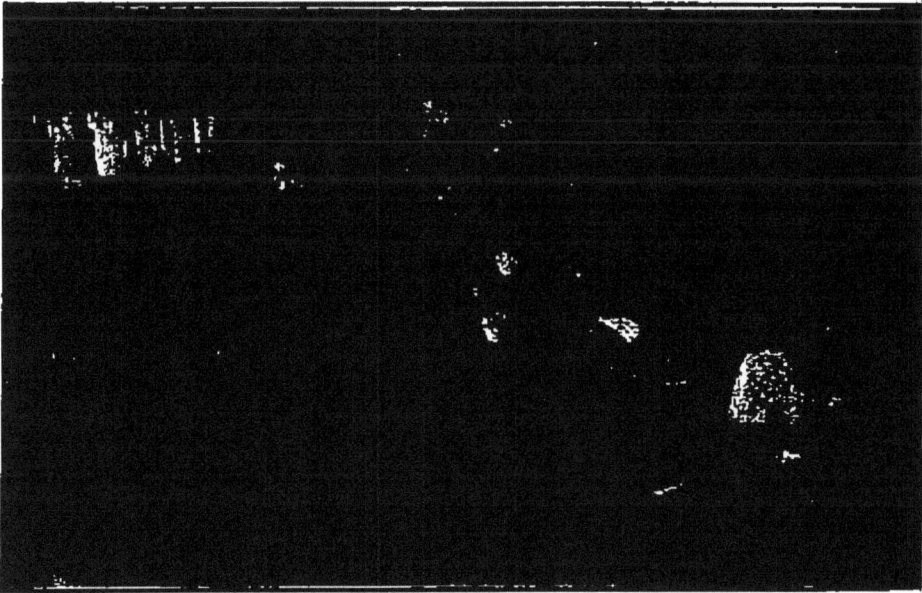

Atelier des tirages en taille-douce.

Un coin des ateliers typographiques. (Presses à grande vitesse.)

ont pris la tête du mouvement, en se rendant acquéreurs des brevets concernant ce procédé nouveau, et en les travaillant, les perfectionnant dans leurs laboratoires et ateliers.

A l'heure actuelle, complétement maîtresses de ces procédés délicats, les Imprimeries Lemercier tirent lithographiquement ou plutôt *algra-*

Station centrale électrique
produisant la force et la lumière des Imprimeries Lemercier.

phiquement les travaux les plus fins et ce, à des vitesses inconnues à ce jour sur des rotatives importées des Etats-Unis. Comme exemple de ces tirages algraphiques, nous ne pouvons mieux faire que de signaler l'impression de la couverture en couleurs exécutée par le peintre Chartran pour le *Catalogue général officiel de l'Exposition de 1900.*

Il n'est pas besoin d'en citer davantage pour prouver, comme nous le disions plus haut, que l'évolution industrielle des Imprimeries Lemercier, n'a nullement chassé l'Art de la Maison. Si nous y ajoutons l'entreprise colossale représentée par l'édition du *Catalogue général officiel de l'Exposition de 1900,* acquise moyennant une redevance à

Le dépouillement du courrier.

l'Etat de près d'un demi-million, nous aurons tout dit de l'œuvre industrielle, aussi bien que de l'œuvre artistique.

Les Imprimeries Lemercier sont entrées résolument dans une voie
où le progrès les appelait et où nul concours ne pouvait être plus profitable que le leur. Elles ont ainsi montré l'exemple d'une évolution
intéressante et nécessaire et si nous avons étudié un peu longuement
leur rôle à ce point de vue, c'est que les conséquences, loin de s'en
borner à l'amélioration, au développement d'une branche unique de
l'activité humaine, se traduiront et se traduisent déjà chaque jour par
un concours important apporté à tout ce qui pense, à tout ce qui travaille, à tout ce qui s'agite dans la vie artistique, commerciale ou
industrielle du pays tout entier.

Bureau de la publicité.

MONOGRAPHIE

DE LA

COMPAGNIE INTERNATIONALE DES WAGONS-LITS

DES

GRANDS EXPRESS EUROPÉENS

ET DE LA

COMPAGNIE INTERNATIONALE DES GRANDS HOTELS

ompagnie Internationale des Wagons-Lits

ET DES

Grands Express Européens

Un des progrès les plus remarquables que les historiens futurs devront inscrire à l'actif du XIXᵉ siècle est le perfectionnement des industries de transports; il en est résulté, par un effet logique, une multiplication croissante des voyages et un utile développement des relations internationales.

Autrefois, on voyageait peu, parce qu'on voyageait mal. Aujourd'hui, on voyage beaucoup, parce que le voyageur franchit de longues distances avec une vitesse et un confort inconnus jadis. Les trains rapides et les grands express ont métamorphosé la vie moderne.

L'honneur d'une telle transformation revient, pour une large part, à la Compagnie Internationale des Wagons-Lits. Lorsque cette Société fut constituée en 1873, à Liège, par un ingénieur belge, M. Georges Nagelmackers, qui exerce, depuis vingt-sept ans, les fonctions d'Administrateur-Directeur général, l'idée semble

M. Nagelmackers, fondateur de la compagnie des wagons-lits.

presque paradoxale de pouvoir dormir à l'aise dans un wagon bien chauffé l'hiver, bien aéré l'été, le corps étendu en un délassement réparateur, tandis que le train roulait vers des stations lointaines : l'idée, pourtant, fut mise en œuvre avec une intelligence et une énergie admirables, et elle fit fortune.

Après la voiture où l'on dort, la Compagnie créa la voiture où l'on dîne : après les *sleepings,* on attela aux trains des *dining-cars.*

Le train de luxe « Nord-Express » en gare du Nord, à Paris.

L'innovation était charmante et pratique. S'asseoir devant une table élégamment dressée et prestement servie, savourer sans hâte des mets chauds, préparés avec soin, et avoir sous les yeux par delà les glaces du wagon un amusant panorama mobile, la course éperdue des villages, des plaines et des bois : n'était-ce pas exquis de voyager ainsi, et les voyages, au lieu d'être une corvée qu'on est impatient d'accomplir, ne devenaient-ils pas un agrément qu'on aime à prolonger ?

Jusqu'en 1883, les voitures-restaurants et les wagons-lits furent attelés isolément aux trains des Compagnies de chemins de fer : la Compagnie Internationale résolut alors de combiner ces unités, consacrées désormais par la faveur publique, et d'en former des trains de luxe, à la fois rapides et confortables, reliant les grandes capitales de l'Europe. Le 3 juin 1883, elle inaugurait l'Orient-Express, destiné à raccourcir de trente heures le trajet entre Paris et Constantinople. Le 8 décembre suivant, le Calais-Nice-Rome-Express desservait, pour la première fois, les stations hivernales de la Côte d'Azur, avec un succès tel qu'il fallut rendre le train trihebdomadaire entre Paris et Nice.

La Compagnie avait pris un essor que les circonstances les plus fâcheuses, choléra, peste, crise économique, ne devaient plus enrayer.

·   ₒ°ₒ

Qu'on juge du chemin parcouru en un quart de siècle. La modeste Société du début rémunère, en 1900, un capital de 50 millions.

Le matériel roulant qui se composait, en 1877, de cinquante-huit voitures, en compte aujourd'hui près d'un millier.

Le réseau, après s'être étendu sur les régions centrales de l'Europe et en avoir atteint les extrémités, s'est élancé au delà : en Asie, le Transsibérien-Express a gagné les rives du lac Baïkal, poursuivant sa voie vers Port-Arthur et Pékin ; en Afrique, l'exploitation des wagons-lits, wagons-restaurants et wagons-bars sur les chemins de fer égyptiens est le prélude du futur Transafricain.

Dix-neuf trains de luxe, véritables « palaces » mouvants, sont fréquentés par une clientèle cosmopolite, élégante et riche. Les uns relient Londres à Constantinople, par Ostende et Bruxelles ou par Calais et Paris, traversant l'Allemagne, l'Autriche, la Serbie ou la

Roumanie, et les principautés des Balkans, touchant même, une fois par semaine, aux bords de la mer Noire, à Constantza.

Le Nord-Express met Londres à 49 heures, et Paris à 46 heures de Saint-Pétersbourg.

Le Sud-Express va de Paris à Madrid en 25 heures, à Lisbonne en 35 heures.

Plusieurs convergent vers le littoral méditerranéen : à l'est, le Nord-Sud-Express de Berlin à Cannes, par le Brenner, le Saint-Pétersbourg-San-Remo, par Berlin et Paris, et le Saint-Pétersbourg-Cannes-Express, heddomadaire par Vienne, Venise et Milan; à l'ouest, le Méditerranée-Express, le Calais-Méditerranée-Express, le Calais-Paris-Rome-Express.

Qui ne connaît la Malle des Indes, entre Londres et Brindisi, le Bombay-Express, et les trains de villégiature, tels que le Luchon-Express, le Royan-Express ou l'Ostende-Carlsbad ?

Ces lignes savamment tracées, en diagonales merveilleuses, du nord au sud et de l'ouest à l'est du continent européen, forment autant de traits d'union entre les capitales de luxe, les grands centres d'affaires ou les régions de plaisir et de tourisme. Ces distances énormes, qui effrayaient jadis, n'exigent plus qu'un nombre limite d'heures. Dès l'achèvement du Transsibérien, Paris sera à treize jours de Pékin, par voie de terre, en admettant même que le Trans-sibérien-Express parcoure seulement 32 kilomètres à l'heure. Le moment est proche où les voyageurs iront de l'Atlantique à la mer du Japon, de Lisbonne à Port-Arthur et à la capitale du Céleste-Empire, en empruntant la voie directe des trains de luxe, passant du Sud-Express dans le Nord-Express, et quittant le Nord-Express pour l'Express Transsibérien, loin des traîtrises de la mer, avec autant de confort et à meilleur marché qu'à bord des paquebots.

**

Pour accomplir de pareilles étapes, un matériel de premier ordre est indispensable. Il n'en est point de mieux étudié que celui de la Compagnie des Wagons-Lits et des Grands Express Européens.

Les voitures, jadis, étaient montées sur deux ou trois essieux; les nouvelles, longues de plus de vingt mètres, reposent sur deux cha-riots ou « bogies » qui facilitent le passage des véhicules dans les courbes et leur assurent une suspension plus douce.

La construction générale en est exceptionnellement robuste.

Fumoir d'un wagon-restaurant.

Intérieur de wagon-restaurant.

Intérieur de voiture-salon-buffet.

Maints exemples prouvent que le voyageur y jouit d'une sécurité complète : lors d'une collision survenue, l'année dernière, sur les chemins de fer roumains, le sleeping-car de la Compagnie est seul resté indemne parmi les chaotiques débris des voitures ordinaires du train !

Quant à l'aménagement intérieur, il offre tous les perfectionnements désirables. Les derniers modèles de voitures-lits contiennent six compartiments à deux places, et un compartiment à quatre places réservé aux familles voyageant avec des enfants ; les lits sont entre-croisés, suivant une disposition nouvelle, commode et pratique. Des cabinets de toilette sont annexés à chaque compartiment, afin d'éviter aux voyageurs la promenade matinale à travers le couloir.

Le chauffage, l'éclairage et la ventilation réalisent le maximum de progrès appliqué à l'industrie des transports, bien que la question de l'éclairage, en particulier, soit pour les ingénieurs de la Compagnie l'objet d'études et d'expériences constantes.

Au reste, la complexité même du reseau exige une initiative toujours en éveil. Tel sleeping-car, destiné à circuler dans les pays chauds, diffère du tout au tout des wagons-lits de nos régions : sièges recouverts de cuir, tapis en écorce de coco, cloisons cannées en jonc et ajourées de manière à permettre la libre circulation de l'air, tamis à glace fondue pour refroidir l'air qu'un ventilateur électrique injecte dans les compartiments, rien ne manque de ce qui peut atténuer les inconvénients d'un climat tropical.

Mais le dernier mot du progrès, en matière de transports, reste au Transsibérien-Express. Ce magnifique train, unique au monde, comprend quatre voitures, deux restaurants, un sleeping et une curieuse voiture-salon où les voyageurs ont à leur disposition une salle de bains en bois de sycomore vert, avec baignoire évitant les projections de l'eau, un très joli salon de coiffure en bois de sycomore blanc, une salle de gymnastique munie d'haltères, d'extenseurs élastiques et d'un veloroom ou vélocipède de chambre, enfin à l'arrière de la voiture une vaste terrasse à sept places, sorte de balcon ovale qui laisse le regard embrasser un vaste paysage panoramique.

Nos pères, qui connurent l'humble et poussive pataches, ont-ils jamais entrevu, même en rêve, un pareil confort ?

Ajoutez que le service, à bord des trains de luxe, est fait avec une correction, une exactitude et une probité absolument irréprochables. Le personnel est choisi avec un soin extrême et soumis à la plus stricte discipline. C'est une des qualités que la clientèle cos-

Salon de la voiture du Président de la République.

mopolite apprécie le plus dans l'excellente organisation administra-
tive de la Compagnie Internationale des Wagons-Lits.

* *

Si l'Exposition de 1900 est une admirable synthèse des progrès
accomplis dans tous les domaines de la vie moderne, la participation que la Compagnie Internationale des Wagons-Lits a voulu
y prendre démontre, en une expressive leçon de choses, l'énorme
développement acquis par la question des voyages.

Ses véhicules figurent dans les sections des différents pays qu'ils
sont destinés à traverser. Elle a dans la section belge une voiture-
salon-buffet, du type mis en circulation depuis la suppression en
Belgique des voitures de première classe ; dans la section française
un sleeping-car réservé aux pays chauds; dans la section italienne
une voiture-restaurant salon, construite en Italie et attelée à un
express de la Compagnie de la Méditerranée; dans la section autrichienne (annexe de Vincennes), une voiture-restaurant et un
sleeping-car construits à Prague et intercalés dans un express
exposé par le Ministère autrichien; enfin dans les sections russe et
chinoise, au Trocadéro, quatre voitures du Transsibérien.

C'est ici l'une des curiosités les plus attractives de l'Exposition
La Compagnie a eu l'ingénieuse pensée de faire accomplir aux
visiteurs le voyage de Moscou à Pékin : l'illusion est parfaite et
saisissante, grâce à un panorama mobile, peint avec un rare souci
de vérité artistique par MM. Jambon et Bailly, les maîtres déco-
rateurs, grâce aussi au cadre pittoresque des stations terminus, la
gare russe et la gare chinoise desservies par des employés russes et
chinois en costumes nationaux.

o°o

Cette brève étude serait incomplète, si elle passait sous silence
d'autres participations, indirectes sans doute, mais également intéressantes, de la Compagnie des Wagons-Lits à l'Exposition de 1900.
Ses deux filiales, la Compagnie Générale de Construction et la
Compagnie Internationale des Grands Hôtels, s'y montrent, à divers
titres, les utiles et importants auxiliaires qu'elles ont été jusqu'à ce
jour.

La première lui fournit une grande partie du matériel roulant ;
sans elle, à certaines époques de son histoire, la Compagnie des
Wagons-Lits n'aurait pu étendre ses services, faute des voitures
nécessaires pour répondre aux exigences de l'exploitation.

La seconde est unie plus étroitement encore aux destinées de la Société mère. Elle contribue à l'accroissement du trafic en favo-

Salon de réception d'une des voitures du train présidentiel.

risant le séjour de régions privilégiées par la création de superbes « Palaces » répondant à tous les désirs des voyageurs en fait de confort, de luxe et d'hygiène. Son domaine est aujourd'hui d'une richesse inestimable; il compte de véritables monuments ou des villas exquises en de délicieux coins de nature, à Constantinople et au Caire, à Nice et à Monte-Carlo, à Abbazia, la Nice de l'Adriatique, à Lisbonne, à Ostende, pour ne citer que ceux-là.

C'est le complément d'une œuvre qui classe la Compagnie Internationale des Wagons-Lits parmi les Sociétés industrielles les plus florissantes de l'Europe, et montre en elle un agent du progrès général et de la civilisation contemporaine.

Salon de la voiture du Président de la République

COMPAGNIE INTERNATIONALE DES GRANDS HOTELS

✛ ✛ ✛ ✛ ✛

DIRECTION GÉNÉRALE : 63, boulevard Haussmann, PARIS

TELÉPHONE N° 228 07

Adresse télégraphique : PALACES PARIS

SIÈGE SOCIAL : 29, rue Ducale, BRUXELLES

✛ ✛ ✛

Riviera Palace, Nice Cimiez
Summer Palace, Therapia (Bosphore)
Avenida Palace, Lisbonne
Ghezireh Palace ⎫
Shepheard's ⎭ Le Caire
Riviera Palace, Monte - Carlo supérieur
Royal Palace Hôtel, Ostende
Pera Palace, Constantinople
Hôtel International, Brindisi
Hôtel de la Plage, Ostende
Château Royal d'Ardenne (Belgique)
Hôtel Stephanie ⎫
Hôtel Quarnero ⎭ Abbazia (Autriche)
Pavillon de Bellevue, près Paris

HOTELS ASSOCIÉS

Elysée Palace, Paris ✛ Hôtel Terminus, Bordeaux

Les moyens de transport ont depuis longtemps réalisé d'énormes progrès, grâce à la *Compagnie Internationale des Wagons-Lits*, dont les opulents sleeping-cars, après avoir sillonné toute l'Europe et poussé une pointe en Afrique, commencent à se lancer à travers les

✱✱✱✱

steppes de la Sibérie vers l'extrême Orient; mais l'industrie de hôtels était restée à peu près stationnaire depuis l'époque lointain des diligences.

En descendant d'un train de luxe, le voyageur en était réduit, la plupart du temps, à prendre gîte dans des auberges où le confort le plus élémentaire lui faisait complètement défaut.

La Compagnie Internationale des Grands Hôtels, filiale d'ailleur de la **Compagnie des Wagons-Lits**, vint combler cette lacune e remédia à cet état de choses vraiment scandaleux, en edifiant se merveilleux Palaces sur tous les points où aboutissent les trains de luxe.

Grâce à elle, le voyageur trouve maintenant dans les endroits le plus reculés du globe, là où jadis il eût difficilement rencontré un simple abri, de véritables palais où tous les raffinements du luxe e du confortable lui sont offerts.

Elysée Palace

CHAMPS-ÉLYSÉES

PARIS

✠✠✠

Sur la célèbre avenue des Champs-Élysées qui relie la place de Concorde à l'Arc de Triomphe, dans le quartier le plus aristocratique de Paris. Mobilier de Maple. Des coffres-forts sont à la disposition de chaque voyageur. Caves et cuisine de premier ordre. Restaurant. Five o'clock tea. Bar américain. Jardin d'hiver.

Chambre depuis 8 francs.
Pension (sans l'appartement) depuis 12 francs.

Shepheard's Hôtel

LE CAIRE

✝✝✝✝

Au bout de l'Esbekieh, en plein centre du Caire. On dit passer l'hiver au Shepheard, sans qu'il soit besoin, pour être compris, d'ajouter que le Shepheard est au Caire. C'est le plus célèbre, le plus universellement connu des hôtels de tout l'Orient; c'en est le plus ancien, nous ne disons pas le plus vieux, car des améliorations et des agrandissements presque annuels en font un hôtel toujours neuf et doté des installations les plus modernes.

Chambre depuis 7 fr. 50.
Pension (sans l'appartement) depuis 10 francs.

Pera Palace

CONSTANTINOPLE

✛✛✛✛

Le Pera Palace est édifié à la lisière du Jardin des Petits-Champs, aux deux tiers de la Rampe de Calata à Pera, c'est-à-dire dans la portion de la Ville de résidence la plus rapprochée de la Ville d'affaires et de Stamboul. Vue magnifique sur la Corne d'Or, Sainte-Sophie, la tour du Seraskierat, la pointe du Seraï et tous les monuments de Stamboul. Installations luxueuses et confortables. Prix modérés.

Chambre depuis 25 piastres.
Pension (sans l'appartement) depuis 70 piastres.

Riviera Palace

MONTE-CARLO SUPÉRIEUR

✠✠✠✠

Adossé au Mont des Mules, qui domine la Principauté de Monaco, ce palais a été construit à 150 mètres d'altitude, avec une recherche d'art et un luxe d installations, qui partout ailleurs qu'à Monte-Carlo paraîtraient exagérés. Tous les appartements sont au midi et jouissent de la plus merveilleuse vue panoramique de la Pointe Saint-Jean à celle de Bordighera. Un jardin d'hiver régnant sur toute la façade Nord sert de manteau au palais, dont les fenêtres s'ouvrent d'un côté sur l'azur ensoleillé de la Riviera, et de l'autre sur un Palmarium à végétation tropicale.

Chambre depuis 25 francs.

Ghesireh Palace

LE CAIRE

✛✛✛✛

Dans une île du Nil, à vingt minutes du centre, ancienne résidence du plus fastueux des souverains orientaux modernes. Quand
Ismaïl Pacha voulut rendre hommage à l'Impératrice Eugénie, venant
inaugurer le canal de Suez, il fit appel aux plus grands maîtres de la
décoration et de l'ameublement pour achever le Palais de Ghesireh
et le rendre digne de recevoir la gracieuse souveraine. Le parc, les
grottes, les pièces d'eau, le kiosque des fêtes, sont des merveilles.
Trois ou quatre fois par saison, de grands bals donnés dans le
kiosque devenu aujourd'hui le Casino évoquent le souvenir des
splendeurs passées, avec assez d'éclat pour en donner l'illusion.

Chambre depuis 10 francs.
Pension (sans l'appartement) depuis 10 francs.

Avenida-Palace

LISBONNE

✢✢✢✢

L'Avenida Palace a emprunté son nom à la plus belle et à la plus élégante promenade de Lisbonne, en bordure de laquelle il est édifié. C'est peut-être la seule maison de la Péninsule qui ait été construite, meublée et installée, conformément aux règles de l'hygiène et du confort modernes.

Chambre depuis 600 reis.
Pension (sans l'appartement) depuis 2,600 reis.

Riviera Palace

NICE

(CIMIEZ)

✝✝✝✝

C'est la création du Riviera Palace qui a fait la fortune de Cimiez devenu depuis le séjour favori de S. M. la Reine Victoria. Excellente maison, destinée surtout aux séjours de longue durée. Parc délicieux. Abri complet des vents froids d'hiver.

Chambre depuis 7 francs.
Pension (sans l'appartement) depuis 12 francs.

Château Royal d'Ardenne

BELGIQUE

✚✚✚✚

Ancienne demeure royale dans les pittoresques Ardennes Belges, entre Dinant et Jemelle, à proximité des célèbres Grottes de Han. 4,000 hectares de chasse (chevreuil, faisan, perdreau, lapin). Pêche à la truite dans la Lesse et l'Yvoigne qui traversent le domaine. Séjour idéal pour qui recherche la vie de château. Cure d'air recommandée. Prix modérés.

Chambre depuis 5 francs.
Pension (sans l'appartement) depuis 10 francs.

Royal Palace Hôtel

OSTENDE

✦✦✦

Colossal établissement récemment édifié dans le nouvel Ostende, sur la partie de la digue de mer qui relie Ostende à Mariakerke. Entre beaucoup d'autres attractions, le Royal Palace présente celle d'un parc planté et fleuri, à la place même où les dunes accumulaient leurs sables. Une galerie aux arcades vitrées enserre ce parc, l'abrite des vents de mer, sans rien cacher au promeneur de l'horizon maritime.

Chambre depuis 6 francs.

Grand Hôtel de la Plage

OSTENDE

✢✢✢✢

Célèbre par l'excellence de sa cuisine et de ses caves. Longue terrasse couverte en bordure de la digue, d'où les dineurs ne perdent rien du spectacle de la mer et du va-et-vient si mouvementé et si chatoyant des promeneurs de la digue ou de la plage.

Chambre depuis 7 francs.

Therapia Summer Palace

BOSPHORE

✤✤✤

Un véritable palais d'été ombragé par des pins gigantesques avec le Bosphore à ses pieds. Il est impossible de rêver une situation plus pittoresque et une installation plus élégante. Grand parc, beaux ombrages. Les seuls bains de mer du Bosphore installés à l'européenne. Therapia est le séjour d'été de la diplomatie étrangère en Orient.

Chambre depuis 25 piastres.
Pension (sans l'appartement) depuis 75 piastres.

Abbazia Palaces

AUTRICHE

Hôtel Princesse Stephanie.   Hôtel Quarnero
Villas Angiolina, Amalia
Slatina, Flora, Laura, Mandria

✚✚✚

Établissements hydrothérapiques en hiver. Bains de mer en été. Abbazia et Lovrana, situés sur le golfe du Quarnero, à quelques kilomètres de Fiume, ont mérité à juste titre le nom de Riviera Autrichienne. Saison d'hiver et Saison d'été; séjour très apprécié de la plus haute aristocratie Autrichienne et Hongroise; reçoit tous les hivers la visite de plusieurs souverains. Côte très pittoresque, très découpée. Les eaux du golfe, admirablement limpides, pénètrent en certains points jusque sous les ombrages de chênes séculaires.

Chambre depuis 2 florins.
Pension (sans l'appartement) depuis 5 florins.

Pavillon de Bellevue

près MEUDON
(SEINE)

++++

Vingt minutes de Paris, sur les coteaux de Meudon-Bellevue. Restaurant d'été de premier ordre. Panorama splendide de Paris et de la vallée de la Seine. Concert. Grand parc ombragé. Relié à la place de l'Opéra par un service de mail-coachs et d'automobiles. Accès facile par les Bateaux Parisiens et par les chemins de fer (gares Saint-Lazare et Montparnasse).

Chambre depuis 8 francs.
Pension (sans l'appartement) 12 francs.

LA MAISON
A. & F. PEARS L^ted

De LONDRES

———✕———

Tiré du Journal " Commerce '

Noiraud, va !

PLUS d un siècle s'est écoulé depuis que l'opulente Maison Pears poursuit triomphalement le cours de ses succès industriels. Un siècle ! Expression qui pèse d'un poids bien léger sous la plume, encore moins sur les lèvres, et, cependant, combien ce laps de temps représente de volonté réfléchie et d'efforts indomptables.

C'est en 1789 que M. A. Pears entreprit la fabrication des savons ; il fut le vrai créateur du vaste établissement dont la réputation universelle ne craint d'être mise en parallèle avec aucune autre.

Dans une notice aussi succincte que celle que nous nous proposons de faire, il est impossible de donner une histoire complète de cette Maison, voire même une description détaillée du genre d'affaires qu'elle traite. Le compte rendu seul des procédés de fabrication demanderait un volume; aussi nous bornerons-nous à ne mettre sous les yeux du public qu'une esquisse sommaire; toutefois, nous ferons une exception en faveur de la grande Maison de Londres, où se trouvent concentrées toutes les affaires.

Bien longtemps avant que la réclame moderne eut fait son apparition, le savon Pears avait déjà conquis les faveurs du monde élégant. Il n'y avait pas lieu de s'en étonner; n'avait-il pas le mérite si fascinateur de la qualité? Aussi pas une personne de goût raffiné qui ne l'appréciât à sa juste valeur.

Il y a quelque soixante ans, les affaires étaient encore dirigées sous le nom de A. Pears; à partir de cette époque, elles le furent sous celui de A. & F. Pears. Enfin, récemment, en mai 1892, la Maison fut transformée en Société anonyme au capital de 20.250.000 francs. Ces chiffres sont des jalons qui indiquent le chemin parcouru par cette Colossale entreprise. Comment fut gravi chacun des échelons du succès? comment chacun des obstacles fut surmonté; comment des efforts tentés dans une direction furent couronnés de succès par des efforts entrepris dans une autre. Voilà ce que faute d'espace nous passerons ici sous silence.

L'Établissement où le savon est fabriqué est situé à Isleworth, une villette assise sur les bords du cours supérieur de la Tamise. Les usines, entrepôts et autres bâtiments accessoires forment par eux-mêmes une petite ville, couvrant une superficie de plusieurs hectares. Le terrain sur lequel s'étendent ces constructions occupe un espace beaucoup plus considérable. Cette agglomération industrielle est connue sous le nom de Lanadan et Pearsville.

Cet établissement, ou plutôt ce groupe d'établissements qui, soit dit en passant, constitue la fabrique la plus considérable de savon de toilette existant au monde, offre aux yeux émerveillés le spectacle d'un courant continu, roulant des marchandises dans toutes les parties du monde civilisé. Si un pays n'emploie pas le savon Pears, il faut tenir pour certain que ce pays est encore sous l'empire d'idées rétrogrades et que son éducation intellectuelle est à faire.

Si les usines d'Isleworth doivent être considérées comme le cœur où palpite la fébrile activité d'une fabrication sans rivale, le siège social de Londres en est le cerveau organisateur. A New-York, à Melbourne existent de grands dépôts; les opérations qui s'y effectuent sont néanmoins, malgré la distance, contrôlées du centre unique de Londres, exactement comme les rouages d'une machine supérieurement aménagée qui, avec un minimum de friction produit le maximum d'effet utile. Les représentants de la Compagnie, véritables ambassadeurs de commerce, sont accrédités dans tous les pays où un marché existe, ou bien où il y a des chances d'en créer un; car MM. Pears sont des exemples vivants des résultats qu'on peut obtenir, lorsqu'on transporte dans le domaine des faits cette maxime : « L'offre crée la demande. »

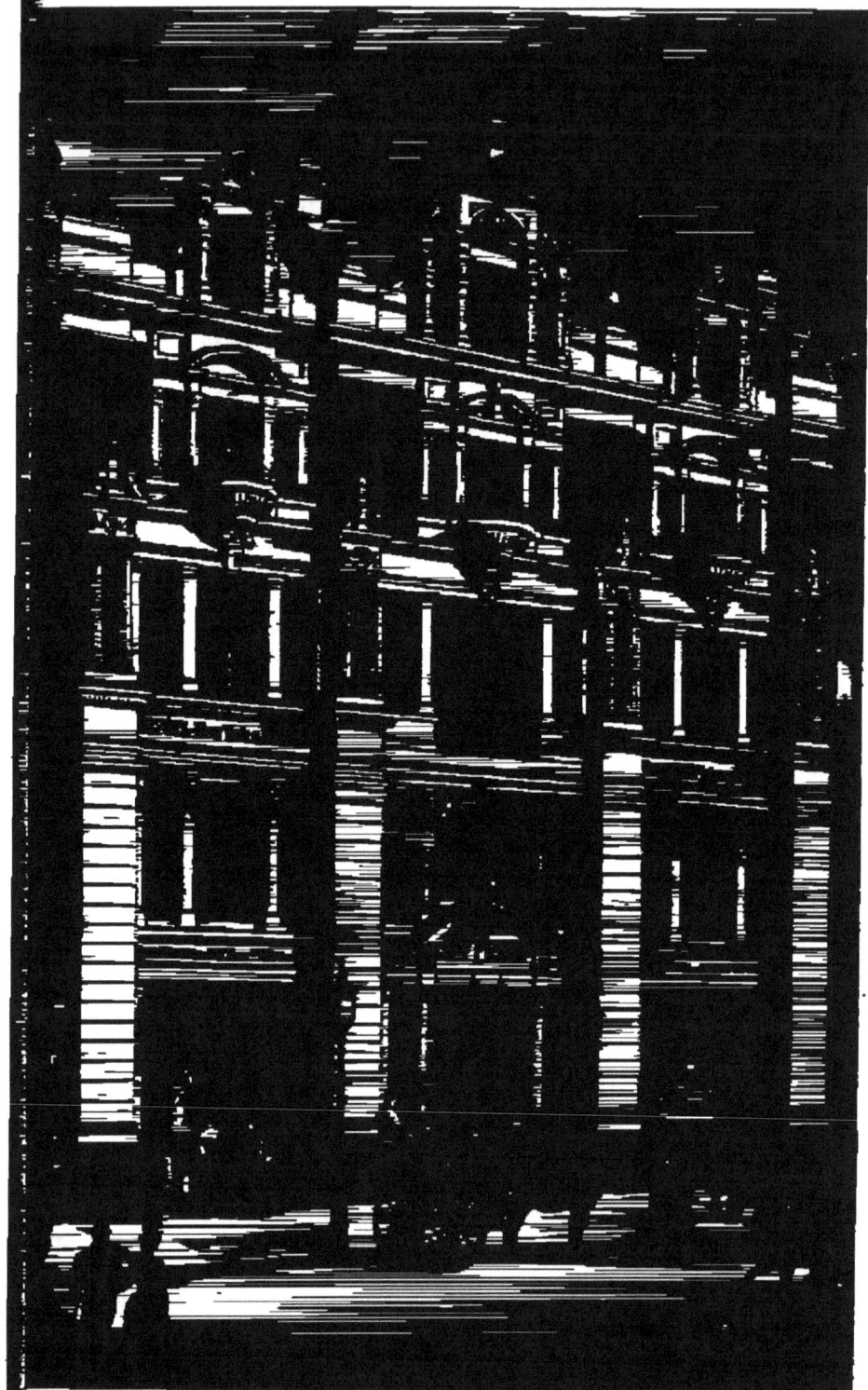

Façade des Bureaux de Messrs Pears, 71-73 New Oxford Street, Londres

Nous n'essaierons pas de dresser le catalogue des innombrables médailles remportées par le Savon Pears dans les diverses Expositions; nous nous contenterons de rappeler que son premier succès se produisit à celle de Londres, en 1851. Depuis lors, il a conquis les plus hautes récompenses dans toutes les Expositions importantes, spécialement à Paris, lors de la dernière Exposition, où lui fut décernée la seule médaille d'or attribuée aux savons de toilette.

Ce n'est pas tout; presque dès son apparition, le Savon Pears s'est attiré les éloges des pharmaciens et des docteurs. Il n'y a là rien qui puisse surprendre, car la Compagnie s'est toujours efforcée de livrer au public un savon qui soit avant tout hygiénique. L'hygiène doit être, en effet, la première des considérations, le luxe ne doit venir qu'après. Dans le produit de MM. Pears ce double desideratum a été heureusement concilié. Voilà ce que ces messieurs se flattent, et avec juste raison, d'avoir obtenu, sans rien sacrifier de la qualité.

Il y a quelque chose de bien étrange, c'est de constater combien le public ordinaire s'inquiète peu de savoir, sans souci des lois de l'hygiène, de quelle espèce de savon il fait usage. Il n'y a cependant que trop peu de savons, y compris même les plus agréables à l'œil, qui ne soient excessivement injurieux à la santé. Avec Milton il nous faut dire : « D'affreuses maladies sont substituées aux lois toujours salubres de la simple nature. » Sans aucun doute, le poete ne fait pas allusion au Savon Pears ni à aucun autre savon, mais cela importe peu.

Si vous jetez un coup-d'œil sur une carte de Londres, il y a une voie magistrale qui, courant à peu près de l'est à l'ouest, arrête involontairement le regard comme étant, entre toutes les rues, la plus longue et la plus droite. Il est inutile de rappeler au Londonien que cette voie n'est autre qu'Oxford street. C'est dans cette section de la rue qui constitue le tronçon aboutissant à la Cité, section connue sous le nom de New-Oxford street, que se trouve la maison principale de MM. Pears. C'est en 1887, l'année des fêtes du Jubilé de la reine, que les travaux en furent achevés. Sans être taxé d'exagération, on peut hardiment avancer qu'aucun autre monument commémoratif de progrès industriel ou d'habileté architecturale n'est plus digne de rappeler cette date.

C'est un édifice magnifique dont l'extérieur est en style italien; il est bâti en pierre de Portland et en briques rouges; toutefois ces briques ne sont pas les briques ordinaires de fabrication anglaise; ce sont de petites briques hollandaises, serties avec une perfection admirable. Cinq d'entre elles forment un pied anglais, ou $0^m,30$. Les soubassements sont en grès; les colonnes et le portique en granit rose. Couleur et relief, tout a été étudié avec un soin jaloux; aussi l'architecte a-t-il réussi à produire une façade qui allie la stabilité à l'élégance. Cet édifice est, dans son genre, un monument des plus remarquables, et, sans contredit, il n'y en a aucun autre consacré au commerce qui, dans Londres, puisse rivaliser avec lui.

Voilà pour l'extérieur; mais franchissons les portes magnifiques qui

Hall d'Entrée des Bureaux de Messrs Pears, 71-75, New Oxford Street, Londres

donnent accès dans le vestibule. Si l'extérieur nous pénètre d'une profonde impression, cette première salle fait plus que de répondre à notre attente. Reproduction des modèles les plus récents de l'architecture classique, l'atrium romain, où nous nous trouvons, est parfait de dessin et de proportion; tout le travail est d'une exécution irréprochable. Autant que l'emplacement l'a permis, ce vestibule se rapproche assez fidèlement comme apparence d'un hémicycle découvert à Herculanum, dans la rue des Tombeaux. Les colonnes et le parquet sont en marbre; quant aux décorations des murs et du plafond, ce sont des adaptations de la maison de Lucrèce. Ce qui frappe, dans ce milieu, c'est qu'à la fin du XIXᵉ siècle, malgré tous les progrès réalisés dans les sciences et les autres connaissances humaines, les architectes quoiqu'ils fassent sont impuissants à perfectionner les conceptions architecturales des anciens. Voilà une construction moderne, édifiée sans qu'aucune considération de monnaie ne soit venue l'entraver; eh bien! la plus magnifique salle d'entrée qu'on puisse rêver est une reproduction exhumée des ruines d'Herculanum.

Le caractère si entièrement romain de ce hall est encore rehaussé par une piscine encastrée dans un coin, presque au ras du sol. En tête de cette piscine où jouent des poissons rouges, et en retrait dans le mur, se trouve une niche qui abrite une merveilleuse sculpture : « Les Baigneurs ». Au milieu de la piscine, jaillit une minuscule fontaine, dernier mot du luxe classique.

Pour maintenir l'ensemble de cette harmonie, l'atrium est encore décoré de statues représentant des personnages dans des poses diverses, en train de se livrer à des ablutions. Le groupe si familier « You dirty boy », « Noiraud, va ! », occupe naturellement une place proéminente. Il y a là aussi une copie de la Vénus de Thorwaldsen; la pomme de Pâris qu'elle tient dans une main, peut parfaitement illusionner et laisser croire que c'est une balle de savon Pears.

Des palmiers gracieux s'élancent de vases massifs, et du plafond pendent des lampes magnifiques en forme de galères. Là l'électricité, cette fée du XIXᵉ siècle, apparait pour prendre le lieu et la place de l'huile antique.

En face l'entrée, une boiserie en acajou vernissé forme la porte qui conduit dans une partie des magasins. Quant aux bureaux, aménagés au 1ᵉʳ étage, on y accède par une volée d'escalier en marbre de Fiore di Pesca. Les rangées de bureaux font songer à une banque, et à une grande banque encore. L'on a été obligé forcément d'abandonner le caractère architectural purement classique du vestibule d'entrée; néanmoins, l'aménagement, autant que les exigences l'ont permis, s'harmonise admirablement avec l'esprit des décorations. En dessous, dans le vestibule, le visiteur a tous ses sens mis en éveil : ici c'est la perfection de l'organisation qui provoque son admiration.

Chaque chef de département a son bureau clôturé séparément dans un des coins de la salle : des tubes auditifs le mettent en communication directe avec ses collègues, de sorte qu'il peut converser avec chacun d'entr'eux sans quitter sa place. Un vrai bijou de salon d'attente est utilisé comme galerie de peinture, dont le joyau est l'original même du fameux tableau de Millet : « Les Bulles ». Tous les autres tableaux de cette salle sont non seulement remarquables dans leur genre, mais encore, par suite d'une réclame bien entendue et prodigue, ils sont tous gravés dans l'esprit du public, peut-être même plus profondément qu'aucune autre peinture.

Le cabinet particulier du Directeur, meublé d'une manière splendide et luxueuse, a un cachet hautement utilitaire. Il est aussi pourvu d'un système de communications qui permet au chef de la maison de correspondre avec les chefs de tous les départements respectifs, sans avoir besoin de se déranger de son siège.

Arrivons enfin au bureau qui s'occupe spécialement de la réclame. Il y a bien des offices d'assurance connus qui se considéreraient comme privilégiés d'avoir un tel personnel et une telle organisation. En passant, nous ne pouvons pas résister au désir de laisser entrevoir au public comment les annonces insérées dans les journaux sont cataloguées. Le système de la carte index a été adopté : les avantages en sautent aux yeux. Un regard à une carte qui occupe d'une manière constante sa place alphabétique, et la correspondance ou n'importe quoi, que cela concerne une personne ou un objet quelconque, que ce soit une lettre ou une série de paquets volumineux se repérant à plusieurs années, tout peut être rapidement et sûrement retrouvé.

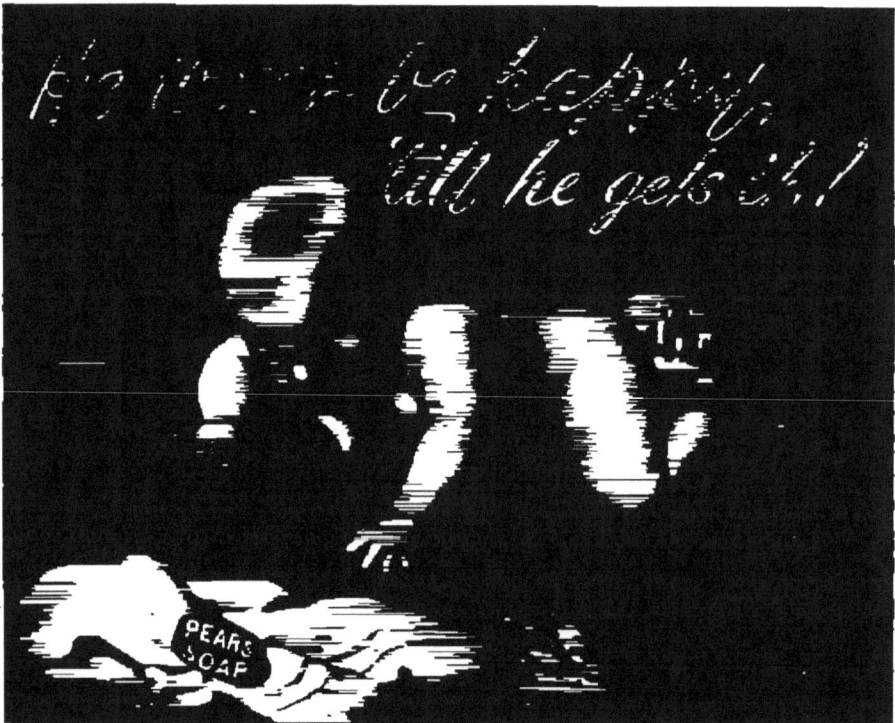

En ce qui concerne les magasins et dépôts qui dépendent du bureau des annonces, nous devons avouer sincèrement qu'ils nous ont causé plus qu'une surprise. Nos souvenirs, à leur sujet, n'ont pas une trop grande précision; néanmoins nous nous rappelons parfaitement un immense appartement plein de ballots étranges. L'enquête que nous fîmes nous révéla qu'ils contenaient des encartages destinés à certaines Revues qui ont adopté cette méthode de publicité.

Un autre objet des plus intéressants est un immense album contenant des copies spécimens des annonces illustrées publiées par la Compagnie durant une longue période d'années. Ce n'est pas seulement un collection d'affiches, c'est aussi l'histoire de l'art lithographique dans ses récents et merveilleux développements. Dans un autre appartement, presque tout l'espace est consacré au groupe : « Noiraud, va! » On y trouve ce chef-d'œuvre du génie de Focardi, multiplié sous un nombre infini de formes. Là il y a une miniature du « Dirty boy ! ». Ici il est reproduit de grandeur naturelle. Plus près il est blanc, plus loin il est en couleur. Il est disposé en régiments, divisions, corps d'armée. Lui et sa grand'mère s'en vont sur tous les points de notre globe, et partout où ils vont ils répandent le Savon Pears. Quelques personnes qui mettent leur supériorité au-dessus de celle du public objecteront que c'est là une prostitution de l'art. Cela dépend cependant du point de vue auquel on se place. Une invention ayant du mérite que l'humanité tout entière désire et dont elle tire profit lorsqu'elle la connaît, ne saurait lui être d'aucun service si elle est cachée sous le boisseau. Il faut donc la faire connaître pour qu'elle soit utile. Le problème se pose ainsi : Quel est le meilleur moyen de la faire connaître? MM. Pears paraissent avoir trouvé la solution.

Vue des Usines à Isleworth.

LES
AUTOMOBILES PEUGEOT

M. Armand PEUGEOT ⁂

Monsieur Armand Peugeot est, on peut le dire, le père de l'industrie automobile. C'est lui qui fit, avec son ami, le regretté M. Levassor, les premiers essais de l'application des moteurs à essence à la locomotion automobile, et qui créa ainsi le mouvement colossal qui est en voie de révolutionner le monde entier.

Gérant de la Société *Les Fils de Peugeot frères,* (Scies, Aciers laminés, Outils, Ressorts, etc.) en 1875, M. Armand Peugeot installa de toutes pièces, en 1885, la branche d'industrie des vélocipèdes à son usine de Beaulieu, qui est à l'heure actuelle, une des plus importantes fabriques françaises de bicyclettes, sinon la plus importante.

Dès 1888, il commença à étudier la question des voitures automobiles, et fabriqua plusieurs véhicules munis d'un moteur à vapeur. Mais deux ans après, il adapta à une voiture de son invention un moteur à essence, système Daimler, et, dès lors, la réputation des automobiles Peugeot fut faite. Perfectionnant son système de transmission d'année en année, M. Peugeot eut la joie de voir ses voitures remporter les premières récompenses aux concours, courses et expositions ouverts aux constructeurs. Mais il n'était pas satisfait encore ; il voulait que la voiture Peugeot fût *entièrement* construite par lui, et il se mit à étudier son fameux moteur horizontal à deux cylindres parallèles, qui vit le jour en 1895 et qui a depuis conquis une renommée universelle.

On peut dire que c'est à partir de ce jour, que M. Peugeot fit faire des pas de géant à cette industrie créée par lui. Se consacrant uniquement à son succès, il sépara la fabrication des Automobiles de celle des Bicyclettes, fonda la *Société anonyme des Automobiles Peugeot*, et pour pouvoir s'en occuper d'une façon exclusive, il donna sa démission de gérant de la Société *Les Fils de Peugeot frères*.

Une Usine spéciale construite à Audincourt (Doubs) fut mise en activité le 12 avril 1897. Nous en dirons plus loin les diverses transformations.

M. Armand Peugeot, en dehors de son activité industrielle, a fait preuve d'un grand esprit philanthropique, en s'occupant depuis sa jeunesse de maintes questions d'économie sociale : *Sociétés coopératives de consommation, Caisses de retraites pour les ouvriers, Sociétés de secours mutuels*, etc.

Il a créé pour ses ouvriers des Sociétés coopératives immobilières qui ont contribué à augmenter largement leur bien-être. D'une affabilité égale envers tous, M. Peugeot est du reste aimé et respecté par les populations laborieuses au milieu desquelles il vit.

Les honneurs civiques ne pouvaient manquer d'échoir à un esprit progressiste et philanthrope de la trempe de celui de M. Armand Peugeot. Maire de Valentigney depuis 1886, et conseiller général du canton d'Audincourt depuis 1892 ; Président pendant six ans de la Chambre syndicale des Fabricants français de Vélocipèdes, Président de la Chambre syndicale des Industries métallurgiques de l'Est, Membre de la Société des Ingénieurs civils de France, Membre du Comité de l'Automobile-Club de France et de diverses Sociétés savantes et d'économie sociale, M. Peugeot fut nommé Chevalier de la Légion d'honneur en 1889 ; il était Officier d'Académie depuis 1886.

Adresses : Audincourt (Doubs) et 83, Boulevard Gouvion-St-Cyr, à Paris.

LES USINES PEUGEOT

Les Usines de la Société des Automobiles Peugeot, fondées en 1897 à Audincourt (Doubs) par M. Armand Peugeot, occupaient au début environ 4,000 mètres carrés de superficie couverte, avec 120 ouvriers. Mais la poussée irrésistible de cette industrie nouvelle exigeait bientôt des agrandissements considérables, et le 1er janvier 1899, les Usines Peugeot occupèrent plus de 8,000 mètres de terrain avec 400 ouvriers.

Elles en emploient aujourd'hui près de 500, et ce chiffre sera vraisemblablement porté à 600 avant la fin de l'année courante.

La production étant encore de beaucoup inférieure à la demande, malgré ces développements successifs, M. Peugeot a créé dans un autre centre ouvrier, à Fives-Lille (rue de Flers,) une seconde usine complète qui occupe 6.000 mètres de terrain couvert et 400 ouvriers, et qui est en activité depuis 1898.

L'extension considérable donnée à ces usines modèles, la compétence inappréciable de M. Peugeot et des collaborateurs dévoués qui le secondent a donné une importance sans égale à l'affaire financière elle-même : le capital, de 800.000 francs au début, a dû être augmenté progressivement; il a été porté, dans la dernière assemblée générale, à 5 millions, entièrement souscrits par les premiers actionnaires.

Quelle preuve meilleure donner de l'excellence de la gestion de la Société des Automobiles Peugeot? Que de capitalistes, et cela se comprend, auraient voulu participer à une affaire aussi brillante, et qui ont vu refuser les subsides les plus considérables!

LES VOITURES PEUGEOT

Au début, les Voitures-Automobiles Peugeot étaient munies du moteur système Daimler, à 2 cylindres en V La première construite n'avait qu'un cheval de force, mais bientôt il en naquit une seconde, déjà plus puissante. C'est avec cette voiture, datant de 1891, que MM. Rigoulot et Doriot, deux des premiers collaborateurs de M Peugeot dans cette œuvre gigantesque, accomplirent le parcours fameux de Valentigney - Brest et retour

La première automobile Peugeot

(2000 kilomètres). Ce fut le premier voyage que traça l'automobile conquérante des routes. Aussi croyons-nous intéressant de mettre sous les yeux de nos lecteurs la photographie de cette ancêtre, avec ses deux conducteurs. Le moteur de cette voiture n'avait que 2 chevaux 1/4 de force, ce qui n'a pas empêché les deux vaillants pionniers de mener à bien ce rude parcours en 140 heures de marche. Depuis, les automobiles Peugeot ont fait des progrès constants. Nous ne les suivrons pas dans leurs détails, mais nous noterons ici les principales particularités de fabrication qui font des Peugeot les premières voitures du monde.

La Voiture des 2.000 kilomètres
Valentigney-Brest et retour

Le cadre, en tubes d'acier, d'une rigidité et d'une solidité à toute épreuve, est supporté par deux essieux et par quatre roues à rayons de bois ou d'acier, montées sur billes. Il supporte lui-même un moteur à quatre temps, constitué par deux cylindres parallèles et horizontaux, qui attaque, par le moyen d'un embrayage à friction, deux trains d'engrenages commandant les chaînes, et desservant quatre vitesses et une marche arrière. Deux freins très puissants, un à main agissant sur les moyeux des deux roues arrière, l'autre à pied agissant sur un tambour placé sur l'arbre des pignons de chaîne, tous deux assurant le débrayage automatique et fonctionnant également en avant et en arrière, donnent à la voiture Peugeot une sécurité de marche absolue.

Duc Peugeot, 2 places et strapontin.

La conduite est des plus pratiques : un guidon ou un volant de direction, une pédale de débrayage, et un seul levier commandant à la fois les vitesses et la marche arrière. Rien ne peut être moins compliqué, rien n'est même aussi simple.

Le moteur Peugeot, suivant l'usage auquel on veut l'employer, est établi en plusieurs modèles, depuis 3 jusqu'à 20 chevaux, mais les modèles les plus demandés sont ceux de 3 et 4 chevaux (voiturettes), de 7 et de 8 chevaux (tourisme), et de 10 chevaux (voitures à 8, 10 et 12 places). La classification des voitures Peugeot peut se faire de la façon suivante :

Voiturette Peugeot, 2 places.

1° Voitures avec moteur à l'arrière.

2° Voitures avec moteur à l'avant.

Nous allons passer en revue, d'une manière succinte, les différents types qui rentrent dans ces deux catégories.

Phaéton Peugeot, 4 places.

Coupé Peugeot, 4 places.

VOITURES AVEC MOTEUR A L'ARRIÈRE

Cab Peugeot 2 places.

Duc à 2 places, Voiturette. — La voiturette n'est en somme que la réduction exacte des grandes voitures ; elle se construit en 2 places (petit duc) et en victoriette ; nous n'en parlerons donc pas d'une façon spéciale, nous contentant de la classer dans les types courants.

Les voitures à deux places sont montées avec un siège très confortable à l'arrière, et comportent, en vis-à-vis, un strapontin à deux places. Ce type s'établit avec capote ou dais, et, si on le désire, avec une glace à l'avant pour arrêter le courant d'air. C'est la vraie voiture du chauffeur qui aime à conduire lui-même et qui fait du tourisme. Elle comporte de grands caissons ou un panier fort commode, et même, à l'avant, un porte-bagages qui peut supporter une malle de grandes dimensions. Avec une voiturette de ce genre, munie d'un moteur de 7

Victoria Peugeot.

ou 8 chevaux, on peut voyager fort agréablement et fournir de véritables étapes à une vitesse moyenne de plus de 32 kilomètres à l'heure.

Phaëton. — Le phaëton Peugot comprend deux sièges parallèles, également confortables, tournés dans le même sens. La capote peut se placer indistinctement sur l'un ou l'autre siège. Le dais avec ou sans glace à l'avant et avec ou sans galerie à bagages s'adapte admirablement à ce genre de voiture qui, comprenant les mêmes

Landaulet Peugeot, 4 places.

aménagements de voyage que le Duc à 2 places, constitue la véritable voiture de touriste pour le chauffeur qui veut emmener 2 ou 3 personnes avec lui.

'Ce phaëton, avec 4 personnes et un moteur de 7 chevaux, fournit sans difficulté des moyennes de 28 à 30 kilomètres.

Victoria, coupé, landau, landaulet, cab. — Ces cinq types de voitures comportent un châssis spécial, brisé par le milieu, de façon à ce que le marche-pied soit bien à la portée du pied, et que les dames puissent y monter commodément. Ce dispositif, particulier à la Maison Peugeot, a obtenu un énorme succès auprès du public.

Tonneau Peugeot, 4 places

En effet, pour les personnes qui ne conduisent pas elles-mêmes, rien n'est plus pratique et confortable que ces genres de véhicules, dans lesquels on se trouve aussi bien installé que dans les plus luxueuses voitures à chevaux.

Le landaulet, sorte de demi-landau, mérite une mention spéciale, car il présente cet avantage de pouvoir instantanément se transformer de voiture ouverte en voiture fermée, et *vice-versa*.

Tous les grands carrossiers de Paris ont du reste compris le parti qu'ils pouvaient tirer de ce châssis

Charrette Peugeot, 4 places,

brisé, et ils ont créé, pour ces cinq types de voitures de luxe, des carrosseries qui suscitent l'admiration des Parisiens, depuis qu'elles ont fait, en grand nombre, leur apparition sur le pavé de la capitale.

VOITURES AVEC MOTEURS A L'AVANT

2 places avec tonneau ou siège à l'arrière. — Les voitures Peugeot de toutes forces, se construisent aussi avec moteurs à l'avant. Le type le plus remarquable comportant cette combinaison est le tonneau démontable, avec un siège confortable à 2 places à l'avant, et, à l'arrière, deux sièges se faisant vis-à-vis et formant un petit tonneau facilement démontable lorsqu'on veut le remplacer par un siège de domestique ou par un porte-bagages pour une grande malle. Le même chassis comporte une carrosserie de charrette à 4 places.

Break Peugeot. 10 places

Breack, omnibus, voiture de livraison, camion. — Nous donnons ici les reproductions de ces types de voitures à places multiples ou

Omnibus Peugeot, 9 places

Omnibus Peugeot, 8 places couvertes

à marchandises. Elles peuvent supporter jusqu'à 1000 kilos et elles montent allègrement toutes les côtes, à une vitesse réduite naturellement, à moins qu'on ne les ait fait établir avec des moteurs particulièrement puissants.

Voitures de courses. — La Maison Peugeot a remporté de nombreuses et brillantes victoires dans les courses où elle a été représentée; depuis Paris-Rouen (1894) et Bordeaux-Paris (1895), jusqu'aux grandes courses de Nice

Camion Peugeot

en 1899 — où elle gagna tous les premiers prix — elle n'a cessé de
briller au premier rang.

Nous reproduisons la photographie de la voiture de M. A. Lemaître,
qui est d'une force de 15 chevaux, et dont les victoires ont été sensa-
tionnelles.

Il est clair que nous n'avons pu donner ici tous les détails techniques
qui ont leur importance pour les chauffeurs militants. Mais la Maison
Peugeot, par ses usines d'Audincourt et de Fives-Lille, aussi bien que
par son dépôt de Paris, 83, boulevard Gouvion-Saint-Cyr, se tient à la
disposition du public et sera toujours heureuse de pouvoir contribuer
à l'instruction des adeptes de l'automobilisme.

Des albums spéciaux ont été édités qui contiennent tous les renseignements désirables; ils seront envoyés gratuitement à tous ceux de
nos lecteurs qui en feront la demande à une des trois adresses ci-
dessus indiquées.

Voiture de M. A. Lemaître

HUILE D'OLIVE
SUPÉRIEURE

UNION

DES

Propriétaires de Nice

SOCIÉTÉ ANONYME, CAPITAL : 500,000 FRANCS

Siège social : 7, Place Defly, NICE

Magasin de Vente à PARIS, 10, Avenue de l'Opéra

'HUILE d'olive est un produit alimentaire de première nécessité, en même temps qu'un élément indispensable de l'hygiène pratique. Naturellement douce, agréable, très onctueuse et délicatement parfumée, elle répond admirablement aux exigences de la cuisine moderne; si elle est authentique, et si elle a été produite à Nice ou dans les environs elle réunit toutes ces qualités à leur plus haut degré et assure une supériorité sensible à toutes les préparations culinaires qui en comportent l'emploi. La réputation universelle dont jouissent les huiles d'olives de Nice provient des circonstances particulièrement favorables dans lesquelles s'effectue en cette région la culture des oliviers.

On ne trouve qu'à Nice les coteaux avantageusement situés, les terrains sablonneux facilement pénétrés par les eaux et réchauffés par les rayons du soleil, le climat tempéré, exempt de fluctuations brusques, qui permettent au fruit de se développer progressivement pendant les dix ou onze mois qu'exige sa maturité parfaite.

Partout ailleurs, l'olivier se présente sous l'aspect d'un buisson rameux assez chétif. Le plus grand nombre des fruits s'altèrent ou mûrissent inégalement et imparfaitement, et beaucoup se détachent de l'arbuste avant le moment de la cueillette. La proportion de fruits normalement mûris ne permettant pas de sacrifier ceux qui laissent à désirer, le mélange des uns et des autres fournit des huiles de goût acide et désagréable, dont la saveur trahit le manque de pureté.

Dans la région de Nice, au contraire, l'olivier est la plupart du temps un arbre majestueux, atteignant plusieurs mètres de circonférence. Ses fruits mûrissent lentement et normalement, sont cueillis en temps voulu, soigneusement nettoyés et triés, et enfin broyés à proximité du lieu de récolte, afin d'éviter l'agglomération, le tassement, causes fréquentes de fermentation.

Par le simple fait d'une fabrication strictement honorable, jointe à une culture favorisée par la meilleure situation naturelle, les huiles d'olives de Nice, produites avec des fruits parfaitement mûrs et sains, fraîchement cueillis et exempts de toute tare capable de nuire à la pureté de leur saveur, ont pu se placer dès l'origine au premier rang et demeurer inimitables, tout en étant constamment en butte aux imitations et aux sophistications les plus acharnées.

Ce n'est pas sans difficultés, toutefois, qu'on parvient à mettre le public en garde contre les produits falsifiés qui lui sont offerts de toutes parts sous le nom d'huile d'olives. Le nom-

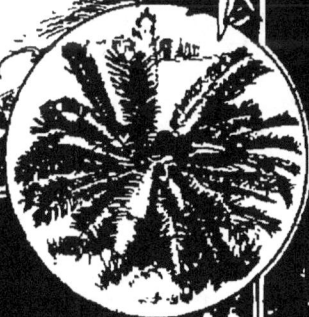

bre de ces imitations est assez considérable pour constituer, à l'égard de la santé publique, un danger dont beaucoup d'hygiénistes se sont déjà préoccupés. Si les fraudeurs en restaient au mélange des huiles de sésame et d'arachide, le goût seul du consommateur en serait lésé; mais lorsqu'il s'agit d'huiles de coton démargarinées, par exemple, ou de produits moins avouables encore, les conséquences peuvent être plus graves.

Il y a une vingtaine d'années, les octrois de Paris purent découvrir que ce genre de fraudes entrait dans la consommation totale pour près des deux tiers de celle-ci. Ne fût-ce que pour sauvegarder la réputation des véritables huiles d'olive, qui devait naturellement souffrir d'un tel état de choses, il importait de mettre en œuvre des mesures énergiques assez puissantes pour guider le choix du public et le mettre en garde contre les falsifications. Une initiative très intéressante et très louable fut prise dans cet ordre d'idées par quelques-uns des principaux propriétaires des Alpes-Maritimes, qui fondèrent, en 1882, une Société Anonyme au capital de 500.000 francs, sous la dénomination d'*Union des Propriétaires de Nice*, et ayant pour objet la culture des oliviers, la récolte et la transformation des olives en huiles de qualités supérieures.

Afin de bien affirmer ses résolutions et son but, la nouvelle Société rédigea en ces termes l'article III de ses statuts :

« *La Société s'interdit absolument le commerce de toute huile autre que celle d'olive pure.* »

Faire connaître aux consommateurs, gourmets et autres, ce produit exquis; lui conserver sa réputation inattaquable et la propager dans tous les pays : tel fut l'unique désir, le point de départ et la constante préoccupation de l'*Union des Propriétaires de Nice*.

Ses efforts ont rencontré le brillant succès qu'ils méritaient, et la renommée de ses produits est aujourd'hui universelle. On doit reconnaître que les fondateurs n'ont rien ménagé, rien laissé au hasard, dans l'organisation des ressources matérielles et administratives qu'il fallait mettre en œuvre pour arriver à ce résultat.

L'Établissement de Nice, avec ses immenses *piles* ou caveaux souterrains revêtus en briques émaillées, pouvant contenir 800.000 kilogrammes d'huile, et, avec ses pompes et ses appareils de filtration à l'abri de l'air, l'important et coquet magasin de vente de l'avenue de l'Opéra, à Paris, avec son matériel en réduction qui permet aux passants de se faire une idée du traitement des olives, les nombreux centres de production éparpillés dans la

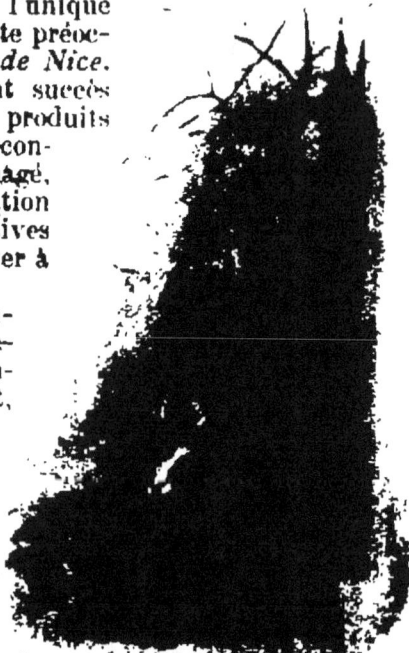

région et enfin l'important service des voyageurs qui permet à l'*Union des Propriétaires de Nice* d'étendre son action à tous les pays de l'univers, représentent une somme d'efforts et de sacrifices qui méritaient la reconnaissance du public.

Celle-ci ne lui a pas fait défaut, et l'huile d'olive de Nice doit à l'Union des Propriétaires un grand nombre d'adeptes fervents et convaincus, dont la satisfaction, témoignée autour d'eux à chaque occasion, sera plus efficace que toutes les lois pour diminuer de plus en plus la clientèle des imitateurs et des fraudeurs.

**

L'Exposition de l'*Union des Propriétaires de Nice* est une des attractions de la classe 39, où elle se distingue par une originalité du meilleur goût. Une élégante et colossale vitrine mesurant 8ᵐ,50 de hauteur, surmontée d'une énorme buire d'huile d'olive, réunit tous les produits de la Société et tous les genres de flacons qu'elle a si rapidement rendus populaires.

Les visiteurs y trouveront, à côté des huiles supérieures et d'une pureté absolue qui sont la gloire de Nice, des eaux de fleur d'oranger obtenues par une distillation experte et renfermant la quintessence des parfums et des vertus de la fleur embaumée. C'est un nouveau service que la Société a rendu aux maîtresses de maison, en ajoutant ce délicat et précieux produit à ceux dont nous venons de parler.

Une station de quelques secondes devant le gracieux édicule de l'Union des Propriétaires de Nice constituera une excellente leçon de choses pour tous ceux qui apprécient comme il convient l'importance de l'hygiène en matière d'alimentation. Puisse cette leçon profiter au plus grand nombre et les convertir définitivement aux excellents produits authentiques de Nice! Ils en emporteront, pour toute leur vie, une source de bien-être et de santé qui perpétuera pour eux, de la façon la plus agréable, le souvenir de notre merveilleuse Exposition.

FABRIQUE D'INSTRUMENTS
POUR LA
Médecine Vétérinaire & l'Agriculture

H. HAUPTNER
BERLIN, N. W.

ARMI lés sciences qui, dans la deuxième moitié du XIXᵉ siècle, se sont élevées en un essor rapide vers la perfection, la médecine vétérinaire occupe une des premières places. Pendant plusieurs siècles, basée sur l'empirisme, exercée par des bergers ou des maréchaux-ferrants, elle est devenue, depuis la fondation d'Écoles vétérinaires, à la fin du XVIIIᵉ siècle, une science florissante, jouant un rôle important dans les rouages de l'économie politique.

De même que la science sœur, la médecine, l'art vétérinaire a besoin d'un outillage varié. Cependant, comme il a été quelque peu négligé,

Machines-outils automatiques

dans les origines, on s'est également fort peu préoccupé des instruments qu'il nécessitait, les outils les plus rudimentaires étant toujours censés être assez bons pour cette branche. Mettre une fin à cet état de choses, se faire une spécialité de la fabrication des instruments vétérinaires, tel a été l'important programme du fondateur de la fabrique d'instruments de H. Hauptner, à Berlin. Cette maison, fondée en 1857, et désormais renommée dans tous les pays civilisés, a installé, dans la section allemande de l'Exposition Universelle, dans les classes Médecine & Chirurgie, ainsi que dans la classe Agriculture, une exposition remarquable de ses produits.

La fabrique Hauptner s'est constamment efforcée de répondre à l'accroissement des besoins résultant des progrès de plus en plus rapides de la science vers la fin du XIXᵉ siècle ; elle a fait entrer dans son cercle d'activité la totalité des objets qu'emploie le vétérinaire dans les multiples domaines de sa profession, tant comme médecin dans la guérison des maladies d'animaux, la recherche des causes des maladies contagieuses et de leur remède, que comme expert pour le mode d'alimentation des bestiaux, comme éleveur et comme professeur.

De même que la division du travail, dans toutes les branches de l'activité humaine, a été la clef du succès du XIXᵉ siècle, de même la maison Hauptner en approfondissant la spécialité qu'elle s'est choisie, a obtenu un succès qui, de toutes parts, lui a été pleinement reconnu. Le caractère particulier de l'entreprise est parfaitement mis en relief par le fait que, depuis des années, elle peut revendiquer le titre de seule fabrique du monde entier spéciale pour instruments vétérinaires.

Par suite de ce fait, la fabrique trouve

Une salle d'ajustage

à écouler ses produits dans tous les pays du monde où est exercé l'art vétérinaire et où l'agriculteur prend soin de la santé et de la guérison de son bétail. Les écoles vétérinaires et agricoles du monde entier, les armées de nombreux pays, les syndicats agricoles, etc., se servent des instruments Hauptner.

La fabrication des multiples créations est effectuée dans les usines de Berlin N. W., munies de tous les perfectionnements de la technique moderne et dans lesquelles plus de 180 ouvriers, entre lesquels le travail est divisé rationnellement, effectuent, à l'aide de plusieurs centaines de machines spéciales, une production en masse bien conduite. Une visite dans cette fabrique, d'installation exemplaire, permettra de nous rendre compte du mécanisme compliqué de toutes ces machines-outils automatiques, destinées à remplacer la main de l'homme. Là, cette presse, dans laquelle on introduit la matière première en plaques, exécute automatiquement, par la pression sur une pédale, toute une série d'opérations, dont la dernière met au jour une partie achevée d'un instrument. Dans les salles d'ajustage, nous voyons ensuite comment cette pièce est réunie à d'autres pour former un instrument qui, finalement, reçoit, dans les salles de polissage et celle de galvanoplastie son extérieur brillant. En parcourant les nombreux ateliers, nous apercevons les instruments vétérinaires dans la forme propre aux différents pays, mais cependant ayant un point commun en ce sens que les poignées ou les manches en corne ou en bois ont été rejetés pour faire place aux manches ou poignées en métal, qui répondent mieux aux exigences de la chirurgie moderne. Nous faisons ici connaissance avec une spécialité de la fabrique Hauptner, le façonnement des objets au " jet de sable, " qui donne à la surface du métal un grain très propre pour les manches et les poignées et qui, plus tard, offrira à la couche de nickel une prise excellente.

La fabrication, organisée minutieusement jusque dans les détails, permet, tout en employant des matières premières de la meilleure qualité, de tarifer les instruments Hauptner à un prix qui en rend l'exportation très facile. Comme moyen de vulgarisation, on a lancé un Catalogue, rédigé en allemand, en français et en anglais, contenant plus de 3.000 figures bien exécutées, unique tant par le fond que par la forme, et qui, dans sa partie, jouit d'une haute réputation comme manuel complet pour instruments de chirurgie vétérinaire. En suite de l'extension prise par l'élevage, il s'est fait sentir le besoin d'instruments servant à l'identification des animaux, à leur mesure, à leurs soins et leur hygiène, de même qu'à leur tonte rationelle. La fabrique Hauptner s'est efforcée d'y faire face en construisant des types nombreux d'appareils pour assurer l'identité des animaux, des instruments de mesure et des tondeuses à lames en forme de peignes pour la tonte à la main, ou munies d'arbres flexibles pour les tontes avec force motrice : ces instruments, introduits sur le marché, sont devenus également des articles importants d'exportation. Ces arbres flexibles, par leur courbe spéciale, constituent une spécialité de la fabrique Hauptner et peuvent trouver une application plus étendue pour des buts techniques.

Les produits de la maison Hauptner ont reçu de nombreuses marques d'approbation. C'est ainsi que dans la quarantième année de son existence, en raison de la part importante qu'elle a prise à l'Exposition Industrielle de Berlin, en 1896, elle a obtenu la plus haute récompense accordée par l'État pour instruments scientifiques. A la même occasion, le Jury lui a décerné une deuxième distinction : le " diplôme d'honneur pour les excellents résultats obtenus dans le domaine de la médecine vétérinaire. "

Usines d'Instruments Aratoires

Rud. SACK

LEIPZIG-PLAGWITZ

ARMI les plus célèbres Établissements pour la fabrication d'instruments aratoires, il faut citer celui de
M. Rud. Sack, à Leipzig-Plagwitz (Allemagne). Le
fondateur de ces usines, M. Sack, fermier lui-même
dans sa jeunesse, s'est voué avec succès à l'amélioration du matériel primitif dont il avait reconnu
l'insuffisance dans la pratique.

M. Sack commença par construire très modestement des charrues
de tout nouveau principe ; les fermiers les accueillirent avec satisfaction ce qui le mena à agrandir son usine ; depuis elle a pris un essor
énorme et a acquis l'importance que nous montre l'illustration. C'est
le plus grand établissement du genre en Europe. Les usines couvrent
une superficie de 4 hectares ; la dernière addition fut la fonderie d'acier.
Dix machines à vapeur représentant une force de 500 chevaux
commandent les différentes machines qui sont toutes munies des derniers perfectionnements. Environ 1000 ouvriers travaillent à l'établissement. La production annuelle des usines est environ 70.000 charrues,
3.800 semoirs, et un grand nombre d'autres instruments, qui sont

exportés dans tous les pays du monde. La vente totale jusqu'à présent se monte à 685.000 charrues et 57.000 semoirs.

Les nombreuses récompenses obtenues par M. Sack aux différentes Expositions d'Agriculture de son pays et à l'étranger s'élèvent à 680.

Notons seulement: Premier prix à l'Exposition Internationale Centenaire de Melbourne 1888/89; premier prix à l'Exposition Universelle (Columbian), Chicago 1893; premier prix à l'Exposition Internationale. Hobart, Tasmanie 1894/95; premier prix à l'Exposition Internationale de Queensland. Brisbane 1897; premier prix à l'Exposition Centro-Américaine à Guatemala 1898.

Tous les instruments fabriqués par la maison Rud. Sack sont mis soigneusement à l'épreuve avant de sortir des usines et portent la marque de fabrique représentée à la fin de cet article.

Les spécialités de la maison Rud. Sack sont les charrues et semoirs au rayon, puis en second lieu, les herses, houes à cheval, semoirs à la volée, etc.

Les charrues sont faites de matériaux excellents, presque partout l'acier remplace le fer et, les parties, faites autrefois de fonte moulée, sont maintenant en acier fondu très solide. Les versoirs sont en acier de blindage, ce qui permet de les tremper de toute la surface et en plus haut degré qu'auparavant. Par cet ample usage de l'acier en place du fer, on est arrivé à diminuer de beaucoup les dimensions de toutes les parties des charrues. Elles présentent un poids relativement minime et un aspect élégant malgré leur grande résistance.

La Maison livre pour toutes profondeurs de 4 à 60 cm., et pour chaque nature des terres. des charrues monosocs à coutre en forme de couteau ou de disque, et à rasette, et polysocs, d'exécutions les plus variées.

La plupart des charrues monosocs de Rud. Sack peuvent servir de charrues universelles; elles peuvent être munies d'un grand choix d'instruments aratoires: chaumeuses polysocs, arracheuse de pommes de terre, de betteraves et de chicorées, cultivateur, extirpateur.

scarificateur, rayonneur, houes à un ou plusieurs rangs, fouilleuse, dégazonneuse, etc.

Les charrues tourne-oreilles et les charrues à bascule servent à labourer les pentes et les terres où les sillons doivent être versés tous vers le même côté; les charrues pour vignes, houblonnières et jardins, qui de même peuvent être munies de différentes garnitures aratoires, ont le but indiqué par le nom.

Plusieurs formes de charrues de Rud. Sack sont faites spécialement pour les usages coloniaux, par exemple la charrue à un soc marque D 10 S A, à corps très-haut, coutre en forme de disque et, sur demande, avec crochet pour lever les mauvaises herbes; puis la charrue bisocs, Z II 9 A, dont les corps étant également très hauts peuvent être rapprochés ou éloignés en réglant le bâti mobile.

Les semoirs sont construits pour attelage ou pour bras, les premiers en quatre classes. Cl. 1° pour terrain plat, Cl. 2° avec roues à alvéoles et réglage automatique de la caisse à graines. Cl. 3° disques distributeurs. Cl. 4° à cylindres cannelés et à caisse fixe, tous en largeur de 1—3 mètres et d'un nombre quelconque de lignes. Ces semoirs sont construits pour toutes sortes de blé et de grains en n'importe quelle quantité, distance et profondeur. C'est en quoi consiste l'énorme avantage du semis au rayon en comparaison du semis à la volée et en reconnaissance de ce fait, la culture en ligne au rayon s'étend de plus en plus.

Les semoirs au rayon de la maison Rud. Sack sont de constructions variées quant au fort des parties, à la hauteur des roues et la manière de les diriger; ils peuvent être transformés en semoirs à poquets, en semoirs à la volée, houes à cheval et rayonneurs. Les semoirs au rayon à bras se livrent avec 1—9 rangs pour service de 1—3 personnes. — Les herses de Rud. Sack, légères, à la fois extrêmement efficaces et solides, sont livrées de grandeurs les plus différentes, comme herses

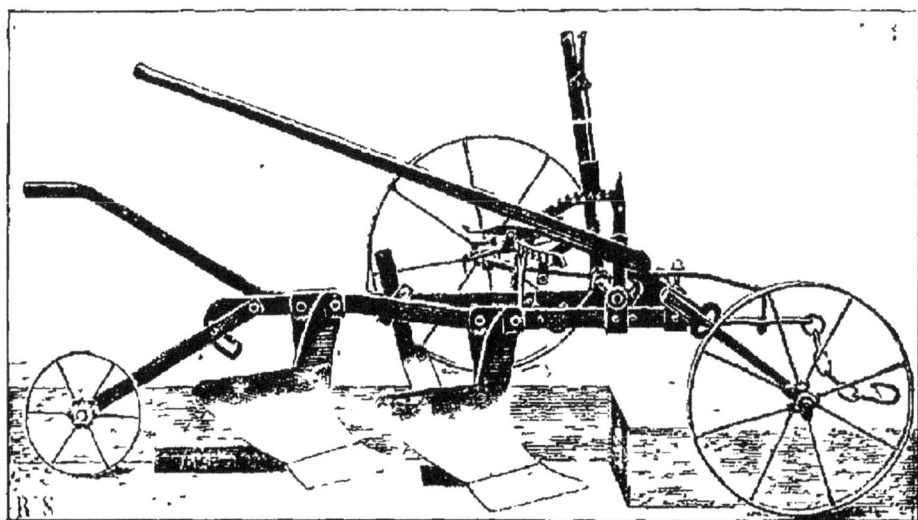

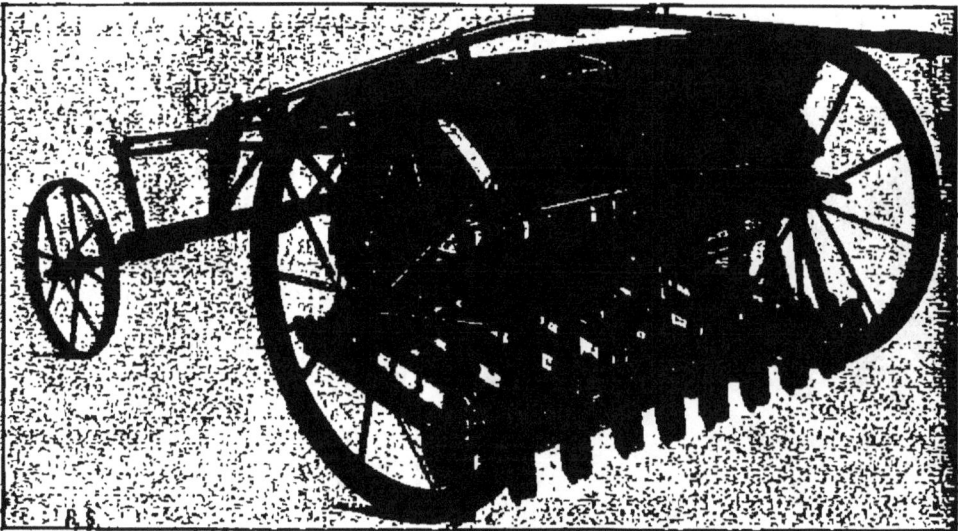

de culture pour terres fortes et légères, comme herses pour l'enterrage des semences et herses très légères pour passer sur ces champs ensemencés variant du poids de 20 à 50 kg., par mètre de largeur. Toutes les herses peuvent être tirées en avant ou en arrière.

Les houes à cheval universelles à gouvernail d'avant et à leviers mobiles offrent des avantages dans la manœuvre et l'effet sur les houes simples à limonière et à socs fixes, celles-ci ne pouvant être employées généralement que sur terrains plats et sans pierres.

Dans le grand choix de Machines et Instruments de Rud. Sack on trouve tout ce qui correspond aux besoins de l'agriculture et la Maison sera toujours prête à servir tout intéressé de ses conseils ou de ses expériences qu'elle possède dans l'agriculture d'outre-mer.

Le catalogue complet de la Maison Rud. Sack, contenant 176 pages et 222 illustrations, démontre clairement la construction, destination et manœuvre des différentes machines et outils. Il a paru en Allemand, en Français, Hollandais, Hongrois, Polonais, Russe, Tchèque, Anglais et Espagnol; sur demande la Maison expédiera ce que l'on désire.

La maison Rud. Sack, hors de nombreuses représentations aux pays d'outre-mer mêmes, entretient des agences d'exportation à Hambourg kleine Reichenstr, 20, et à Londres, 8 Elder Street, Norton Folgate. E. Bishopsgate Street Without.

MARQUE DE  FABRIQUE

de la Maison Rud. SACK à Leipzig-Plagwitz.

Syndicat des Mines et Usines de Sels Potassiques de STASSFURT

AGENTS GÉNÉRAUX POUR LA FRANCE
ORIGET & DESTREICHER

Le Progrès Agricole par la Science et la Chimie

1, Rue Ambroise - Thomas
PARIS

La potasse est une des plus importantes matières nutritives des végétaux et, par suite, c'est un engrais indispensable. Aucune plante ne peut se développer normalement sans potasse et les cendres de tous les végétaux en contiennent des quantités relativement grandes. Les fumures qui n'apportent que de l'acide phosphorique et de l'azote ne suffisent jamais ; ces engrais ne peuvent jamais produire leur plein effet quand les plantes ne disposent que d'une insuffisante quantité de potasse ou qu'elles en manquent complètement.

La potasse n'est pas d'un prix très élevé ; son emploi en agriculture répond aux exigences des cultivateurs et les excédents qui résultent de son usage dépassent plusieurs fois la valeur des dépenses faites pour la fumure.

On trouve la potasse dans le commerce, aux différents états suivants:

A l'état de *sels bruts* (convenant spécialement aux terrains légers, aux terres tourbeuses, aux prairies et aux pâturages) : sous forme de kainite, de carnallite et de sylvinite et à l'état de *sels concentrés* (convenant aux sols plus compacts et aux plantes plus délicates) : sous forme de chlorure de potassium, sulfate de potasse, sulfate double de potasse et de magnésie, sels potassiques pour engrais à 20 ou 30 %.

Les mines et usines de sels potassiques occupent : 818 employés et 15.564 ouvriers. Elles emploient : 513 machines à vapeur d'une force totale de 53.249 chevaux, qui actionnent 738 machines diverses d'une force totale de 47.419 chevaux. Toutes les mines et usines sont reliées à la grande ligne par des raccordements et 33 locomotives qui leur appartiennent assurent les communications. Les mines et usines appartiennent pour une partie au fisc et pour le reste à des Sociétés anonymes et à des Etablissements industriels.

Elles sont toutes établies dans la région de Stassfurt, car c'est là seulement qu'on a trouvé jusqu'ici des gisements de potasse en Allemagne ; toutes les Sociétés qui exploitent les gisements de Stassfurt

Un Puits à Neu-Stassfurt.

ont créé un bureau central pour le commerce de leurs produits, le Verkaufs-Syndikat der Kaliwerke, siégant à Léopoldshall-Stassfurt et dans lequel sont représentées les mines et usines suivantes :

Inspection royale des mines de Stassfurt ; Direction ducale des mines de sel de Léopoldshall ; Consolidirte Alkaliwerke, Westeregeln ; Salz-

La Gare de Neu-Stassfurt.

bergwerk Neu-Stassfurt, Stassfurt ; Kaliwerke Aschersleben, Aschersleben; Gewerkschaft Ludwig II, Stassfurt ; Vienenburger Kalisalzwerk der Gewerkschaft «Hercynia », à Vienenburg ; Deutsche Solvay-Werke, ActienGesellschaft, Bernburg ; Actien-Gesellschaft Thiederhall, Thiede ; Gewerkschaft

Wilhelmshall, Anderbeck ; Gewerkschaft Gluckauf, Sondershausen ; Gewerkschaft Hedwigsburg, Neindorf, près Hedwigsburg ; Gewerkschaft Burbach à Beendorf, près Helmstedt.

Les quantités totales des principaux sels bruts de potasse extraites des mines de potasse allemandes s'élèvent à :

Quantités totales de sels bruts de potasse extraites des gisements de Stassfurt.

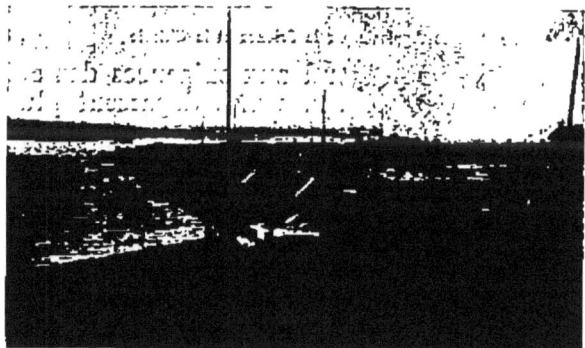

Le port de Schœnebeck, sur l'Elbe

Année	Carnallite et Kieserite	Sylvinite et Kainite
1866	135.967.200 k.	5.808.400 k.
1871	335.991.600	36.581.700
1876	563.814.200	17.937.600
1881	746.808.000	158.329.900
1886	712.146.900	247.326.800

Année	Carnallite et Kiesérite	Sylvinite et-Kainite
1891	824.678.000	545.154.900
1895	785.956.300	745.629.300
1896	859.063.900	923.414.700
1897	853.891.000	1.096.290.200
1898	993.442.600	1.214.885.800
1899	1.320.013.900	1.163.848.500

Exploitation de la Carnallite.

Voici maintenant la production totale des sels concentrés, fabriqués dans les usines.

Quantités totales de sels concentrés fabriqués dans les usines.

Année	Chlorure de potassium 80 %.	Sulfate de potasse 90 %.	Sulfate de potasse et de magnésie calciné 48 %.	Sels potassiques pour engrais
1885	104.500.000 k.	4.000.000 k.	9.000.000 k.	8.400.000 k.
1887	130.000.000	10.527.900	6.284.800	8.163.300
1889	131.592.700	7.321.300	9.214.800	17.284.800
1891	143.487.500	18.980.800	11.399.800	16.045.100
1893	132.528.500	16.361.100	12.642.700	17.344.000
1895	145.027.400	13.403.200	8.248.700	19.724.300
1897	158.863.300	15.402.800	7.414.800	23.041.800
1899	180.672.000	24.655.800	8.459.000	70.915.700

On reconnaît de plus en plus l'importance de la potasse comme engrais ; mais l'usage des engrais potassiques n'a pas encore pris l'extension qu'il faudrait, dans le propre intérêt de l'agriculture.

On peut en trouver un exemple en comparant la consommation des sels de potasse en France à celle des pays voisins, l'Allemagne, la Belgique et la Hollande.

Ces divers pays ont consommé, en sels de potasse de toutes sortes :

Années	Allemagne	Belgique et Hollande	France
1895	492.397.200 k.	28.556.300 k.	15.736.800 k.
1896	618.067.900	31.631.500	18.680.100
1897	731.912.000	39.644.900	21.069.900
1898	786.732.900	50.447.600	22.527.600
1899	810.218.100	58.162.900	27.674.900

Machine actionnant les câbles.

Les différences sont encore plus visibles quand on exprime ces quantités en potasse réelle et qu'on les ramène à l'unité de surface ; on trouve ainsi qu'en 1899 la quantité de potasse réelle employée sur 100 h. de terres cultivées de ces différents pays a été de :

306 k. en Allemagne ;
218,6 » Belgique et Hollande
23,4 » France.

On voit par là combien la France emploie peu encore de sels de potasse au détriment de son agriculture.

Partie supérieure du gisement de Kainite.

Point où se termine la traction des minerais dans les galeries.

HUILES D'OLIVE

CAISSON & BROCARD

(NICE)

Fondée en 1891, la maison Caisson et Brocard s'est fait une règle absolue, depuis ses origines, de ne produire et de ne livrer à sa clientèle que des huiles d'olive rigoureusement pures. L'honorabilité de ses transactions dans une branche particulièrement éprouvée par la concurrence déloyale a suffi pour assurer à sa marque une réputation rapide. En 1896, afin d'étendre leurs relations commerciales et d'améliorer encore dans la plus large mesure possible leurs moyens de fabrication, MM. Caisson et Brocard fondèrent au n° 6 de la rue de l'Hôtel-des-Postes un établissement modèle qui compte aujourd'hui parmi les plus importants de Nice, et qui expédie ses produits non seulement dans toute la France, mais dans le monde entier.

Ce rapide succès est dû aux connaissances approfondies des deux chefs de la maison et à la surveillance étroite qu'ils exercent sur toutes les opérations. L'huile d'olive produite aux environs de Nice, dans les moulins que possèdent MM. Caisson et Brocard, est amenée à l'établissement et emmagasinée dans des réservoirs à parois en verre, d'un nouveau système spécial, appelés *piles*. Après avoir été soigneusement filtrée, elle est renvoyée dans de nouveaux réservoirs d'où elle ne sort que pour être mise en bouteilles, en estagnons et en fûts. Le grand développement donné à l'exportation des huiles d'olive de Nice par la maison mérite d'être signalé. Il n'a pu résulter que d'une organisation industrielle de premier ordre, mise au service de la plus haute intégrité commerciale.

Tout le monde sait aujourd'hui combien les huiles d'olives sont imitées, falsifiées et soumises à des mélanges qui en dénaturent la saveur exquise et les qualités hygiéniques. Depuis quelques années, le nombre des maisons qui pratiquent ce commerce déloyal a augmenté dans une proportion inquiétante. Il faut donc savoir gré aux négociants honorables et expérimentés qui, comme MM. Caisson et Brocard, sauvegardent en France et développent à l'étranger la réputation des huiles d'olives. Le public doit s'adresser à eux non seulement pour ne pas être trompé, mais pour reconnaître les services considérables qu'ils rendent au commerce national.

Pour terminer nous ajoutons que les agents de cette maison sont : *pour la place de Paris*, M. G. Delarbre, 4, rue Herschell, Paris, et *pour l'exportation*, M. Gaston P. Durieux, 13, rue des Petites-Écuries, à Paris.

The PROTENE COMPANY, Limited

36, Welbeck St. Cavendish Square. 141. Regent St. London W

~~~~~~~~~~~~~~~~

Bien que le lait ait été de tout temps placé au premier rang d substances nutritives, ce n'est qu'assez récemment qu'on comprit toute sa valeur alimentaire.

Nous savons aujourd'hui que tous les aliments doivent leurs propriét nutritives à la présence d'une matière appelée « Protéine ». Cett substance est maintenant considérée comme indispensable au maintie de la vitalité. Mareuse, Salkowski, et plusieurs autres savants on démontré d'une manière concluante que la protéine contenue dans l lait est identique en fait de propriétés alimentaires aux protéines qu se trouvent dans tous les autres aliments.

En généralisant, on peut dire que la viande, le poisson et les légume contiennent plus de cette forme de protéine que le lait et par cons quent ce dernier semble présenter un désavantage puisque son volum est, à quantité égale, plus considérable; mais cette infériorité dispara si l'on parvient à isoler la protéine des aliments dans lesquels elle trouve.

La « protéine » du lait est connue sous le nom de « caséine » et on l séparée du lait en petite quantité dans certaines expériences de chimi physiologique.

« The « Protéine Company », est la première qui soit parvenue à pr duire cette caséine en quantité considérable et en faire par conséquen un article de valeur commerciale.

En dehors de cette question de l'isolement de la base nutritive d tout aliment, l'industrie de la laiterie, et par conséquent l'agricultu en général, a trouvé de grands avantages à cette découverte. Cett vérité devient évidente si l'on veut bien considérer que des quatr constituants principaux du lait, à savoir : la graisse, la caséine, la lactos (qui est le sucre du lait) et l'eau, le premier seulement a été utilis jusqu'ici en laiterie et que l'on jetait, comme sans valeur, le résid avec la caséine qu'il contient.

La « protéine » est une poudre blanche, fine, qui n'est affectée ni p la température, ni par le temps. Cette poudre n'a ni goût, ni odeur, ell se combine avec tous les aliments tant solides que liquides, si bi qu'elle en augmente la valeur nutritive dans la proportion que l' peut désirer et cependant, n'affecte ni leur goût ni leur aspect.

Dans certaines maladies, notamment le diabète, où le sucre et l'am don sont dangereux, le pain ordinaire et les biscuits, qui sont en gran partie composés d'amidon, sont interdits; mais certains pains à protéine et les biscuits « Protene », qui ne contiennent pour ainsi di pas d'amidon, constituent un mets agréable et qui vient améliore l diète nécessairement stricte et fatigante imposée aux diabétiques.

C'est à l'Université de Cambridge, en 1895, qu'à été découvert procédé qu'emploie aujourd'hui the « Protene Company ». Depuis lor les connaissances techniques touchant l'application de cette substan ont fait de grands progrès.

The PROTENE COMPANY, Limited

36, Welbeck St. Cavendish Square. 141, Regent St. London W.

Though from the earliest times milk has been rightly placed in the front rank of food substances, it is but recently that the cause of its nourishing value has been popularly understood.

We now know that all foods owe their nourishing properties to the presence of a material called " Proteid "; indeed, this substance is now regarded as indispensable to the maintenance of life.

Salkowski, Marcuse and many other scientists have conclusively demonstrated that the proteid contained in milk is identical in its nutritive property with the proteids found in all other foods.

Generally speaking, however, meat, fish and vegetables contain more of this proteid than milk does, and consequently this last-mentioned food presents certain disadvantages due to its greater bulk; but this inferiority at once disappears if we can isolate the proteids from the foods in which they occur.

The proteid peculiar to milk is known as " casein, " and has from time to time been separated from milk in small quantities by physiological chemists.

The Protene Company have for the first time succeeded in producing this casein in large quantities, thereby converting it into an article of commercial value.

Quite apart from the importance of thus isolating the nutrient basis of all foods, the dairy industry—and consequently agriculture generally—is directly benefited by this discovery.

This becomes self evident when we realise that of the four main constituents of milk, viz., fats, casein, lactose (sugar of milk) and water—the first-mentioned has alone been utilized in the dairy, while the residue with its highly valuable casein has hitherto been rejected as worthless.

Protene itself is a fine white powder unchangeable by climate or long keeping; possessing neither taste nor smell, it can be incorporated with all solid and liquid foods, so as to increase their nourishing value to any desired extent without its presence being otherwise apparent.

In certain cases, notably diabetes, where sugar and starch are harmful, ordinary bread and biscuits which contain starch are for this reason forbidden; but the Protene bread and biscuits, practically free from starch, provide a palatable addition to the unattractive diet to which the diabetic sufferer is usually restricted.

The manufacturing process of the Protene Company was discovered at Cambridge University in the year 1895; since then great progress has been made in the technical knowledge relating to its varied application.

Sociétés Réunies

des

PHOSPHATES " THOMAS "

5, Rue de Vienne — PARIS

Lorsque en 1878, Sydney THOMAS-GILCHRIST & Percy GILCHRIST trouvèrent, en Angleterre, le moyen d'extraire de la fonte servant à la fabrication de l'acier le phosphore, sous forme d'acide phosphorique, on était loin de se douter de la véritable révolution agricole qu'allait entraîner ce nouveau procédé métallurgique. Pour tout le monde, il n'y avait là qu'un mode d'utilisation des minerais de fer phosphoreux pour l'obtention de bons aciers, et personne ne songeait à l'utilisation comme engrais de ces scories métallurgiques, considérées jusqu'alors comme un résidu encombrant, formant de véritables montagnes auprès des usines.

C'est à **Hoyermann** que revient l'honneur de l'application des scories produites par le procédé " **THOMAS** " et appelées couramment " **SCORIES THOMAS** ", à la fertilisation des sols agricoles. L'adjonction à la fonte de magnésie et de chaux en grand excès fournit, en effet, des scories qui, suivant les cas, offrent comme composition :

Acide phosphorique.	14 à 24 o/o
Chaux.	40 à 55 o/o
Magnésie.	3 à 6 o/o
Silice	7 à 15 o/o
Protoxyde de manganèse	4 à 6 o/o
Protoxyde de fer	12 à 22 o/o
Soufre. . . . . . . :	0.2 à 0.6 o/o

Comme on le voit par ces chiffres, ces scories de déphosphoration sont donc riches à la fois en acide phosphorique et en chaux. Or, la plupart de nos terres sont très pauvres en acide phosphorique, le facteur principal des bonnes récoltes, et ce n'est qu'en leur en fournissant en quantité convenable que le cultivateur peut espérer en tirer des produits rémunérateurs. Ces scories sont, en la circonstance, une source d'autant plus précieuse, qu'étant donné leur origine, elles peuvent fournir ce principe fertilisant à un prix inférieur à celui des autres engrais phosphatés, en même temps qu'une partie de leur chaux, non combinée, agit de la façon la plus énergique dans les terrains trop pauvres en calcaire. Aussi, l'emploi des scories a-t-il pris, en agriculture, à l'heure actuelle une place extrêmement importante, s'accroissant rapidement dès que ce produit, primitivement livré en fragments plus ou moins grossiers, a été fourni aux cultivateurs, sous forme d'une poussière presque impalpable, tant elle est fine (75 à 80 o/o passent à travers du tamis N° 100 dont les mailles ont un écartement de 0,17 m/m). avec une assimilabilité rapide, résultant de la grande solubilité — au minimum 75 o/o — dans le réactif Wagner (citrate acide d'ammoniaque).

C'est d'abord en Allemagne. Luxembourg et Belgique que la consommation des " SCORIES THOMAS " s'est développée, la France se montrant, au début, quelque peu réfractaire, ce qui s'explique pour un pays où les gisements de phosphates sont si nombreux et où, par suite, l'industrie du superphosphate a pu prendre facilement une grande extension. Quoi qu'il en soit, sa consommation en " Scories Thomas " n'a pas atteint moins de 200.000 tonnes en 1899, alors qu'elle était pour ainsi dire nulle en 1890, et ne se montait qu'à 95.000 tonnes en 1896 : en trois ans, la consommation a donc plus que doublé.

L'efficacité des " Scories Thomas " et l'avantage de leur emploi, ressortant nettement de leur utilisation agricole, il est intéressant de comparer le développement parallèle de la consommation des deux principaux engrais phosphatés : scories et superphosphate, pendant une certaine durée de temps. De tels chiffres statistiques manquant pour notre pays, nous nous voyons obligés d'avoir recours aux chiffres de la consommation allemande :

	TONNES		
	En 1893	En 1896	En 1899
" SCORIES THOMAS "	480.000	611.000	895.000
Superphosphate.	600.000	700.000	833.000
Autres engrais phosphatés	100.000	130.000	200.000

On voit combien l'agriculteur, à l'heure actuelle, a recours aux scories pour fournir à ses terres l'acide phosphorique qui leur manque; voici d'ailleurs le nombre de kilogrammes d'acide phosphorique qui ont été apportés au sol dans le même cas :

	KILOGRAMMES		
	En 1893	En 1896	En 1899
" SCORIES THOMAS ". .	81.600.000	103.870.000	147.675.000
Superphosphate	90.000.000	105.815.000	125.250.000
Autres engrais phosphatés .	18.000.000	23.415.000	36.000.000

Cet énorme accroissement de la consommation des scories est d'ailleurs général dans tous les pays; l'Europe entière consommait en :

1896. . . . . 1.018.000 Tonnes de Scories
1898. . . . . 1.428.000 » »

et sa consommation atteindra environ **2.000.000 de tonnes en 1900**.

L'explication en est dans la haute valeur fertilisante des Scories Thomas qui ressort non seulement des nombreuses expériences des agronomes les plus éminents, mais encore de la pratique courante. Voici, à ce sujet, quelques chiffres intéressants, pris entre mille semblables :

M. Billard, aux Phébés, à Moutiers (Yonne), a obtenu sur blé :

	GRAINS	PAILLE
Avec 1.000 kilogs de Scories Thomas. . . .	3.200 kil.	4.600 kil.
Sans Scories	1.900 kil.	2.300 kil.
Excédent dû aux Scories.	1.300 kil.	2.300 kil.

Ce qui représente un bénéfice net (valeur de l'engrais déduite) d'environ **290** francs à l'hectare.

M. Le Henry, au Ferré (Ille-et-Vilaine), a eu, avec pommes de terre
" Institut de Beauvais " :

	RENDEMENTS	EXCÉDENTS
Pas d'engrais	12.000 kil.	»
Fumier	14.000 kil.	2.000
Fumier et 600 kil. de Scories Thomas. . .	30.000 kil.	18.000

Soit plus de **900** francs de bénéfice net à l'hectare !

M. Carrière, à Boisset (Cantal), a récolté, comme foin :

	1re Coupe.	2me Coupe.	TOTAL
Avec 1.000 kil. de Scories Thomas.	5.845 k.	3.920 k.	9.765 k.
Sans scories.	1.780 k.	1.070 k.	2.850 k.
Excédent dû aux scories	4.065 k.	2.850 k.	6.915 k.

C'est-à-dire un bénéfice net d'environ **300** francs à l'hectare.

La planche de la page 3 représente le résultat obtenu sur vigne par
le seul emploi des Scories Thomas, dans une terre naturellement riche
en potasse et azote, mais pauvre en acide phosphorique. Un autre viti-
culteur, M. Rolland, a obtenu, à Saint-Nazaire (Aude), une récolte de
63 hectolitres 46 de vin avec 175 grammes de Scories Thomas par
souche, tandis qu'elle n'atteignait que 28 hectolitres 07 sans scories !

On comprend, par suite, toute l'attention que mérite, de la part du
visiteur, l'exposition des " **Sociétés réunies des Phosphates Thomas,
Section Agricole** " dans le Pavillon spécial aux Engrais. Il y trouvera
non seulement toute une série d'échantillons lui permettant de se rendre
compte de la fabrication des scories par le procédé Thomas, en passant
du minerai de fer phosphoreux a l'acier Thomas et aux scories Thomas,
avec tous les intermédiaires, mais encore, à côté de photographies intéressantes de champs d'expériences, des cultures en pleine végétation,
sans cesse renouvelées, et envoyées par les expérimentateurs de cette
année. C'est que la " **Section Agricole** " s'occupant spécialement des
questions agronomiques, poursuit, depuis plusieurs années, un utile
but de vulgarisation agricole : engrais de toute sortes pour essais de
fumure, brochures, tableaux, photographies, articles de journaux, vues
diapositives pour conférences, collections d'engrais, recherches scientifiques, voilà ce qu'elle répand partout dans notre pays et dans nos
colonies, chez tous ceux qui peuvent aider, d'une manière efficace, au
développement et au progrès de notre agriculture, c'est-à-dire de notre
richesse nationale. Si le magnifique groupe que le visiteur y verra per-
sonnifie, de la meilleure façon, l'union intime de la Métallurgie et de
l'Agriculture par les scories Thomas, il ressort aussi de tout l'ensemble, avec netteté, l'existence d'une œuvre éminemment française,
puisqu'elle a pour effet d'accroître les produits de la nation et les bénéfices des cultivateurs.

**Les SOCIETES REUNIES DES PROSPHATES THOMAS, SECTION
AGRICOLE, Bureau spécial de renseignements pour la France et les Colonies,**
se mettent à l'entière disposition des personnes que ces questions inté-
ressent.

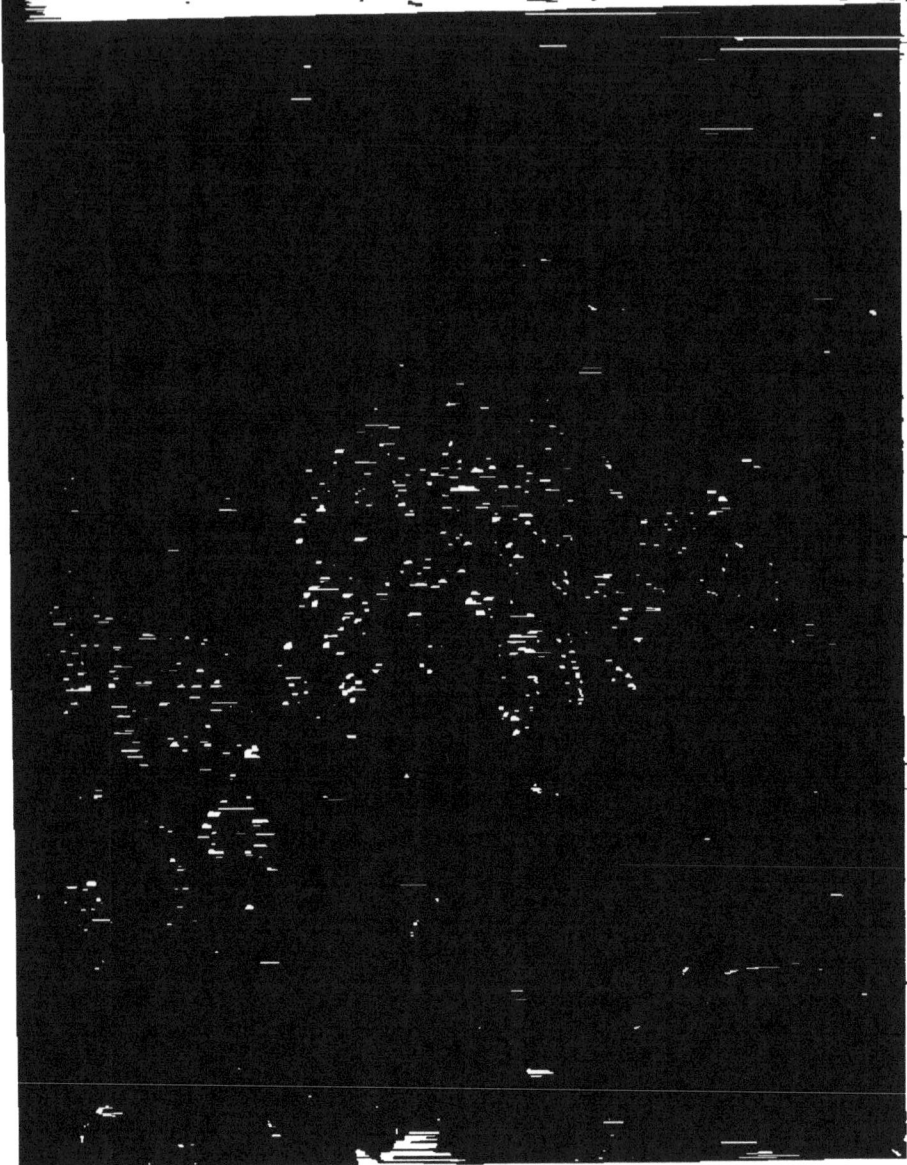

Essai de fumure exécuté sur Alicante par
Mme Vve MAGEN SAINT-RÉMY
n Domaine de la Caussade, près Fronsac (Gironde)

La plus belle souche **avec Scories**
(1.000 kil. à l'hectare)
Raisins fournis par la souche : 19 k. 200
(Rendement moyen d'une souche : 3 k. 800)

Engrais Chimiques

DES

MANUFACTURES DE SAINT-GOBAIN

Production annuelle : **500 Millions de Kilos**

DOSAGES GARANTIS - EMBALLAGES MARQUÉS & PLOMBÉS

SUPERPHOSPHATES DE CHAUX

de tous titres

ENGRAIS COMPLETS DE SAINT-GOBAIN

Engrais composés spéciaux

pour la Vigne, les Céréales, les Betteraves, les Légumes, etc.

Sulfate de Fer - Sulfate de Potasse - Sulfate de Cuivre

MATIÈRES AZOTÉES DIVERSES

(Voir la notice, Classe 87)

S'ADRESSER POUR TOUS RENSEIGNEMENTS :

à la Direction Commerciale des Produits Chimiques de Saint-Gobain

9, Rue Sainte-Cécile, PARIS

OU aux AGENTS de la COMPAGNIE dans les PRINCIPAUX CENTRES AGRICOLES

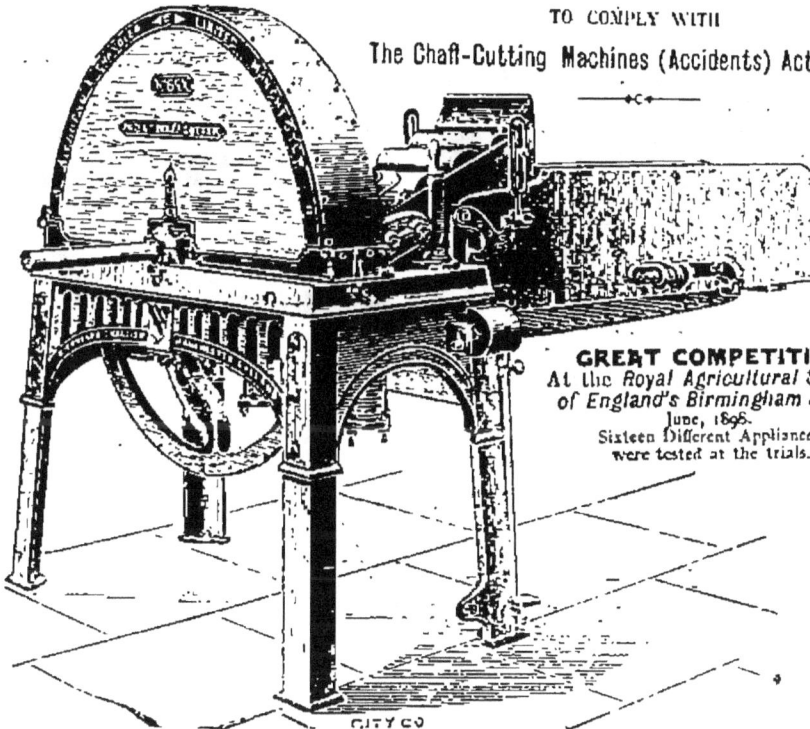

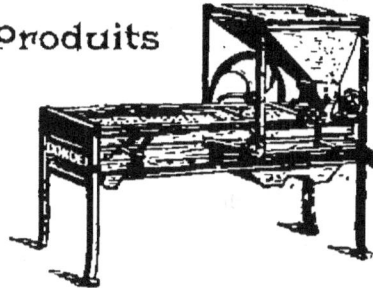

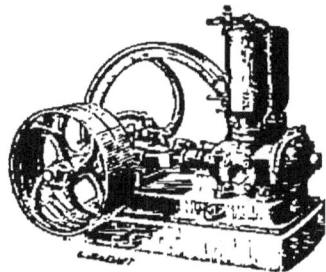

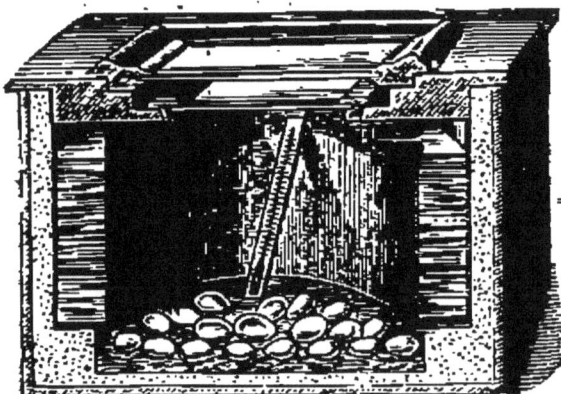

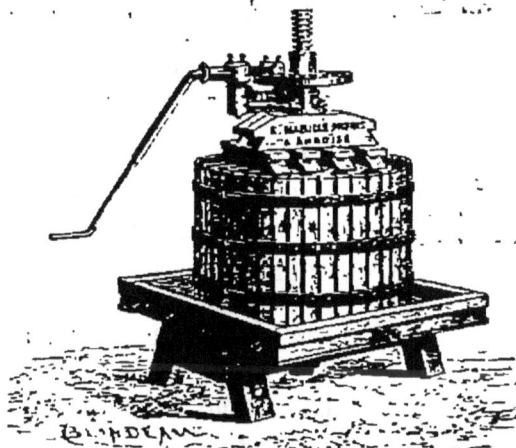

COUVOIR DE HAELTERT

à *HAELTERT (Belgique)*

Le plus important et le mieux outillé du Monde

LA COUVEUSE BELGE
LA SÉCHEUSE-ÉLEVEUSE BELGE
L'ÉPINETTE BELGE

12,000 Œufs en incubation

120,000 Éclosions annuelles

10,000 Sujets de tout âge, au choix des clients

PREMIER PRIX à toutes les Expositions et à tous les Concours en tous pays. La **Couveuse Belge** a, maintenant, vaincu tous les appareils rivaux. Depuis son apparition, aucune couveuse d'aucun pays au Monde n'a obtenu un Premier Prix, là ou la **Couveuse Belge** entrait en lice.

Entreprise de toutes installations avicoles pour l'Industrie et pour Amateurs

ÉTABLISSEMENT SANS RIVAL pour la Production, l'Élevage et l'Engraissement de la **Coucou de Malines**, la meilleure race du Monde pour la table ; de la **Braekel** et de la **Minorque**, les deux meilleures pondeuses connues ; du **Canard de Laplaigne**, le plus précoce et le plus fécond, du **Canard blanc à bec blanc de Merchtem**, du **Canard Rouen**, du **Mulard**, de l'**Oie de Romagne**, de l'**Oie flamande**, de l'**Oie de Wiers**, de l'**Oie de la Vire** et du **Ton**, du **Lapin brabançon**, du **Lapin flamand** et du **Géant des Flandres**.

VENTE d'œufs à couver, de **sujets vivants** de tout âge, de toutes ces races et d'autres ; de **volailles mortes, poussins au lait** de six semaines ; **canetons** engraissés de huit semaines ; **poulets** de grain, **poulardes, canards, oies, dindes** et **lapins**.

LE COUVOIR & L'ÉTABLISSEMENT D'AVICULTURE DE HAELTERT sont visibles tous les jours, le **Dimanche** excepté.

(texte vertical en marge gauche) : **DEMANDEZ LES PROSPECTUS ET PRIX-COURANTS**

Adresse des lettres : COUVOIR de HAELTERT, à HAELTERT, près Bruxelles (Belgique)

Adresse des télégrammes : COUVOIR HAELTERT

LA NATIONALE

COMPAGNIE D'ASSURANCES SUR LA VIE

Fondée en 1830

18, Rue du Quatre-Septembre et 13, rue de Grammont. — PARIS

ASSURANCES EN CAS DE DÉCES, MIXTES ET A TERME FIXE
Dotations d'Enfants

RENTES VIAGÈRES
Achat de Nues Propriétés et d'Usufruits

CAPITAUX ASSURÉS au 31 décembre 1898 : fr. **694.887 111** »
RENTES ASSURÉES au 31 décembre 1898 : fr. **18.267.875** »

Outre ses réserves mathématiques formant la représentation exacte de la valeur de ses engagements au 1er janvier 1899, et calculées d'après les prescriptions ministérielles, la **NATIONALE (Vie)**, possédait à cette date des *réserves facultatives et supplémentaires* s'élevant ensemble à . . . . Fr. 37.706.868 »
et son capital social de . . . . Fr. 15.000.000 »

soit ensemble . . . . Fr. 52.706.808 »
La **NATIONALE (Vie)** ne fait état de ses immeubles et de ses valeurs mobilières que pour leur prix de revient, très inférieur à leur valeur réelle ; et la plus value sur les seules valeurs mobilières était au 31 décembre, d'après la cote officielle de la Bourse de Paris de . . . . Fr. 88.218 054 »

Elle offre donc à sa clientèle, en sus de ses réserves mathématiques et indépendamment de la plus value de ses immeubles, un *supplement de garantie* de. . . . . Fr. 140.924.862 »

Aussi dit-on qu'aucune institution similaire n'en présente d'aussi considérable ; la **NATIONALE** est la plus riche des Compagnies d'Assurances sur la Vie.

CONSEIL D'ADMINISTRATION :
PRÉSIDENT DU CONSEIL
M. le Comte **PILLET-WILL**, ancien régent de la Banque de France

ADMINISTRATEURS

MM.

MALLET (Henri), de la Maison Mallet frères et Cie, Banquier ;
HOTTINGUER (le baron), Banquier, Régent de la Banque de France ;
ROTHSCHILD (le baron Gustave de) Banquier
CLAUSSE (Gustave), Propriétaire,
DENORMANDIE, ancien Gouverneur, de la Banque de France ;
DAVILLIER (Maurice) Banquier :
D'HAUSSONVILLE (le comte), Membre de l'Académie française,

MM.

COUDERC DE SAINT-CHAMANT, ancien Trésorier-Payeur-général.
DE GERMINY (le comte), ancien Trésorier-Payeur général, ancien Régent de la Banque de France ;
FLORIAN DE KERGORLAY (le comte) ;
DE WARU (Pierre) ;
HOMBERG, Censeur de la Banque de France ;
VERNES (Phillippe), de la Maison Vernes et Cie, Banquier ;
DE LAFAULOTTE (Louis).

CENSEURS
MM. L'AIGLE (le marquis de), ancien député,
MONNIER (Louis), de la Maison de Neuflize et Cie, Banquier.
BOURCERET (Henri).

DIRECTEUR
M. GRIMPREL (Georges), Directeur honoraire de la Dette inscrite au Ministère des Finances.

SOUS-DIRECTEUR
M. DE VILLE (H.)

Renseignements confidentiels et Prospectus gratuits au Siège social, à Paris, et chez tous les Agents généraux en France et à l'Étranger.

PAVILLON OCCUPÉ PAR LA SOCIÉTÉ GÉNÉRALE

Pour favoriser le Développement du Commerce et de l'Industrie en France

AGENCE DE L'EXPOSITION
Entre le pilier Est de la Tour Eiffel et le Palais de la Métallurgie

La **Société Générale** *pour favoriser le développement du Commerce et de l'Industrie en France* (Société anonyme fondée en 1864, au capital de 120 millions porté en 1899 à 160 millions de francs) a ouvert à l'intérieur de l'Exposition, entre le pilier Est de la Tour Eiffel et le Palais de la Métallurgie, une agence qui met à la disposition des exposants et visiteurs de l'Exposition une *cabine téléphonique*, un *salon de lecture et de correspondance*, un *service de dépêches*, un *service de location de coffres-forts*, un guichet spécial pour le *change de monnaies* et généralement tous les services qui fonctionnent dans les autres guichets de la Société. La **Société Générale** avec sa puissante organisation, ses 58 bureaux à Paris et dans la banlieue, ses 267 agences de Province, ses nombreux correspondants en France et à l'étranger, est en mesure de rendre aux commerçants, industriels, fonctionnaires, rentiers, c'est-à-dire à tous ceux qui travaillent à la constitution d'une fortune, qui possèdent et qui épargnent, tous les services qu'ils peuvent attendre d'un banquier, en quelque lieu et sous quelque forme que ce soit.

Les principales opérations de la **Société Générale** sont les suivantes :

Dépôts de fonds a intérêts en compte ou à échéance fixe (taux des dépôts de 3 a 5 ans ; 3 1/2 o/o net d'impôt et de timbre). — Ordres de Bourse (France et Etranger). — Souscriptions sans frais. — Vente aux guichets de valeurs livrées immédiatement (Obl. de Ch. de fer, Obl. et Bons a lots, etc.). — Coupons. — Mise en règle de titres. — Avances sur titres. — Escompte et Encaissement d'Effets de commerce. — Avances sur marchandises et sur connaissements. — Crédits documentaires. — Garde de Titres. — Garantie contre le remboursement au pair. — Transports de fonds (France et Etranger). — Billets de crédit circulaires. — Lettres de crédit. — Renseignements. — Assurances. — Services de Correspondant, etc. — Location de Coffres-Forts. (Compartiments depuis 5 fr. par mois ; tarif décroissant en proportion de la durée et de la dimension.)

La haute honorabilité de ceux qui la dirigent, la perfection de son organisation ont valu à la **Société Générale** le bon renom dont elle jouit et la confiance qu'elle inspire à sa nombreuse clientèle et au public en général.

Outre l'installation de ses services de banque, dans un pavillon spécial, la **Société Générale** figure comme exposant (Groupe XIV, Classe 109), à raison des institutions d'assistance patronale qu'elle a créées en faveur de son personnel.

COMPTOIR NATIONAL D'ESCOMPTE

DE PARIS

CAPITAL : 150 millions de Francs

SIÈGE SOCIAL .

14, RUE BERGÈRE, PARIS

SUCCURSALE :

2, PLACE DE L'OPÉRA, PARIS

La façade du Siège Social, 14, rue Bergère Paris.

COMPTOIR NATIONAL D'ESCOMPTE
DE PARIS

CAPITAL : 150 millions de Francs

SIÈGE SOCIAL : 14, RUE BERGÈRE, PARIS

SUCCURSALE : 2, PLACE DE L'OPÉRA, PARIS

Président : M. DENORMANDIE, ✠ ancien gouverneur de la Banque de France, vice-président de la Compagnie des Chemins de fer Paris-Lyon-Méditerranée.

Directeur général : M. Alexis ROSTAND, O. ✠.

Le Hall de la rue Bergère

OPÉRATIONS DU COMPTOIR

Bons à échéance fixe, Escompte et Recouvrements, Comptes de Chèques, Lettres de Crédit, Ordres de Bourse, Avances sur Titres, Chèques, Traites, Paiements de Coupons Envois de fonds en Province et à l'Étranger, Garde de Titres, Prêts hypothécaires Maritimes, Garantie contre les risques de remboursement au pair, etc.

LOCATION DE COFFRES-FORTS

Le Comptoir tient un service de coffre-forts à la disposition du public.

14, rue Bergère, 2, place de l'Opéra et dans les principales Agences.

Une clef spéciale unique est remise à chaque locataire. — La combinaison est faite et changée à son gré par le locataire. — Le locataire peut seul ouvrir son coffre.

Garantie & Sécurité absolues. ✠ Compartiments depuis 5 fr. par mois

COMPTOIR NATIONAL D'ESCOMPTE
DE PARIS
Capital : 150 millions de francs

AGENCES
20 BUREAUX DE QUARTIER DANS PARIS

AGENCE DE L'EXPOSITION DE 1900
Au CHAMP-DE-MARS (Pilier Sud de la Tour Eiffel)

Salle de dépêches. — Salon de Correspondance. — Cabine téléphonique.
Change de monnaie. — Achat et Vente de Chèques, etc.

4 BUREAUX DE BANLIEUE — 82 AGENCES EN PROVINCE
8 AGENCES DANS LES PAYS DE PROTECTORAT — 9 AGENCES A L'ÉTRANGER

Succursale, 2, Place de l'Opéra. (Branche office)

Special department for travellers and letters of credit. Luggages stored. Letters of credit cashed and delivered throughout the world. — Exchange office.
THE COMPTOIR NATIONAL receive and send on parcels addressed to them in the name of their clients or bearers of credit.

VILLES D'EAUX, STATIONS BALNÉAIRES

Le COMPTOIR NATIONAL a des agences dans les principales *Villes d'Eaux* : Nice, Cannes, Vichy, Trouville-Deauville, Dax, Luxeuil, Royal, Le Havre, La Bourboule, Le Mont-Dore, Bagnères-de-Luchon, etc.; ces agences traitent toutes les opérations, comme le siège social et les autres agences, de sorte que les étrangers, les Touristes, les Baigneurs peuvent s'occuper d'affaires pendant leur villégiature.

COMPTOIR NATIONAL D'ESCOMPTE

DE PARIS

Capital : 150 millions de francs.

BONS A ÉCHÉANCE FIXE

Intérêts payés sur les sommes déposées

De 6 mois jusqu'à 1 an 2 0/0	De 18 mois jusqu'à 2 ans . . 3 0/0
De 1 an jusqu'à 18 mois . . . 2 1/2 0/0	De 2 ans et au delà. 3 1/2 0/0

LETTRES DE CRÉDIT POUR VOYAGES

LE COMPTOIR NATIONAL D'ESCOMPTE délivre des *Lettres de crédit* circulaires payables dans le monde entier auprès de ses agences et correspondants ; ces lettres de crédit sont accompagnées d'un carnet d'identité et d'indications et offrent aux voyageurs les plus grandes commodités, en même temps qu'une sécurité incontestable.

Succursale, 2, Place de l'Opéra, Paris

BOUILLONS RESTAURANTS
ÉTABLISSEMENTS E. BOULANT

Dans l'Exposition au Champ-de-Mars

le Bouillon Restaurant
du Palais du Tour du Monde

DANS PARIS :

34, BOULEVARD SAINT-MICHEL (près du Musée de Cluny)

35, BOULEVARD DES CAPUCINES (en face du Grand Hôtel)

1, BOULEVARD MONTMARTRE (près de la Bourse)

22, RUE DE DOUAI (Butte Montmartre)

———————

Téléphone dans toutes les Maisons

English Spoken — Man Spricht Deutsch — Se Habla Español

CHAMPAGNE
THÉOPHILE ROEDERER & C°
· REIMS ·
MAISON FONDÉE EN 1864

———

AGENCE :

5, Boulevard des Italiens, 5
PARIS

———

S'y adresser pour renseignements

LLOYD NÉERLANDAIS

COMPAGNIE ANONYME FONDÉE EN 1853

Capital : HUIT MILLIONS de Francs

PARIS, 45, RUE TAITBOUT, 45

ASSURANCE contre le VOL

Assurance des Objets d'Art, Tableaux, Bronzes
Bijoux, Joyaux, Métaux précieux
Marchandises de toute nature, etc., etc.,

déposés dans les

EXPOSITIONS PUBLIQUES

ASSURANCE DES BANQUES

Bureaux, Magasins, Églises, Musées
APPARTEMENTS, VILLAS, CHATEAUX
MAISONS DE CAMPAGNE

LE LLOYD NÉERLANDAIS est la plus ancienne Compagnie d'Assurance contre le VOL opérant en France, *celle dont le Capital est le plus élevé, dont les Conditions des Polices sont les plus libérales et les Primes les moins élevées.*

LE LLOYD NÉERLANDAIS a des contrats de réassurance avec les Compagnies similaires les plus importantes et offre ainsi une garantie complémentaire de plus de **Cinquante Millions.**

LE LLOYD NÉERLANDAIS est l'assureur de l'Administration du Mont-de-Piété de Paris, des premières Maisons de Bijouterie, Pierreries, Métaux précieux, etc., d'importantes Maisons de Banque, etc., etc.

Juridiction des Tribunaux français

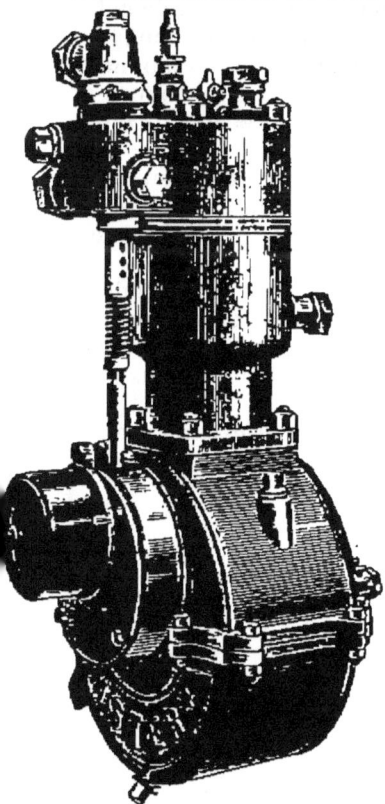

(Face)   (Revers)

La Médaille du " Campo dei Fiori "

(Collection BOYER D'AGEN)

FALIZE, Orfèvre-Éditeur, 6, rue d'Antin, PARIS

———— ·×· ————

Depuis que les Académies d'Europe et les journaux du monde entier l'étudient et la reproduisent, personne n'ignore la trouvaille faite par M. Boyer d'Agen au *Campo dei Fiori* de Rome, dans un lot de monnaies antiques. Personne, non plus, n'a su encore indiquer la provenance de ce merveilleux portrait de Jésus, le plus authentique peut-être. Est-ce une œuvre de la première Renaissance et une création de Léonard de Vinci, comme disent les uns ? Selon les autres, n'est-ce point plutôt une composition de quelque premier chrétien, à l'époque romaine des Antonins : ainsi que l'indiquent le style classique de cette pièce et le caractère particulièrement gnostique de sa légende hébraïque ?

Autant de problèmes que l'étude résoudra peut-être, un jour. Mais la partie indiscutée de cette œuvre est sa valeur artistique. Le sentiment de tout le monde est unanime à reconnaître en ce précieux monument d'art, chrétien, un des plus remarquables portraits de Jésus, peut-être le plus beau que nous aient conservé les siècles.

Pour répandre cette œuvre dans le monde entier, les orfèvres Falize en ont fait frapper les reproductions les plus fidèles, en or, en argent et en bronze, dans les divers modules suivants :

Module de l'original (36 millim.)		Module moyen (21 millim.)		Petit Module (17 millim.)	
En or...... Prix	250 f.	En or...... Prix	80 f.	En or...... Prix	60 f.
En argent.. »	25 »	En argent.. »	10 »	En argent.. »	5 »
En bronze. »	15 »				

La médaille de *Campo dei Fiori* sera vendue, pendant toute la durée de l'Exposition Universelle, au Pavillon Falize, dans la section de la bijouterie-joaillerie.

Classe 95, à l'Esplanade des Invalides

HURET

NEVEU ET SEUL SUCCESSEUR DE

BELVALLETTE FRÈRES

24, Champs-Élysées, 24 — PARIS

MAISON

FONDÉE

EN

1804

TÉLÉPHONE

516-78

CONSTRUCTEUR DE VOITURES

CATALOGUE FRANCO

Premières Médailles et Médailles d'Or
PARIS : 1855, 1867, 1889. — LONDRES : 1851, 1862, 1873
Hors concours, Membre du Jury : PARIS, 1878, etc.

AUTOMOBILES

La plus ANCIENNE MAISON *dans ce genre*

TÉLÉPHONE 505-61   FONDÉE DEPUIS PLUS DE 50 ANS   TÉLÉPHONE 505-6

Entrepreneur
des
nouvelles Écuries du BON MARCHÉ, du nouvel INSTITUT PASTEUR et du nouvel HIPPODROME.

Exposant aux Classes 31 et 35

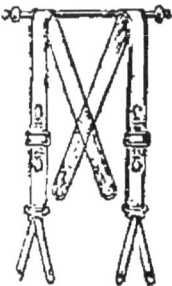

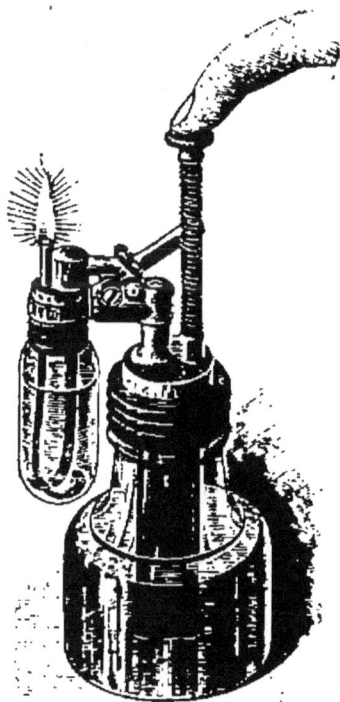

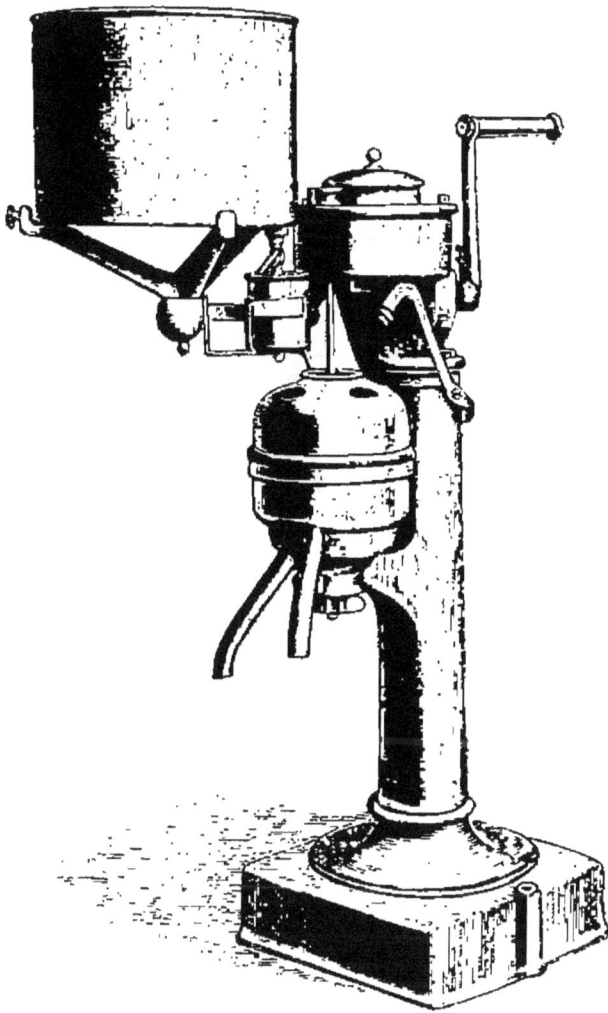

" Kyffhäuserhütte "

société anonyme

Anciennement Paul REUSS

A ARTERN (Allemagne)

—⋈—

Fabrique Spéciale

D'ÉCRÉMEUSES CENTRIFUGES

Société anonyme H. F. ECKERT à Berlin

Fabrique ECKERTWERK à Berlin-Friedrichsberg

En possession de la **Médaille d'ÉTAT**
en Or
du royaume de Prusse
POUR MÉRITE INDUSTRIEL
Plus de **600** Médailles et Prix d'Honneur
ENTRE AUTRES
la **médaille d'Or** de l'Exposition universelle
de PARIS 1867

EXPOSITION AU PAVILLON DE L'AGRICULTURE

DISTILLERIES & FABRIQUES DE LEVURE PRESSÉE

Machines a vapeur — Pompes à vapeur — Transmissions modernes
Machines et instruments agricoles

CONSTRUCTIONS ORIGINALES DE CHARRUES & DE SEMOIRS
pour tous les pays

Rateaux et Faneuses — Batteuses à manège

Locomobiles, Batteuses à vapeur et Élévateurs à paille

Machines pour greniers — Machines pour la préparation du fourrage — Presses
Balayeuses mécaniques

Automobiles — Voitures pour l'Armée — Affûts
Voitures pour usages spéciaux

SPÉCIALITÉS DE FONDERIES

FONTE BRUTE ET FONTE MALLÉABLE DE PREMIÈRE QUALITÉ, ACIER ECKERT
ET ACIER DE LINGOT

INSTALLATIONS D'ÉCLAIRAGE ÉLECTRIQUE ET DE FORCE
d'après systèmes spéciaux appropriés aux circonstances agricoles

CHARRUES ÉLECTRIQUES

Les usines ECKERT ont été fondées en 1846 et transformées en Société par actions en 1871 ; elles embrassent une superficie de 5 hectares, travaillent avec environ 6 millions de marcs et occupent plus de 1.200 employés et ouvriers.

Les usines ECKERT exportent dans tous les pays du monde, approprient leurs produits aux exigences de tous les pays, envoient des spécialistes dans toutes les contrées du monde et sont représentées par des succursales, des bureaux et des agents dans tous les pays du monde.

Catalogues et correspondance dans toutes les langues

Adresse télégraphique ECKERTWERK-FRIEDRICHSBERGBERLIN

McCORMICK

Harvesting Machine Company

CHICAGO (ÉTATS-UNIS D'AMÉRIQUE)

MAISON FONDÉE EN 1831

Constructeurs de Moissonneuses à Bottelage automatique
Faucheuses, Tondeuses

Les Quatre Stands de la Compagnie sont situés :

1° *Au premier étage de l'Annexe du Palais de l'Agriculture.* — La Compagnie expose là des échantillons finis de sa moissonneuse à bottelage automatique, de sa faucheuse et de sa tondeuse, ainsi que des modèles de ses autres machines. L'étroitesse de l'espace alloué a empêché la Compagnie d'exposer un échantillonnage complet de machines grandeur nature.

2° *Au troisième étage de l'Annexe du Palais de l'Agriculture.* — La Compagnie expose là, par autorité du Gouvernement des États-Unis, une collection rétrospective des modèles de machines mues par des chevaux, collection qui explique le développement de l'art de la moisson par les Machines McCormick. Cette série de modèles explique les phases des progrès accomplis par la Compagnie et par ces prédécesseurs, depuis la première moissonneuse qui ait donné de bons résultats en 1831, machine inventée par Cyrus McCormick aîné, fondateur de la maison, jusqu'aux machines modernes, dernières créations de la Compagnie,

3° *Au balcon du Palais de l'Agriculture, dans l'Exposition des tresses à lier.* — Des illustrations représentent la préparation de l'agavé de l'Yucatan et du chanvre de manille, depuis la récolte jusqu'à la transformation en tresses achevées. On y voit des indigènes récolter la fibre, et des photographies indiquent les procédés auxquels cette fibre est soumise au cours du filage.

Bâtiment McCormick.

4° *A Vincennes.* — *Bâtiment spécial de la Compagnie, bâti par elle.* — Là sont exposés, en mouvement, des spécimens de toutes les machines que construit la Compagnie. On y voit une reproduction grandeur nature de la moissonneuse de 1831 et un spécimen original de la moissonneuse qui a remporté les grands prix aux Expositions internationales universelles de Londres 1851 et de Paris 1855.

Des modèles historiques, des photographies de scènes de moissonnage dans les différents pays du monde et des conférences illustrées sur des sujets américains, intéresseront tous les visiteurs.

Nous attirons spécialement l'attention sur une maquette des immenses fabriques McCormick et sur quelques-unes des médailles importantes obtenues aux différentes expositions Universelles.

LA MAISON EST LA PLUS ANCIENNE.

La Compagnie des Moissonneuses McCormick est la plus ancienne fabrique de Moissonneuses qui soit au monde.

Cyrus McCormick inaugura en 1831 l'industrie des machines agricoles en construisant dans une ferme située en Virginie, Etats-Unis d'Amérique, sa première moissonneuse, depuis si renommée.

En 1884, on y conduisait à la main 40 machines.

En 1847, Cyrus McCormick et son frère allèrent s'établir à Chicago, prévoyant que cette ville deviendrait le plus grand centre du monde pour les céréales.

L'outillage installé dans cette ville produisait, en 1848, 1,700 machines.

Le grand incendie de Chicago, en 1871, détruisit ces fabriques qui furent reconstruites sur une beaucoup plus grande échelle à l'endroit où elles sont encore.

LA PLUS GRANDE FABRIQUE DU MONDE.

Cette fabrique construit 1,400 machines complètes par jour de 10 heures C'est de beaucoup la plus importante fabrique de machines agricoles qui soit au monde.

Seize mille agents échelonnés sur la surface du globe répandent ces machines et il y a de par l'univers, cent centres où sont situées des maisons de distribution ; chacune de ces maisons possède de grands magasins, un stock considérable de machines et un assortiment complet de toutes les pièces dont sont faites les machines de façon à pouvoir remplacer rapidement une pièce quelconque dans une machine endommagée. 7.000 ouvriers travaillent constamment à la construction des machines McCormick ; la Compagnie a 2.000 voyageurs et plus de 16.000 vendeurs locaux. On peut dire que cette entreprise est aujourd'hui une des géantes du monde commercial.

Depuis l'innovation des moissonneuses mécaniques, les machines de cette compagnie ont été exposées à tous les concours agricoles du monde, elles ont pris part à toutes les Expositions Internationales, à tous les essais pratiques et la liste suivante qui donne les médailles remportées par elles aux Expositions Internationales avec quelques mots extraits des décisions des jurys, montre le succès qu'ont toujours rencontré les machines McCormick. Le manque d'espace nous empêche de donner la liste des 800 autres Expositions et essais pratiques où les machines ont été récompensées.

Médaille du Grand Conseil : Exposition Internationale de Londres, 1851.

Extrait du Rapport du Conseil du Jury :

" La moissonneuse McCormick est la machine la plus remarquable qui existe a l'Exposition, son originalité, sa valeur, et la perfection de son travail méritent la Médaille du Conseil. "

Grande Médaille d'Or : Exposition Universelle de Paris 1855.

Extrait du Rapport des Juges :

" Toutes les machines a battre le grain sont basées sur l'invention McCormick et cette machine McCormick est celle qui a donné les meilleurs résultats pratiques a tous les essais..... "

Grand prix International : Londres 1862.

Grande Médaille d'Or : Exposition Internationale de Hambourg 1863.

Extrait de la Liste officielle des Prix .

" A Cyrus McCormick, Chicago, Illinois, la médaille d'or pour avoir innové d'une manière pratique et avoir amélioré les moissonneuses. "

Grande Médaille d'Or : Exposition Universelle de Paris 1867.

Extrait du Rapport d'Eugène Tisserand, directeur général des Domaines Impériaux :

" L'homme qui a le plus travaillé a la vulgarisation, au perfectionnement et a la découverte de la première moissonneuse pratique, est assurément McCormick, de l'Illinois. A toutes les Expositions internationales sa machine admirable a obtenu les premiers prix ; aujourd'hui, a Vincennes aussi bien qu'a Fouilleuse, et dans les conditions les plus difficiles, le triomphe de cette machine a été complet et McCormick a été jugé digne de la plus haute récompense a l'Exposition.

Croix de la Légion d'Honneur accordée par l'Empereur Napoléon III, lors des essais pratiques à l'Exposition de Paris 1867.

Deux grandes Médailles d'Or : Exposition Universelle de Vienne 1873.

Deux Médailles de Bronze : Exposition du Centenaire des Etats-Unis 1876.

Grande Médaille d'Or : Exposition Universelle, Paris 1878.

Croix d'officier de la Légion d'Honneur accordée par le Ministre de l'Agriculture. Exposition Universelle de Paris 1878.

Médaille d'Or spéciale donnée par la Société d'Agriculture de France et le Ministre de l'Agriculture. Exposition Universelle de Paris 1878.

Objet d'Art donné par la Société d'Agriculture de France. Exposition Internationale de Paris 1878.

· *Médaille de Bronze :* Exposition Internationale de Sydney, Australie 1879.

Médaille d'Or : Exposition Internationale de Melbourne, Australie 1880

Médaille d'Or : Exposition des Cotons 1881, Atlantas Etats-Unis.

Deux Médailles d'Argent : Exposition Internationale des Mines et Industries, Denver U.S.A. 1884.

Médaille de Bronze : Exposition Internationale du Jubilé, Adélaïde, Australie 1867.

Médaille d'Or : Exposition Internationale, Melbourne 1888.

Grand prix, objet d'Art : Exposition Internationale de Paris 1889.

Médaille de Bronze : Exposition de Chicago 1893.

Extrait du Rapport du Jury a l'Exposition de Chicago ·

" Un examen attentif et complet de la construction de ces machines, nous voulons dire de tout ce qui est exposé, lieuses, tondeuses, etc., nous amène a donner une récompense a chacune des différentes machines a cause de leurs mérites exceptionnels sous les rapports suivants :

1° La netteté, la propreté et l'uniformité du coup de faux ;

2° La facilité, le peu de bruit et la commodité du travail ;

3° L'absence de déviation et l'équilibre dans la charge ;

4° La simplicité du dessin et l'excellence remarquable de la construction ;

5° L'ingéniosité, la perfection du détail, la flexibilité du mouvement des barres des machines, la manière dont la machine s'adapte aux mouvements du sol ; la droiture de la marche, la bonne construction des supports, le mouvement tout spécial a l'arrangement des leviers et des attaches ;

6° La capacité de durée des machines, leur faculté de travailler longtemps et bien.

Le mécanisme de liage de la machine a lier McCormick a un mérite tout spécial ;

La machine ainsi dénommée est en acier, elle a un chassis solide, des roues a la fois légères et fortes, l'appareil a faire les nœuds est simple et compact. La manière admirable dont est construite son élévateur ; la machine est sur roues basses, toutes ces caractéristiques démontrent a quel point de perfection peuvent être aujourd'hui construites les machines de ce genre.

Ces machines sont des spécimens magnifiques de ce qu'il y a de plus haut dans l'art contemporain tant au point de vue du dessin, de la construction et du travail qu'a celui de l'économie.

Le degré d'excellence auquel sont parvenues aujourd'hui les machines McCormick est tel que leur débit annuel atteint un chiffre sans précédent.

Les employés ont l'ordre d'expliquer aux visiteurs tous les détails spéciaux qui peuvent les intéresser.

The Reliable Incubator & Brooder C°

QUINCY, ILLINOIS (États-Unis d'Amérique)

LES PLUS HAUTES RÉCOMPENSES

à l'Exposition Universelle, Chicago 1893 ; Exposition de Bruxelles 1897 ;
Exposition Internationale Atlanta-Géorgie 1895. — Exposition Internationale du Trans-
Mississipi 1898.

Cette Couveuse est construite de manière à faire éclore les œufs de volailles dans les conditions les plus favorables ; aussi conformes à la nature que possible.

Nous appellerons l'attention sur le régulateur de chaleur où l'alcool et le mercure jouent le principal rôle, comme enregistreur de la température.

Nous ferons remarquer aussi l'appareil ventilateur, le tour, et la façon dont est chauffé l'air avant d'entrer dans le compartiment intérieur de la couveuse.

Notons encore le système de circulation de l'air chaud qui, venu du compartiment où sont les œufs, traverse les doubles parois de la couveuse. Entre les parois que traverse l'air chaud se trouvent deux couches de papier cartouche épais, outre deux couches de chiffons ; il y a aussi une couche épaisse de laine minérale, une couche de fort papier cartouche et une couche de chiffons sur le réservoir.

Le fond est double avec deux couches de papier et, entre elles, un vide. Ces Couveuses sont faites, soit à l'air chaud, soit à l'eau chaude. Dans les couveuses à eau chaude les réservoirs sont faits de plaques de cuivre froid et laminé pesant de 12 à 14 onces.

La Couveuse-éleveuse est construite d'après les principes ci-dessus. L'accouplement de l'éleveuse et de la couveuse présente l'avantage suivant : l'excédent de chaleur donné par la lampe couveuse pendant que le régulateur opère, passe par un tuyau et traverse le réservoir situé sur l'éleveuse, d'où l'économie d'une lampe. Les petites cours placées à chaque extrémité reçoivent la nourriture des poussins. L'éleveuse séparée s'emploie à l'intérieur et à l'extérieur des fermes ; elle comprend un couvercle de métal placé sur la lampe de telle façon que celle-ci ne peut pas être éteinte par un courant d'air. A l'intérieur de cette éleveuse sont deux compartiments ; la température de l'un est de 10° à 12° plus basse que celle de l'autre. Ces deux compartiments sont séparés par un rideau, ce qui permet aux poussins de passer d'une température à l'autre sans se bousculer et à leur volonté.

On fait cette éleveuse soit à l'eau chaude, soit à l'air chaud.

Les réservoirs sont en plaques de cuivre massif.

Les visiteurs sont invités à se rendre à Vincennes où la Compagnie expose et aussi à examiner le Stand de la Compagnie dans l'Exposition collective des Etats-Unis au Palais de l'Agriculture.

DEMANDER LE CATALOGUE.

Les Couveuses et Éleveuses "VICTOR"

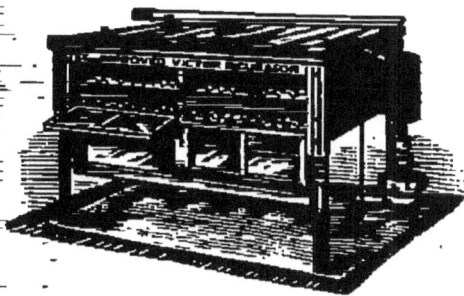

ES Couveuses et Eleveuses « VICTOR » sont destinées à faire éclore toutes sortes d'œufs en toutes saisons, et l'on peut dire en tout endroit, et cela dans des conditions tout à fait analogues aux conditions naturelles.

La construction de la machine est tout entière basée sur le principe essentiel à l'obtention de résultats favorables : la précision du régulateur.

Le régulateur "VICTOR" a subi épreuves sur épreuves pendant plus de neuf années et il défie la comparaison. C'est le seul sur lequel on puisse absolument compter.

Les conditions auxquelles l'œuf à faire éclore est soumis à l'état de nature sont celles qui président au procédé artificiel quand on se sert de la Couveuse « VICTOR ».

L'air passe sous le sommet de la machine par un conduit situé au dessous du réservoir et, par conséquent, il est chauffé avant d'entrer en contact avec l'air, absolument comme cela se passe dans le couvage naturel.

Les machines sont construites avec double parois et l'espace entre ces parois est rempli de laine minéralisée. On peut au besoin retourner les œufs sans avoir à ouvrir les portes intérieures de la machine. La lampe est en métal. Bref, sous tous les rapports ces appareils atteignent la plus haute perfection.

Les éleveuses sont aussi de premier ordre, notamment celle exposée au Stand de la Compagnie; cette couveuse s'est fait une réputation par l'exactitude avec laquelle elle maintient la température voulue. Même quant à l'extérieur le thermomètre est à 6 ou 10° au-dessous de zéro, pas un poussin n'est perdu.

La Compagnie espère que les visiteurs ne manqueront pas d'aller voir son exposition dans l'Exposition collective des Etats-Unis au Palais de l'Agriculture, ni de demander le catalogue à Messieurs Geo. Ertel et Cie, seuls propriétaires du brevet et uniques constructeurs, à Quincy, Illinois, Etats-Unis d'Amérique.

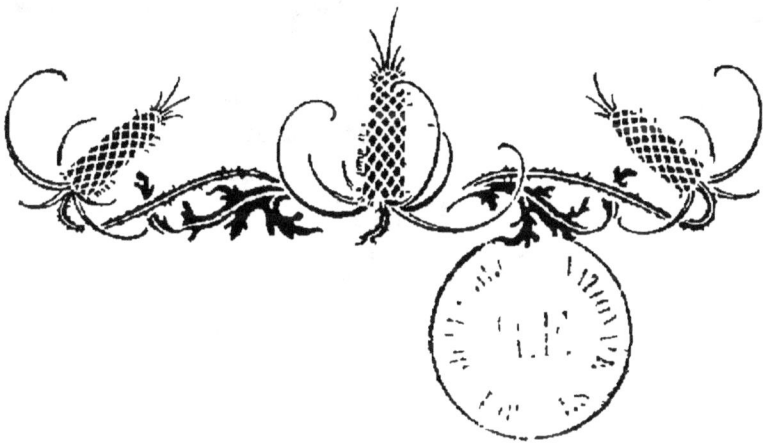

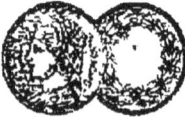

www.ingramcontent.com/pod-product-compliance
Lightning Source LLC
Chambersburg PA
CBHW060132200326
41518CB00008B/1013